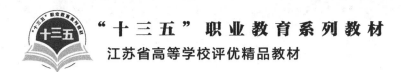

"十三五"职业教育系列教材

江苏省高等学校评优精品教材

网络管理与维护项目教程

主　编　张家超　李桂青

副主编　马安龙　李昌弘

编　写　孙承庭　滕　敏　宋协栋

　　　　何洪磊　孙　前　孙　博

主　审　马继军

中国电力出版社

CHINA ELECTRIC POWER PRESS

内 容 提 要

本书为"十三五"职业教育系列教材。

本书在继承第一版注重技术先进性、实用性基础上,采用项目化教学模式、任务驱动式教学方案,再造教学流程,以培养学生能力为目标,满足高职高专院校高素质技能型人才培养的需要。本书共分 6 个部分 10 个项目,主要内容包括网络管理与维护概论,网络操作系统及常用网络管理软件的配置、管理与服务,网络硬件的配置、管理与服务,常用网络安全软硬件环境的配置与管理,常用网络故障诊断与维护工具,网络管理与维护实例。每个项目都按照学习任务要求,将教学流程分为学习目标、能力目标、任务目标、任务实施、知识链接、问题与思考、项目实训等 7 个部分。

本书不仅可作为高职高专等应用型高等院校讲授计算机网络管理与维护知识的教材,也可作为从事计算机网络工程设计或管理等技术人员的参考书,还可作为应考全国计算机技术与软件专业技术资格(水平)考试"网络管理员"和"网络工程师"的参考资料。

图书在版编目(CIP)数据

网络管理与维护项目教程/张家超,李桂青主编 . —北京:中国电力出版社,2017.12 (2023.11 重印)
"十三五"职业教育规划教材
ISBN 978-7-5198-1432-8

Ⅰ. ①网… Ⅱ. ①张… ②李… Ⅲ. ①计算机网络管理—职业教育—教材②计算机网络—计算机维护—职业教育—教材 Ⅳ. ①TP393.07

中国版本图书馆 CIP 数据核字(2017)第 294949 号

出版发行:中国电力出版社
地　　址:北京市东城区北京站西街 19 号(邮政编码 100005)
网　　址:http://www.cepp.sgcc.com.cn
责任编辑:冯宁宁
责任校对:常燕昆
装帧设计:王红柳　张　娟
责任印制:吴　迪

印　　刷:北京盛通印刷股份有限公司
版　　次:2017 年 12 月第一版
印　　次:2023 年 11 月北京第六次印刷
开　　本:787 毫米×1092 毫米　16 开本
印　　张:18.25
字　　数:443 千字
定　　价:45.00 元

前　言

计算机网络技术的飞速发展，带来的不仅仅是技术上的更新，也是观念上的快速变革。在教学第一线的教师，经过多年的探索，秉承"工学结合"的教育理念，以"能力为本"为指导思想，采用"项目化教学"模式，结合高素质技能型计算机网络技术专门人才的高职培养目标与全国计算机技术与软件专业技术资格（水平）考试网络部分的目标要求，将计算机网络课程的教学分为 4 个层面的内容。第一是基础知识部分，介绍计算机网络的体系结构等知识；第二是工程技术部分，介绍计算机组网及工程应用方面的知识；第三是网络管理与维护部分，详细介绍目前比较流行的 Internet/Intranet 上常用的网络管理、维护、安全和建站等方面的知识与技术；第四是应用技术部分，介绍常用的网页设计与网络数据库编程等方面的知识和技术应用。

本书是第三个层面的应用。第一版为江苏省高等学校评优精品教材，得到了相关专业老师和技术人员的首肯。本书在继承第一版注重技术先进性、实用性基础上，采用项目化教学模式、任务驱动式教学方案，再造教学流程，以培养学生能力为目标，满足高职高专院校高素质技能型人才培养的需要。用 6 个部分 10 个项目的篇幅系统地介绍了计算机网络管理与维护的基础知识、基本理论和基本原理及基本技术。每个项目都按照学习任务要求，将教学流程分为学习目标、能力目标、任务目标、任务实施、知识链接、问题思考、项目实训等 7 个部分。

本书由张家超、李桂青主编，马安龙、李昌弘副主编，孙承庭、滕敏、宋协栋、何洪磊、孙前、孙博等老师参加了部分项目的编写，多媒体教学课件由滕敏编写，全书由张家超负责设计大纲、统稿和定稿工作。编写老师来自连云港职业技术学院、烟台南山学院、连云港职业技术学院、山西电力职业技术学院等教学第一线，他们的教学理念成熟、教学经验丰富。

本书由连云港师范高等专科学校计算机与数学学院院长马继军担任主审。本书在编写过程中，得到了许多高校同行们的大力支持和帮助，参考了许多已出版和未出版的教材、讲义等，在此不一一列举。本书第一版作为江苏省高等学校评优精品教材，得到了江苏省教育厅的资助，也得到了江苏省教育科学研究院现代教育技术研究所的大力支持，在此一并致谢。

限于编者水平及时间，书中错漏和不妥之处在所难免，恳请专家和读者批评指正。

编　者
2017 年 9 月

目　　录

第1部分　网络管理与维护概论

项目1　理解网络管理与维护的基本理论

学习目标

了解网络管理与维护的基本要素、网络管理的目标与内容；了解网络管理基本功能；了解网络管理的基本模型；了解网络管理标准和协议；完成网络管理员的任务，遵守网络管理员职业道德和职业操守。

能力目标

了解网络管理与维护工作的基本理论，在实际工作中遵守网络管理员的职业道德和职业操守，完成网络管理员的工作任务。

任务1　认识网络管理概念

任务目标

了解网络管理与维护的基本要素、目标和内容。

知识链接

随着计算机技术、通信技术和网络技术的发展，企业和政府部门开始大规模建立网络来推动电子商务和政务的发展。随着网络业务和应用的丰富，对计算机网络的管理与维护也就变得至关重要。当前计算机网络的发展特点是规模不断扩大，复杂性不断增加，异构性越来越高。一个网络往往由若干个大大小小的子网组成，集成了多种网络操作系统（Net Operating System，NOS）平台，包含了不同厂家、公司的网络设备和通信设备等，同时，还有许多网络软件提供各种服务。随着用户对网络性能要求的提高，如果没有一个高效的管理系统对网络系统进行管理，那么就很难保证向用户提供令人满意的服务。作为一种很重要的技术，网络管理对网络的发展有着很大的影响，并已成为现代信息网络中最重要的问题之一。

实际上，网络管理并不是新概念。19世纪末的电信网络就已经有了自己相应的管理"系统"，这就是整个电话网络系统的管理员。而计算机网络的管理可以说伴随着世界上第一个计算机网络——ARPANET（Advanced Research Projects Agency，高级研究项目机构网络，美国国防部开始于1969年的一个项目，目的是为在全国不同地区的超级计算机提供高速网络通信）的产生而产生的，当时，ARPANET就有一个相应的管理系统。随后的一些网络结构，如IBM的系统网络结构体系（System Network Architecture，SNA）、DEC的数字网络体系结构（Digital Network Architecture, DNA）、SUN 的 AppleTalk 等，也都有相应的管理系统。不过，虽然网络管理很早就有，却一直没有得到应有的重视。这是因为当时的网络规模较小，复杂性也不高，一个简单的网络管理系统就可以满足网络正常管理的需要，因而对其研究较少。但随着网络的发展，网络规模逐渐增大，复杂性增加，以前的网络管理技术已不能适应网络的迅速发展。

网络系统规模的日益扩大和网络应用水平的不断提高，一方面使得网络的维护成为网络管理的重要问题之一，例如排除网络故障更加困难、维护成本逐年上升等；另一方面，如何提高网络性能也成为网络系统应用的主要问题。虽然可以通过增强或改善网络的静态措施来提高网络的性能，比如增强网络服务器的处理能力、采用网络交换等新技术来拓宽网络的带宽等，但是网络运行过程中负载平衡等动态措施也是提高网络性能的重要方面。通过静态或动态措施提高的网络性能分别称为网络的静态性能和动态性能。而网络动态性能的提高是通过网络管理系统（即网管系统）来加以解决的。

关于网络管理的定义目前很多。一般来说，网络管理就是通过某种方式对网络进行管理，使网络能正常高效地运行。其目的很明确，就是使网络中的资源得到更加有效的利用。它应该能够维护网络的正常运行，当网络出现故障时能及时报告和处理，并协调、保持网络系统的高效运行等。国际标准化组织（International Standardization for Organization, ISO）在 ISO/IEC7498-4（International Electronics Committee, 国际电工委员会）中定义并描述了开放系统互连参考模型（Open Systems Interconnection/Reference Model, OSI/RM）管理的术语和概念，提出了一个 OSI 管理的结构并描述了 OSI 管理应有的行为。它认为，开放系统互连参考模型管理是指这样一些功能，它们控制、协调和监视 OSI 环境下的一些资源，这些资源保证 OSI 环境下的通信。通常对一个网络管理系统需要定义以下内容：

（1）系统的功能：即一个网络管理系统应具有哪些功能。

（2）网络资源的表示：网络管理很大一部分是对网络中资源的管理。网络中的资源就是指网络中的硬件、软件以及所提供的服务等。而一个网络管理系统必须在系统中将它们表示出来，才能对其进行管理。

（3）网络管理信息的表示：网络管理系统对网络的管理主要靠系统中网络管理信息的传递来实现。网络管理信息应如何表示、怎样传递以及传送的协议是什么，都是网络管理系统必须考虑的问题。

（4）系统的结构：即网络管理系统的结构是怎样的。

一般而言，网络管理有五大功能，分别是配置管理、故障管理、性能管理、安全管理和计费管理。这五大功能包括了保证一个网络系统正常运行的基本功能。

一、网络管理的基本要素

一个典型的网络管理系统包括管理员、管理代理、管理信息数据库和代理服务设备 4 个要素。一般说来，前 3 个要素是必需的，第 4 个是可选项。

1. 管理员（Manager）

网络管理软件的重要功能之一，就是协助网络管理员完成管理整个网络的工作。网络管理软件要求管理代理定期收集重要的设备信息。收集到的信息将用于确定独立的网络设备、部分网络或整个网络运行的状态是否正常。管理员应该定期查询管理代理收集到的有关主机运转状态、配置及性能等的信息。

2. 管理代理（Agency）

网络管理代理是驻留在网络设备中的软件模块，这里的设备可以是 UNIX 工作站或网络打印机，也可以是其他的网络设备。管理代理软件可以获得本地设备的运转状态、设备特性和系统配置等相关信息。管理代理软件就像是每个被管理设备的信息经纪人，它们完成网络管理员布置的采集信息的任务。管理代理软件所起的作用是充当管理系统与管理代理软件驻留设备之间的中介，通过控制设备的管理信息数据库（Management Information Base，MIB）中的信息来管理该设备。管理代理软件可以把网络管理员发出的命令按照标准的网络格式进行转化，收集所需的信息，之后返回正确的响应。在某些情况下，管理员也可以通过设置某个 MIB 对象来命令系统进行某种操作。

路由器、交换器和集线器等许多网络设备的管理代理软件一般是由原网络设备制造商提供的，它可以作为底层系统的一部分，也可以作为可选的升级模块。设备厂商决定管理代理软件可以控制哪些 MIB 对象，哪些对象可以反映管理代理软件开发者感兴趣的问题。

3. 管理信息数据库（MIB）

MIB 是一个关于被管理设备的信息存储库，这些网络设备（Network Equipment，NE）包括计算机、集线器、路由器和交换机等。MIB 存储这些网络部件的配置信息，如这些设备运行软件的版本、端口或端口所分配的 IP 地址、可用磁盘空间的存储容量等。这样，MIB 充当了一个登记簿的角色，记录着被管理设备的设置和资源信息。现在已经定义了几种通用的标准 MIB，使用最广泛、最通用的 MIB 是 MIB-II。

在一个 MIB 中的简单网络管理协议（Simple Network Management Protocol，SNMP）数据被组织成树状分级形式。MIB 树的结构是由许多 Internet 工程任务组（Internet Engineering Task Force，IETF）标准来定义的，如图 1-1 所示，这些协议均包含在请求注释（Request for Comments，RFC）中。

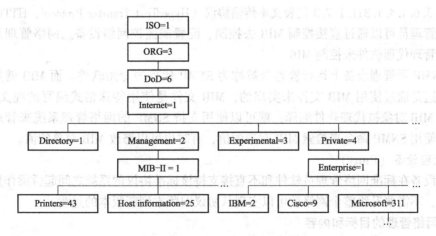

图 1-1　MIB 中 SNMP 数据的一般结构

广义的 MIB 树包含若干种分支：

（1）RFC 定义的公共分支，对所有的 SNMP 管理的设备是相同的。

（2）分配给公司和团体，由它们自己定义的专用分支。

图 1-1 描述了 MIB 树的一般结构，构成它的许多对象是用抽象语言符号 1（Abstract

Syntax Notation One，ASN. 1）符号来表示的。注意，每一台被管理的设备的信息通常只包含完整的 MIB 树的一部分，即与其具体操作相关的那部分。MIB 树的根是 ISO，接着是各类组织（ORGanization，ORG）、DoD（Department of Defense，国防部），然后是 Internet。主要的公共分支是 Management（简写为 mgmt），它定义了适用于所有厂家设备的通用网络管理参数。在 Management 下面是 MIB-II，它的下面是通用管理功能分支，如系统管理、主机资源、端口和打印机。比如，在图 1-1 中，包含着 SNMP 可管理打印机对象的 MIB 分支的根被称为 Printer，使用 MIB 记法，可通过文本字符串".iso. org. dod. internet. mgmt. mib2. printer"来唯一定义该打印机对象。当然，也可以通过 MIB 为每个对象所分配的一个数字标识（即对象标识符，Object IDentification，OID）来简洁地表示该对象，即".1.3.6.1.2.1.43"。

MIB 树包含有大公司和组织专用分支，这些分支组织在 Enterprise 对象下面，每个厂商在这个对象下面有一个分支根结点。例如，IBM 的分支根结点是 IBM（2），Cisco 公司是 Cisco（9），Sun Microsystems 是 SUN（42），Microsoft LAN Manager MIB II 是 LANMAN（77），Microsoft 公司是 Microsoft（311）。厂商可以向 Internet 编号分配机构（Internet Assigned Numbers Authority，IANA）申请为它们公司保留特定的 MIB 编号。每个公司或组织，对于在自己的 MIB 树分支内产生什么对象，以及为每个对象分配什么 OID，有绝对的权利。所有的 MIB 对象必须遵守一个共同的 SNMP 信息定义，即管理信息结构（Structure of Managemental Information，SMI），它定义了所允许的各种数据类型。

把 Microsoft（.1.3.6.1.4.1.311）作为企业的实例，在它的根结点下定义的各种 MIB 分支如下所示。

1）1.3.6.1.4.1.311.1.3 代表动态主机配置协议（Dynamic Host Configuration Protocol，DHCP）。

2）1.3.6.1.4.1.311.1.7.2 代表文件传输协议（File Transfer Protocol，FTP）。

3）1.3.6.1.4.1.311.1.7.3 代表文本传输协议（HyperText Transfer Protocol，HTTP）等。

网络管理员可以通过直接控制 MIB 去控制、配置或监控网络设备。网络管理系统可以通过网络管理代理软件来控制 MIB。

在 SNMP 可管理设备上运行管理着被称为 SNMP 代理的专用软件，而 MIB 就集成在该软件内。这是通过使用 MIB 文件来实现的，MIB 文件是使用特殊格式编写的纯文本文件，一旦这些 MIB 对象被代理软件编译，就可以使用支持 SNMP 的网络管理系统来管理这些设备。可以使用 SNMP 命令来检索 MIB 对象的值，有时也可以修改 MIB 对象的值。

4. 代理设备（Proxy）

代理设备在标准网络管理员软件和不直接支持该标准协议的系统之间起桥梁作用。利用代理设备，不需要升级整个网络就可以实现从协议旧版本到新版本的过渡。

二、网络管理的目标和内容

网络管理的根本目标就是满足运营者及用户对网络的有效性、可靠性、开放性、综合性、安全性和经济性的要求。

（1）网络应是有效的。这是指网络要能准确及时地传递信息。这里所说的网络有效性与通信的有效性意义不同。通信的有效性是指传递信息的效率，而网络的有效性是指网络的服务要有质量保证。

（2）网络应是可靠的。这是指网络必须保证能够稳定地运转，不能时断时续，要对各种故障及自然灾害有较强的抵御能力和一定的自愈能力。

（3）现代网络要有开放性。这是指网络要能够接受多厂商生产的异种设备。

（4）现代网络要有综合性。这是指网络业务不能单一化，要由电话网、电报网、数据网分立的状态向综合业务数字网（Integrated Services Digital Network，ISDN）过渡，并且还要进一步加入图像、视频点播等业务，向宽带综合业务数字网（Broadband ISDN，B-ISDN）过渡。

（5）现代网络要有很高的安全性。随着人们对网络依赖性的增强，人们对网络安全性的要求也越来越高。

（6）网络要有经济性。网络的经济性有两个方面，一是对网络经营者而言的经济性，二是对用户而言的经济性。对网络经营者而言，网络的建设、运营和维护等开支要小于业务收入，否则，其经济性就无从谈起。对用户来说，网络业务要有合理的价格，如果价格太高用户承受不起，或虽能承受得起但感到付出的费用超过了业务的价值，那么用户便会拒绝应用这些业务，网络的经济性也无从谈起。

网络管理的方式是随着网络的发展而变化的。早期以人工交换电话网为主的网络管理是采用人工方式进行的，由于网络设备构成和网络业务都比较简单，管理内容也比较简单。例如业务流量的控制以及转接路由的选择由话务员的接续来完成，不可能产生网络拥塞现象，设备和线路故障也比较好查找。自动交换机和计算机网络出现以后，情况发生了变化，即交换机和路由器等网络设备本身具有了一些网络管理功能，出现了人工与自动相结合的管理方式。但这时网络设备的管理功能还是很有限的，这时的管理方式主要是以网络管理中心为主的集中方式。随着计算机技术的进步和网络的高速发展，网络设备越来越复杂，因而要求网络设备自身要有较强的自我管理功能。由于网络设备自身具有了较强的网络管理功能，使网络管理方式从以集中为主变为以分散为主。为了能够综合管理整个网络，在网络之上又建立了管理网，使网络管理系统在体系结构上更加合理。

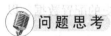 问题思考

1. 网络管理的基本要素是什么？
2. 网络管理的目标是什么？

任务 2 认识网络管理功能

 任务目标

了解网络管理的配置管理、故障管理、性能管理、安全管理、计费管理五大功能。

知识链接

ISO 在 ISO/IEC 7498-4 文档中定义了网络管理的 5 大基本功能，它们是配置管理、故障管理、性能管理、安全管理和计费管理。当然，在实际网络管理过程中，网络管理功能非常广泛，例还包括网络规划和网络操作人员的管理等。而这些网络管理功能的实现往往都与具体的网络实际条件有关，因此本书中只重点介绍 OSI 网络管理标准中的五大功能。

一、配置管理

配置管理用于管理网络的建立、扩充和开通，主要提供资源清单管理功能、资源开通功能、业务开通功能及网络拓扑服务功能。

配置管理是一个中长期的活动，它要管理的是因网络增容、设备更新、新技术的应用、新业务的开通、新用户的加入、业务的撤销、用户的迁移等原因而导致的网络配置的变更。网络规划与配置管理关系密切。在实施网络规划的过程中，配置管理发挥最主要的管理作用。

1. 资源清单管理功能

资源清单管理是配置管理的基本功能，它联机提供网络中的设备、器材、电路、服务、客户、设备厂商、软件和管理人员等资源的信息。利用标准的 SMI，将这些资源定义为被管对象，重点描述其属性、连接及状态。通过建立资源 MIB，提供对资源清单的提取、增加、删除和修改等功能。

2. 资源开通功能

网络资源的开通功能保证所需资源的供应、开发和配置在经济上合理的前提下及时满足客户的业务需求。资源开通功能中所指的资源主要是指提供接入、交换、传输和 MIB 等功能的网络设备。这些网络设备由硬件和软件构成。硬件中包含基础设施、公用装置、插接件和跳线等接续元素。软件中包含一般的程序和软件包。

3. 业务开通功能

业务的开通从用户要求时开始，到网络实际提供业务时结束。它包含网络中装载和管理业务所需要的过程。业务的开通也具有向各用户或用户组分配物理或逻辑资源的能力。

4. 网络拓扑服务功能

网络拓扑服务提供显示网络及其各个构成层次的布局的功能。显示的网络布局有 3 种形式，即物理布局、逻辑布局与电气布局。为了支持各个层次各种形式的网络布局显示，需要网络配置数据库的支持。数据库不仅要存放当前的配置数据，还要存放历史的配置数据，以便能够显示网络布局的变化过程。

二、故障管理

故障管理的目的是迅速发现和纠正网络故障，动态维护网络的有效性。故障管理的主要功能有报警监测、故障定位、测试、业务恢复及修复等，同时还要维护故障日志。

网络发生故障后要迅速进行故障诊断和故障定位，以便尽快恢复业务。为此可以采用事后策略，也可以采用预防策略。事后策略重视迅速修复；预防策略可以采用配备冗余资源的方法，将发生故障的资源迅速地用备用资源替换。另一种预防策略是分析性能下降的趋势，在用户感到服务质量明显下降之前采取修复措施。

1. 报警监测功能

报警监测功能主要包含以下几个功能：

（1）网络状态监督：通过配置管理中的网络拓扑服务功能来进行分层配置显示或状态映射。利用业务量状态的实时显示和局部放大有助于确认和孤立问题。

（2）故障检测：主动探测或被动接收网络上的各种事件信息，并识别出其中与网络和系统故障相关的内容，对其中的关键部分保持跟踪，生成网络故障事件记录。其关键是检测手段是否有效。在一些情况下，为了防止故障漏检，往往采用多种检测手段。但这种方法不能过度使用，否则同一故障会产生过多的报警信息，反而不利于故障根源的确定。

（3）故障报警：接收故障监测模块传来的报警信息，根据报警策略驱动不同的报警程序，以报警窗口、振铃（通知一线网络管理人员）或电子邮件（通知决策管理人员）发出网络严重故障警报。

（4）故障信息管理：依靠对事件记录的分析，定义网络故障并生成故障卡片，记录排除故障的步骤和与故障相关的值班员日志，构造排错行动记录，将事件、故障和日志构成逻辑上相互关联的整体，以反映故障产生、变化和消除的整个过程的各个方面。

（5）排错支持工具：向管理人员提供一系列的实时检测工具，对被管设备的状况进行测试并记录下测试结果，以供技术人员分析和排错；根据已有的排错经验和管理员对故障状态的描述给出对排错行动的提示。

（6）检索并分析故障信息：浏览并且以关键字检索查询故障管理系统中所有的数据库记录，定期收集故障记录数据，在此基础上给出被管网络系统和被管线路设备的可靠性参数。

2. 故障定位功能

故障定位功能的目的是确定设备中故障的位置。为确定故障根源，常常需要将诊断、测试及性能监测获得的数据结合起来进行分析。

故障定位的手段主要有诊断、试运行及软件检查。

（1）诊断：故障诊断一般利用专门的诊断程序进行。诊断常常是打扰性的，即在诊断进行期间，被诊断的设备不能运行正常的用户业务。

（2）试运行：试运行是将一部分网络设备隔离，利用设备正常的输入输出端口和测试器，系统地测试被隔离网络设备的所有服务特性。

（3）软件检查：利用软件进行的检查有核查、校验和运行测试、程序跟踪等。

3. 电路测试

测试功能与诊断功能不同。诊断可以在一个系统内进行，而测试常常涉及到位于不同物理位置的多个系统。

测试在业务导入和维护时使用。导入测试是检验功能或设备是否正常，其最有效的方式是端到端的测试方式。维护测试是检测及验证障碍，以及检验修复。提供测试入口的装置可以在电路、通道或传输媒体中设计。一般在不同维护区间的端口处需要设置测试入口。测试可以在电路、通道或传输线等各种层次上进行。

发生故障后，一般采用端到端测试检查故障。在端到端测试中，二分查找策略可以获得较高的效率。

4. 业务的恢复

为了在发生故障时继续提供业务，需要配备适当的预备资源。恢复策略主要有以下几种：

（1）隔离引起故障的设备，使其余的资源能够继续维持支持业务，虽然业务能力可能下降。

（2）将业务从故障设备切换到正常的预备设备，这可以通过 1∶1 预备或 M∶N 预备来实现。

（3）使用环或网状网络本身具有的异径功能。

三、性能管理

性能管理的目的是维护网络服务质量（Quality of Service，QoS）和网络运营效率。为此，性能管理要提供性能监测功能、性能分析功能及性能管理控制功能。同时，还要提供性能数据库的维护，以及在发现性能严重下降时启动故障管理系统的功能。

网络服务质量和网络运营效率有时是相互制约的。较高的服务质量通常需要较多的网络资源（带宽、CPU时间等），因此在制定性能目标时要在服务质量和运营效率之间进行权衡。在网络服务质量必须优先保证的场合，就要适当降低网络的运营效率指标。相反，在强调网络运营效率的场合，就要适当降低服务质量指标。但一般在性能管理中，维护服务质量是第一位的。网络运营效率的提高主要依靠其他的网络管理功能，如网络规划管理和网络配置管理来实现。

在性能管理的各个功能中，性能监测功能联机监测网络性能数据，报告网络元素状态、控制状态、拥塞状态及业务量；性能分析功能对监测到的性能数据进行统计分析，形成性能报表，预测网络近期性能，维护性能日志，寻找现实的和潜在的瓶颈问题，如发现异常进行报警；性能管理控制功能控制性能监测数据的属性、阈值并报告时间表，改变业务量的控制方式，控制业务量的测量及报告时间表。

1. 网络性能指标

性能管理中需要一组能够准确、全面、迅速地反映网络性能的指标。OSI系统管理标准中定义了几种用于反映分组交换数据网络性能的指标，这些参数在性能管理中发挥重要作用。网络性能指标可以分为面向服务质量的指标和面向网络效率的指标两类。面向服务质量的指标主要包括有效性、响应时间和差错率。面向网络效率的指标主要包括吞吐量和利用率。

2. 性能监测功能

性能监测对网络的性能数据进行连续的采集。网络中多个设备单元的偶尔或间歇性的错误会导致服务质量降低，并且这种问题难以通过故障管理的方法检测出来。因此性能监测功能的主要目的就是通过连续采集性能数据监测网络的服务质量。同时性能监测也可用于在网络性能降低到不可接受的程度之前通过特征模式及时发现问题。

性能监测的主要用途有预防性服务、验收测试和监测合同业务的性能。

3. 性能分析功能

性能分析功能一是要对监测到的性能数据进行统计和计算，获得网络及其主要成分的性能指标，定期或在必要时形成性能报表，有时要生成性能趋势曲线，以直观的图形反映性能分析结果的可视化性能报告，为网络规划提供参考；二是要负责维护性能数据库，存储网络及其主要成分的性能的历史数据，为网络对象性能查询提供依据；三是要根据当前的和历史的数据对网络及其主要成分的性能进行分析，获得性能的变化趋势，分析制约网络性能的瓶颈问题；四是在网络性能异常的情况下向网络管理者报警，在特殊情况下，直接请求故障管理功能进行反应。

性能分析的基础是建立和维护一个有效的性能数据库。在此基础上，要解决的关键问题是设计和构造有效的性能分析方法。传统的方法是基于解析的方法，对于比较复杂的关系难以迅速得到正确结果。在这种情况下，基于人工智能的方法越来越受到重视。这种方法通过建立知识库和专家系统对网络性能进行分析，提高了分析的水平和速度。

4. 性能管理控制功能

性能管理控制功能包括监测网络中的业务量，优化网络资源的利用，调查网络的业务量处理状况。性能管理控制功能采集的业务量数据也被用于支持其他的网络管理功能，如故障管理和配置管理。数据采集时间间隔也由性能管理控制功能控制。例如，对于准实时的管理，5min 一次；对于一般的分析，1h 或 24h 一次。

四、安全管理

安全管理的目的是提供信息的隐私、认证和完整性保护机制，使网络中的服务、数据及系统免受侵扰和破坏。目前采用的主要网络安全措施包括通信伙伴认证、访问控制、数据隐私和数据完整性保护等。一般的安全管理系统包含风险分析功能，安全服务功能，报警、日志和报告功能，网络管理系统保护功能等。

需要明确的是，安全管理系统并不能杜绝所有对网络的侵扰和破坏，其作用仅在于最大限度地防范，以及在受到侵扰和破坏后将损失尽量降低。具体来说，安全管理系统的主要作用有：①采用多层防卫手段，将受到侵扰和破坏的概率降到最低；②提供迅速检测非法使用和非法初始进入点的手段，核查跟踪侵入者的活动；③提供恢复被破坏的数据和系统的手段，尽量降低损失；④提供查获侵入者的手段。

1. 风险分析功能

风险分析是安全管理系统需要提供的一个重要功能。它要连续不断地对网络中的消息和事件进行检测，对系统受到侵扰和破坏的风险进行分析。风险分析必须包括网络中所有有关的部分。主要是端点用户、交换机或局域网、本地网或城市网、长途网或广域网，以及有关的操作系统、数据库、文件及应用程序。

进行风险分析的一个方法是构造威胁矩阵，显示各个部分潜在的积极或消极的威胁。

2. 安全服务功能

网络可以采用的安全服务有多种多样，但是没有哪一个服务能够抵御所有的侵扰和破坏。只能通过对多种服务进行悉心的组合来获得满意的网络安全性能。网络安全服务是通过网络安全机制实现的。OSI 网络管理标准中定义了 8 种网络安全机制：加密、数字签名、数据完整性、认证、访问控制、路由控制、伪装业务流、公证。

（1）认证。可以使通信伙伴之间相互确认身份，防止侵入者插入通信过程。认证一般在通信之前进行，但在必要的时候也可以在通信过程中随机重复。认证有两种形式，一种是单方的标识被检查的单方认证，一种是通信双方相互检查对方标识的相互认证。认证服务可以通过加密机制、数字签名机制及认证机制实现。

（2）访问控制。访问控制保证只有被授权的用户才能访问网络，进而利用资源。访问控制的基本原理是检查用户标识、密码，根据授予的权限限制其对资源的利用范围和程度。例如，是否有权利用主机 CPU 运行程序，是否有权对特定的数据库进行查询和修改等。访问控制服务通过访问控制机制实现。

（3）数据隐私。防止数据被无权者阅读。数据隐私既包括存储中的数据，又包括传输中的数据。隐私可以对特定文件、通信链路，甚至文件中指定的字段进行。数据隐私服务可以通过加密机制和路由控制机制实现。

（4）业务流分析保护。防止通过分析业务流，来获取业务量特征、信息长度、信息源和目的地等信息。业务流分析保护服务可以通过加密机制、伪装业务流机制、路由控制机制实现。

（5）数据完整性。保护存储中的和传输中的数据不被删除、更改、插入和重复。必要时该服务也可以包含一定的恢复功能。数据完整性保护服务可以通过加密机制、数字签名机制及数据完整性机制实现。

（6）签字。用发送"签字"的办法来对信息的发送或信息的接收进行确认，以证明和承认信息是由签字者发出或接收的。这个服务的作用在于避免通信双方对信息的来源发生争议。签字服务通过数字签名机制及公证机制实现。

3. 报警、日志和报告功能

网络管理系统提供的安全服务可以有效地降低安全风险，但它们并不能排除风险。因此与故障管理相同，安全管理也要提供报警、日志和报告功能。该功能要以大量的侵扰检测器（可以由软件实现）为基础，在发现侵入者进入网络时触发报警过程，登录安全日志和向安全中心报告发生的事件。在报警报告和安全日志中，主要应包括事件的种类、发生的时间、事件中通信双方的标识符、有关的资源标识符和检测器标识符。

4. 网络管理系统的保护功能

网络管理系统是网络的中枢，大量的关键数据（如用户密码、计费数据、路由数据、系统恢复和重启规程等）都存放在这里。因此，网络管理系统是安全管理的重点对象，要采用高度可靠的安全措施对其进行保护。每个安全管理系统首先要提供对网络管理系统自身的保护功能。

五、计费管理

计费管理的主要目的是正确地计算和收取用户使用网络服务的费用。但这并不是唯一的目的，计费管理还要进行网络资源利用率的统计和网络的成本效益核算。对于以营利为目的的网络经营者来说，计费管理功能无疑是非常重要的。

在计费管理中，首先要根据各类服务的成本和供需关系等因素制定资费政策，资费政策还包括根据业务情况制定的折扣率；其次要收集计费收据，如使用的网络服务、占用时间、通信距离和通信地点等计算服务费用。

1. 计费管理的主要功能

（1）计算网络建设及运营成本。主要成本包括网络设备器材成本、网络服务成本、人工费用等。

（2）统计网络及其所包含的资源的利用率。为确定各种业务各种时间段的计费标准提供依据。

（3）联机收集计费数据。这是向用户收取网络服务费用的根据。

（4）计算用户应支付的网络服务费用。

（5）账单管理。保存收费账单及必要的原始数据，以备用户查询和质疑。

2. 计费管理的功能模块

（1）服务事件监测功能模块：负责从管理信息流中捕捉用户使用网络服务的事件。将监测到的事件存入用户账目日志供用户查询，同时将有关信息送至资费管理模块计算费用。此外，还要对计费事件的合法性进行判断，如发现错误，自动产生计费故障事件向故障管理功能模块通报。

（2）资费管理服务功能模块：按照资费政策计算为用户提供的网络服务应收取的费用。

资费政策需要根据技术进步和业务状况不断进行调整；同时还要根据服务的时间、日期及服务性质制定折扣率。

（3）服务管理功能模块：根据资费管理功能模块和计费控制模块的控制信息，限制用户可使用的业务种类。例如，是否有权拨打长途电话，是否有权使用特殊服务等。

（4）计费控制功能模块：负责管理用户账号、调整费率及服务管理规则等。计费控制功能由操作员进行操作。

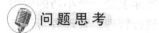 **问题思考**

网络管理的基本功能是什么？

任务3　认识网络管理模型

任务目标

了解网络管理的分层模型、网络管理的基本模型和网络管理的信息模型。

知识链接

网络管理模型定义网络管理的框架、方式和方法。不同的管理模型会带来不同的管理能力、管理效率和经济效益，决定网络管理系统的不同的复杂度、灵活度和兼容性。20 世纪80 年代末期，ISO 提出的基于远程监控的管理框架是现代网络管理模型的基础。在此基础上，提出了建立综合网络管理系统（Integrated Netwok Mamagement System，INMS）的建议，并形成了两种主要的网络管理模型，即以 OSI 模型为基础的系统管理模型公共管理信息协议（Common Management Information Protocol，CMIP）和以 TCP/IP 模型为基础的网络管理模型（SNMP）。

一、网络管理的分层模型

INMS 的思想就是按照通用标准制造网络设备，用统一的 INMS 取代众多不同的 NMS。基于 OSI 的网络管理体系建立在 OSI 七层模型的基础上。其网络管理应用在第 7 层，（即应用层）上实现。OSI 第 1 层至第 6 层则提供与网络管理信息有关的标准网络服务。

OSI 系统管理模型的核心是一对相互通信的系统管理实体。它采取一个独特的方式使两个管理进程之间相互作用，即管理进程与一个远程系统相互作用，去实现对远程资源的控制。在这种简单的体系结构中，一个系统中的管理进程担当管理者角色，而另一个系统的对等实体（进程）担当代理者角色，代理者负责提供对表示被管资源的被管对象的访问。前者被称为管理系统，后者被称为被管系统。

在系统管理模型中，对网络资源的信息描述是非常重要的。在系统管理层次上，物理资源本身只被作为信息源来对待。对利用通信端口交换信息的应用来说，对所交换的信息必须有相同的解释。因此，提供公共信息模型是实现系统管理模型的关键。

系统管理模型采用面向对象技术，提出了被管对象的概念来描述被管资源。被管对象对外提供一个管理端口，通过这个端口，可以对被管对象执行操作，或者将被管对象内部发生的随机事件用通报的形式向外发出。

在系统管理模型中，管理者角色与代理角色是不固定的，而是由每次通信的性质所决定的。担当管理者角色的进程向担当代理者角色的进程发出操作请求，担当代理者角色的进程对被管对象进行操作和将被管对象所发的通报传向管理者。

二、网络管理的基本模型

网络管理系统基本模型由4部分组成，即多个被管代理、至少一个网络管理者或称管理工作站、一种通用的网络管理协议（CMIP或SNMP）和一个或多个管理信息库（MIB）。网络设备和主机等被称为被管设备，在这些设备上驻留有代理。代理实际上是一个小巧的应用程序。管理者也是一个程序，负责与用户交互，并通过代理对设备进行管理。管理者与代理通过网络管理协议通信。MIB相当于一个数据库，提供有关被管网络设备的信息。因此，网络管理系统的模型包含以下4个基本的逻辑部分。

（1）管理对象：指网络中具体可以操作的参数。

（2）管理进程：指对网络中的设备和设施进行全面管理和控制的软件程序。

（3）管理信息库（MIB）：指记录网络中各种管理对象的信息库。

（4）管理协议（CMIP或SNMP）：用于在管理系统与管理对象之间传递和解释操作命令。

三、网络管理的信息模型

信息模型是网络管理模型中最重要的部分，它决定实际的协议如何定义，不同管理协议之间的差异主要在于信息模型的区别，这种差异主要是普适性和简单性的折中所致。

信息模型仅描述了管理信息的框架，它主要涉及SMI和MIB两方面的内容。网络资源以对象的形式存放在MIB的虚拟库中。对象在MIB中的存放形式被称作SMI。MIB是信息模型的现实体现，它不是定义被管的一切对象，而是按类定义对象。例如，支持路由功能的所有对象。

信息模型主要是实现被管理资源、软件及物理设备的逻辑表示。现有的网络管理信息模型多采用面向对象的方法定义网络管理信息。目前两个标准数据模型是OSI SMI和Internet SMI。OSI SMI采用完全的面向对象方法，其被管理对象由与对象有关的属性、操作、事件和行为封装而成，对象之间有继承和包含关系。对于Internet SMI，网络管理信息是面向属性的，因此，Internet SMI对象没有属性的概念，对象之间也没有继承和包含的关系，其管理信息的定义更注重简单性和可扩展性。这两种SMI均采用ISO的ASN.1表示。

OSI的管理信息结构标准有管理信息模型（Management Information Model，MIM）、管理信息定义（Definition of Management Information，DMI）、被管对象定义指南（Guide of Definition Managed Obeject，GDMO）和一般管理信息（General Management Information，GMI）。

一般来说对管理信息模型的要求有：

（1）对资源进行管理的定义与CMIS兼容。

（2）有一个公共的全局命名结构，使系统可以管理不同资源，并且唯一地标识各资源。

（3）类似的信息应以类似的方法定义。

（4）类似的操作应以类似的方法定义。

（5）用标准方法扩充对管理资源的定义和"借用"说明片段。

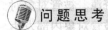 **问题思考**

网络管理的基本模型包括哪些内容？

任务 4　认识网络管理标准与协议

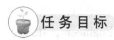任务目标

了解网络管理标准和网络管理协议。

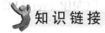知识链接

一、网络管理标准简介

ISO 是一个全球性的非政府组织，是国际标准化领域中一个十分重要的组织，于 1947 年 2 月 23 日正式成立，总部设在瑞士的日内瓦。ISO 于 1951 年发布了第一个标准——工业长度测量用标准参考温度。

到 20 世纪 80 年代，网络管理已作为一个专门的问题来研究。ISO、国际电信联盟（International Telecommunications Union，ITU）及传输控制协议/国际协议（Transfer Control Protocol/Internet Protocol，TCP/IP）等机构先后都制定了一系列的网络管理标准，为网络管理的标准化进程做了大量工作。

ISO 7498—4 标准文本从最高角度概括描述了 OSI 系统的管理问题，制定了 OSI 网络管理的原则框架，规定了符合 ISO 标准的开放系统的网络管理模型；ISO 10040 标准定义了网管系统需要的通信支持；标准文本 ISO 9595 定义了网络管理和网络管理需要的管理信息服务支持，ISO 9596 则定义了用于完成管理信息通信的一个应用层协议。另外，一些网络厂商、网络机构也制定了一些应用在各自网络上的管理标准，如 Internet 的 SNMP 应用最广泛。虽然网管标准工作还处于初级阶段，但随着网络技术的迅速发展，以后会有更加完善、更加细致的标准文件出台，网络管理标准会逐步走向成熟。

电信网络管理标准（Telecommunications Management Network，TMN）是 ITU-T 在 1989 年制订的电信网络管理标准，其目的是利用既简单又统一的方法来管理各种不同功能的网络，但在如何构造管理系统，以及管理系统之间如何实现互操作等方面，TMN 具有较大的局限性。近几年逐渐广泛应用的 CORBA 是目前比较成熟的分布式面向对象技术，它提供了在异构分布环境下不同计算机上不同应用的互操作能力和将多个对象系统无缝互联的能力，更适用于开放的电信市场环境下业务的快速构造及资源和业务的有效管理。CORBA 的应用领域非常广泛，网络管理是其中之一，CORBA 在网络管理中的应用方向包括体系结构和网络管理端口两方面。CORBA 作为一种新的技术引入 TMN，对于推动 TMN 的进一步完善将起到较大的作用，但 CORBA 在网络管理标准中的应用还需要进一步完善。

TCP/IP 网络管理最初使用的是 1987 年 11 月提出的简单网关监控协议 SGMP（Simple Gateway Monitoring Protocol），在此基础上改进成简单网络管理协议第一版 SNMPv1，陆续公布在 1990 和 1991 年的几个 RFC 文件中，即 RFC 1157（SMI），RFC1157（SNMP），RFC1212（MIB 定义）和 RFC1213（MIB-II 规范）。由于其简单性和易于实现，SNMPv1 得到了许多制造商的支持和广泛应用。几年以后在第一版的基础上改进功能和安全性，又产生了 SNMPv2（RFC1902-1908，1996），目前最新的标准 SNMPv3（RFC2570-2575 Apr. 1999）已经完成了。

在同一时期，用于监视局域网通信的标准——远程网络监控（Remote network MONitoring, RMON）也出现了，这就是RMON-1（1991）和RMON-2（1995）。该标准定义了监视网络通信的管理信息库，是SNMP管理信息库的扩充，与SNMP协议配合可以提供更有效的管理性能，也得到了广泛应用。

另外，电气和电子工程师协会（Institute of Electrical and Electronics Engineers, IEEE）定义了局域网的管理标准，即局域网/城域网（Local Area Network/Metropolitan, IEEE802.1b LAN/MAN），用于管理物理层和数据链路层的OSI设备，因而叫做CMOL［CMIP over LLC（Logical Link Control layer，逻辑链路控制层）］。

IETF是一个由网络工程师、网络管理员、研究员和销售商组成的国际组织，目的是确保Internet的平稳运作和发展。它从Internet协会（Internet asSOCiation, ISOC）获得授权，日常工作受Internet体系结构委员会（Internet Architectrue Board, IAB）监督。其工作由一些从事Internet工作，如路由、运转及管理、传输、安全、应用和用户服务等的工作组来完成。推出的协议包含HTTP、LDAP（Lightweight directory Access Protocol，轻量级目录访问协议）、NNTP（Network News Transfer Protocol，网络新闻传输协议）、PPP（Point to Point Protocol，点对点协议）和SNMP等。其标准出台的过程要经历提议、建立筹备组、成立工作组、工作组讨论、工作组内部达成共识、大范围讨论和征求意见、确立RFC、长期试用及公布标准号等9个步骤。RFC在经过长期的试用和改进后，在得到IETF颁发的标准号时才正式成为Internet网络标准。

二、网络管理协议简介

在网络管理协议产生以前的相当长的时间里，管理者要学习各种从不同网络设备获取数据的方法。因为各个生产厂家使用专用的方法收集数据，相同功能的设备，不同的生产厂商提供的数据采集方法可能大相径庭。在这种情况下，制定一个行业标准的紧迫性越来越明显。

首先开始研究网络管理通信标准问题的是国际上最著名的国际标准化组织ISO，他们对网络管理的标准化工作始于1979年，主要针对OSI七层协议的传输环境而设计。

ISO的成果是公共管理信息服务（Common Management Information Service, CMIS）和CMIP。CMIS支持管理进程和管理代理之间的通信要求，CMIP则是提供管理信息传输服务的应用层协议，二者规定了OSI系统的网络管理标准。基于OSI标准的产品有AT&T公司的Accumaster和DEC公司的EMA等，HP公司的OpenView最初也是按OSI标准设计的。

后来，IETF为了管理以几何级数增长的Internet，决定采用基于OSI的CMIP协议作为Internet的管理协议，并对它作了修改，修改后的协议被称作CMOT（Common Management Over TCP/IP）。但由于CMOT迟迟未能出台，IETF决定把已有的SGMP（简单网关监控协议）进一步修改后，作为临时的解决方案。这个在SGMP基础上开发的解决方案就是著名的SNMP，也称SNMPv1。

SNMPv1与OSI标准相比，最大的特点是简单性，容易实现且成本低。此外，它还具有可伸缩性——SNMP可管理绝大部分符合Internet标准的设备；扩展性——通过定义新的"被管理对象"，可以非常方便地扩展管理能力；健壮性——即使在被管理设备发生严重错误时，也不会影响管理者的正常工作。

近年来，SNMP发展很快，已经超越传统的TCP/IP环境，受到更为广泛的支持，成为网络管理方面事实上的标准。支持 SNMP 的产品中最流行的是 IBM 公司的 NetView、Cable-tron 公司的 Spectrum 和 HP 公司的 OpenView。除此之外，许多其他生产网络通信设备的厂家，如 Cisco、Crosscomm、Proteon、Hughes 等也都提供基于 SNMP 的实现方法。

如同 TCP/IP 协议簇的其他协议一样，开始的 SNMP 没有考虑安全问题，为此许多用户和厂商提出了修改 SNMPv1，增加安全模块的要求。IETF 经过多年的工作之后相继提出了 SNMPv2、SNMPv3。SNMPv3 的重点是安全、可管理的体系结构和远程配置，并得到了供应商们的强有力支持。

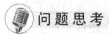 **问 题 思 考**

在实际工作中为了达到网络管理的标准化，网络管理员参考的网络管理标准是什么？

任务 5　把握网络管理员的任务和职业操守

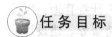 **任 务 目 标**

了解网络管理员的工作任务；了解职业道德和职业操守的内容与要求。

知 识 链 接

一、网络管理员的任务

对于每日 24 小时，一年 365 天投入正常运转和服务的计算机网络，网络管理员的常规任务就是网络的运营、管理与维护。

作为一个合格的网络管理员，要有丰富的技术背景知识，要熟练掌握各种系统和设备的配置和操作，需要阅读和熟记网络系统中各种系统和设备的使用说明书，以便在系统或网络发生故障时，能够迅速判断出问题所在，给出解决方案，使网络迅速恢复正常服务。

网络管理员的日常工作虽然很繁杂，简单地说主要有 7 项，即网络基础设施管理、网络操作系统管理、网络应用系统管理、网络用户管理、网络安全保密管理、信息存储备份管理和网络机房管理。这些管理涉及多个领域，每个领域的管理又有各自特定的任务。

在网络正常运行状况下，网络管理员对网络基础设施的管理主要包括：①确保网络通信传输畅通；②掌握局域网主干设备的配置情况及配置参数变更情况，备份各个设备的配置文件；③对运行关键业务网络的主干设备配备相应的备份设备，并配置为热后备设备；④负责网络布线配线架的管理，确保配线的合理有序；⑤掌握用户端设备接入网络的情况，以便发现问题可迅速定位；⑥采取技术措施，对网络内经常出现用户需要变更位置和部门的情况进行管理；⑦掌握与外部网络的连接配置，监督网络通信状况，发现问题后与有关机构及时联系；⑧实时监控整个局域网的运转和网络通信流量情况；⑨制订、发布网络基础设施使用管理办法并监督执行情况。

网络管理员在维护网络运行环境时的核心任务之一是网络操作系统管理。在网络操作系统配置完成并投入正常运行后，为了确保网络操作系统工作正常，网络管理员首先应该能够熟练地利用系统提供的各种管理工具软件，实时监督系统的运转情况，及时发现故障征兆并进行处理。在网络运行过程中，网络管理员应随时掌握网络系统配置情况及配置参数变更情况，对配置参数进行备份。网络管理员还应该做到随着系统环境变化、业务发展需要和用户需求，动态调整系统配置参数，优化系统性能。最后，网络管理员还应该为关键的网络操作系统服务器建立热备份系统，做好防灾准备。因为网络操作系统是网络应用软件和网络用户的工作平台，一旦发生致命故障，这个网络服务将陷入瘫痪状态。

对于普通用户而言，计算机网络的价值主要是通过各种网络应用系统的服务体现的。网络管理员日常系统维护的另一个重要职责，就是确保这些服务运行的不间断性和工作性能的良好性。任何系统都不可能永远不出现故障，关键是一旦出现故障，如何将故障造成的损失和影响控制在最小范围内。对于要求不可中断的关键型网络应用系统，网络管理员除了在软件手段上要掌握、备份系统配置参数和定期备份系统业务数据外，必要时在硬件手段上还需要建立和配置系统的热备份。对于用户访问频率高、系统负荷大的网络应用系统服务，必要时网络管理员还应该采取负载分担的技术措施。

除了通过软件维护进行系统管理外，网络管理员还需要直接为网络用户服务。用户服务与管理在网络管理员的日常工作量中占有很大份额，其内容包括用户的开户与撤销管理、用户组的设置与管理、用户使用系统服务和资源的权限管理和配额管理、用户计费管理，以及包括用户桌面联网计算机的技术支持服务和用户技术培训服务的用户端支持服务。建设计算机网络的目的是为用户提供服务，网络管理员必须坚持以人为本、服务至上的原则。

网络管理员在提供网络服务的同时必须特别注重网络的安全与保密管理。安全与保密是一个问题的两个方面，安全主要是指防止外部对网络的攻击和入侵，保密主要是指防止网络内部信息的泄露。根据所维护管理的计算机网络的安全保密要求级别的不同，网络管理员的任务也不同。对于普通级别的网络，网络管理员的任务主要是配置管理好系统防火墙。为了能够及时发现和阻止网络黑客的攻击，可以再配置入侵检测软件系统对关键服务提供安全保护。对于安全保密级别要求高的网络，网络管理员除了应该采取上述措施外，还应该配备网络安全漏洞扫描系统，对关键的网络服务器采取容灾的技术手段。更严格的涉密计算机网络，还要求在物理上与外部公共计算机网络绝对隔离；对安置涉密网络计算机和网络主干设备的房间要采取安全措施，控制管理人员的进出；对涉密网络用户的工作情况要进行全面的监控管理。

在计算机网络中最贵重的是什么？不是设备，不是计算机软件，而是数据和信息。信息和数据一旦丢失，损失将无法弥补。因此网络管理员还有一个重要职责，就是采取一切可能的技术手段和管理措施，保护网络中的信息安全。对于实时工作级别要求不高的系统和数据，最低限度网络管理员也应该进行定期手工操作备份；对于关键业务服务系统和实时级别高的数据和信息，网络管理员应该建立存储备份系统，进行集中式的备份管理；最后，将备份数据随时保存在安全地点更是非常重要。

网络机房是安置网络系统关键设备的要地，是网络管理员日常工作的场地。根据网络规模的不同，网络机房的功能复杂程度也不同。一个正规的网络机房通常分为网络主干设备区、网络服务器设备区、系统调试维护维修区、软件开发区和空调电源设备区。对于网络机房的日常管理，网络管理员的任务是：①掌管机房数据通信电缆布线情况，在增减设备时确保布线合理，管理维护方便；②掌管机房设备供电线路安排，在增减设备时注意负载的合理配置；③管理网络机房的温度、湿度和通风状况，提供适合的工作环境；④确保网络机房内各种设备的正常运转；⑤确保网络机房符合防火安全要求，火警监测系统工作正常，灭火措施有效；⑥采取措施，在外部供电意外中断和恢复时，实现在无人值守情况下保证网络设备安全运行。另外，保持机房整洁有序，按时记录网络机房运行日志，制订网络机房管理制度并监督执行，也是网络管理员的日常基本职责。

在国家职业技能标准中，对网络管理员的要求如表1-1所示。

表 1-1　　　　　　　　　　国家职业技能标准中对网络管理员的要求

职业功能	工作内容	技能要求	相关知识
一、维护机房环境	1. 电源设备的操作与管理	(1) 能够按照操作规程正确开关机房的小型电源设备 (2) 能够及时发现电源系统故障	(1) 电源设备操作规程 (2) 电源系统常见故障的种类
	2. 空调设备的操作与管理	(1) 能够按照操作规程正确开关机房内的空调设备 (2) 能够根据机房要求调整空调设备 (3) 能够及时发现空调设备故障	(1) 空调设备操作规程 (2) 空调设备常见故障的种类
二、维护通信线路	1. 维护对外互联通信线路	(1) 能够识别对外互联通信线路 (2) 能够及时发现对外互联通信线路故障	(1) 常用广域网线缆基本知识 (2) 常用广域网端口基本知识 (3) 常用广域网通信线路常见故障常识
	2. 维护局域网通信线路	(1) 能够识别局域网通信线路 (2) 能够及时发现局域网通信线路故障	(1) 常用局域网线缆基本知识 (2) 常用局域网端口基本知识 (3) 常用局域网通信线路常见故障的种类
三、维护网络设备	1. 监视网络运行状况	(1) 能够使用网络实用工具程序和网络管理工具监视网络的运行状况 (2) 能够判断网络设备是否使用正常	(1) 网络实用程序知识 (2) 网络管理工具使用方法
	2. 网络设备的维护	(1) 能够识别网络设备 (2) 能够完成网络设备的日常保养	网络设备常用日常保养知识
四、维护网络服务器和网络终端设备	1. 网络终端设备的安装与配置	(1) 能够正确安装网络终端设备的软、硬件 (2) 能够正确配置网络终端设备的软、硬件 (3) 能够正确使用基本的网络客户端软件 (4) 能够正确配置简单的网络资源共享	(1) 网络终端设备的软硬件安装配置方法 (2) 网络客户端软件的安装配置方法
	2. 网络服务器的监视	能够识别服务器硬件故障	服务器保养基本方法
	3. 网络终端设备的日常维护	(1) 能够使用常用的防病毒软件进行病毒的防治 (2) 能够进行网络终端设备的日常保养	(1) 计算机病毒的正确识别和处理方法 (2) 网络终端设备保养方法
	4. 监视网络基本服务	(1) 能够正确使用网络使用工具、网络管理软件和网络应用软件，对网络基本服务进行监视 (2) 能够判断网络基本服务是否工作正常	利用网络应用软件对网络基本服务进行监视的方法

二、职业道德的内容与要求

职业道德是一般包括爱岗敬业、诚实守信、办事公道、服务群众和奉献社会等内容。

1. 爱岗敬业

爱岗敬业是职业道德的核心和基础。对从业人员来说，无论从事哪一项职业，都要求能够爱岗敬业。爱岗就是干一行爱一行，安心本职工作，热爱自己的工作岗位；就是要把自己看成单位、公司、部门的一分子，要把自己从事的工作视为生命存在的表现方式，尽心尽力去工作，这是无论从事何种职业都应有的道德要求。爱岗和敬业是紧密联系在一起的。敬业是爱岗意识的升华，是爱岗情感的表达。敬业通过对职业工作的极端负责任、对技术的精益求精表现出来，通过乐业、勤业、精业表现出来。

2. 诚实守信

诚实守信这一职业道德准则，是从业者在社会中生存和发展的基石。要求从业者在职业生活中应该慎待诺言、表里如一、言行一致、遵守职业纪律。这表现在职业劳动中，就要求从业者诚实劳动，有一分力出一分力，不怠工，遵纪守法；诚实守信还表现在从业者的业务活动中，就是严格履行合同契约，不弄虚作假，不偷工减料，不以次充好，重合同守信用。

3. 办事公道

办事公道是处理职业内外关系的重要行为准则。要履行其社会职能，发挥其社会作用，既需要保持该职业性质和维护该职业工作正常进行的行为规范和规章制度，需要该职业内部的规范协调；也要处理好因该职业而引起的与各方面的职业关系。因此从业人员在职业工作中，首先应自觉遵守规章制度、平等待人、秉公办事、清正廉洁，不允许违章犯纪、维护特权、滥用职权、损人利己、损公济私。任何一项职业都有其自身的性质和特点，它的存在都有其社会的需要。从业人员应在自己的本职工作岗位上，自觉遵守按照行业特点制定的工作原则。工作原则是维持各职业工作正常进行的规定，是本部门、本行业长远利益、整体利益和社会大众利益的保证。按原则办事是办事公道的具体体现。其次，本职业社会职能和作用的发挥，不能不受到各方面职业关系的制约，必须是在同其他许多有关职业的协同活动中才能完成。而在这种协同活动中，需要互相照顾对方的利益，也需要互相对对方负有一定的义务。因此各行业从业人员在职业工作中互相合作，兼顾国家、集体、个人三者的利益，追求社会公正，维护公益是办事公道的职业道德的基本要求。

4. 服务群众

服务群众，满足群众要求，尊重群众利益是职业道德要求的目标指向的最终归宿。任何职业都有其职业的服务对象。作为一项职业之所以能够存在，就是有该项职业的职业对象对这项职业有共同的要求。

5. 奉献社会

奉献社会是职业道德的本质特征。每一项职业，都有其各自的特殊社会职能。这种特殊的社会职能就是社会对该项职业所提出的要求，也就是从业人员从事职业劳动的社会意义。任何职业都必须忠实地履行其社会职能。每项职业的从业人员对各自职业应尽的职责，又是他们对社会所应尽的义务。

三、职业操守的内容与要求

同其他工作一样，作为网络管理的从业人员，在工作中也有自己的职业道德。基于计算机网络管理工作的特点，计算机网络管理从业人员在工作中应遵守以下职业守则：

1. 遵纪守法，尊重知识产权

知识产权制度是激励技术创新的源泉和动力。完善知识产权制度是落实"尊重劳动、尊重知识、尊重人才、尊重创造"的重要举措，也是走出一条科技含量高、经济效益好、资源消耗低、环境污染少、人力资源优势得到充分发挥的新型工业化道路的需要。

我们常说网络侵权实际上经常指的是侵犯版权，但实际上网络侵犯知识产权的形式也是多种多样的。目前网络侵犯知识产权的形式主要有 4 种：版权侵犯、不正当竞争、商标侵权和域名纠纷。

2. 爱岗敬业，严守保密制度

信息系统泄密的主要渠道有：电磁辐射泄密，联网（局域网、因特网）泄密，计算机媒体泄密，管理、操作、修理过程中造成的泄密，传真机、电话机等都存在着电磁辐射泄密。针对这些问题可采取一些相应的防范措施。例如，注意机房选址，对机房、主机加以屏蔽或对计算机安装电子干扰器。对进口计算机要在使用前进行安全检查。涉密计算机系统决不联网，已联网的要坚决断开，对计算机网络要加装"防火墙"等安全设备。涉密计算机送去维修前，要彻底清除涉密信息。加强用于传播、交流或存储资料的光盘、硬盘、软盘等计算机媒体的审查和管理。对秘密信息要进行加密存储和加密传输，建立健全各项保密管理制度。对工作人员进行审查、教育，严守保密规章制度。

规划和建设计算机信息系统，应当同步规划落实相应的保密设施。计算机信息系统的研制、安装和使用，必须符合保密要求。计算机信息系统应采取有效的保密措施，配置合格的保密专用设备，防泄密，防窃密。所采取的保密措施应与所处理信息的密级要求相一致。计算机信息系统联网应当采取系统访问控制、数据保护和系统安全保密监控管理技术措施。计算机信息系统的访问应当按照权限控制，不得进行越权操作。未采取技术安全保密措施的数据不得联网。

3. 爱护设备

管理设备及维护网络的正常运转是一个网络管理员日常工作的重要组成部分。一个网络管理员要遵守以下制度：

（1）信息监视、保存、消除和备份制度。每天早晚两次对网络设备进行检查，做好重要端口流量记录及日志记录工作。对不联网信息进行不定时检查，检查内容包括联网计算机MAC 地址、IP 地址、主机名和上网信息，如发现异常问题须立即向上级汇报，并采取相应的措施。对每天内部员工上网信息做好相应的保存工作，日志记录一般保存 3 个月，每周做好相应的备份工作。每天做好计算机病毒的防毒查毒杀毒工作。

（2）系统操作权限管理及管理人员岗位工作职责制度。自觉遵守国家有关法律法规，做好保密工作。保证系统的正常安全运行。专项设备实行专人负责。负责做好对本网络用户的安全教育和培训。对设备密码做好保密工作，不得向无关人员泄露，定期更改系统密码，以增加系统的安全性。严格操作规范，爱护网络设备，遵守机房管理规定，做好设备的例行检查、记录，及时发现和解决故障隐患，使设备能长期稳定地运行。做好网管系统重要文件的备份工作，定期对报警、性能、配置、操作日志等数据库进行人工或自动转储，以提高系统运行速度。每天通过网管查询报警事件的处理来保障系统的安全运行。每天查询性能检测事件，检查设备性能是否劣化和越限。

4. 团结协作

社会生活中有竞争，更有合作。合作是指两个或两个以上的个人或群体为达到共同的目的而联合，为相互利益而协调一致的活动。合作具有极大的社会作用，人类社会的发展和进步离不开合作。

　　对于生活在新时代的人来说，无论是竞争还是合作，都是为了最大限度地发展自己。竞争和合作构成人生与社会生存和发展的两股力量。竞争中有合作，合作中有竞争，竞争与合作是统一的，是相互渗透、相辅相成的。合作越好，力量越强，自然成功的可能性就越大。在竞争与合作中要正确处理好个人与集体的关系、自己与他人的关系、主角和配角的关系。

　　竞争是有层次的。竞争层次的客观性决定了无论何种竞争都离不开合作，竞争的基础在于合作。没有合作的竞争，是孤单的竞争，孤单的竞争是无力量的。有人说过，优秀的竞争者往往是理想的合作者。竞争与合作是统一的。

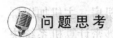 问 题 思 考

　　在实际工作中，网络管理员的职业功能是什么？应该遵守的职业操守有哪些？

项目2 理解网络管理模型与体系结构

学习目标

了解 OSI 和 TCP/IP 网络管理模型与体系结构的核心思想，了解几类网络管理协议及各自的内容。

能力目标

理解 OSI 网络管理模型中各功能域完成的任务和 SNMP 的工作原理。

任务1 认识 OSI 系统管理体系结构

任务目标

了解 OSI 网络管理模型与功能域；了解公共管理信息服务 CMIS、公共管理信息协议 CMIP、RMON 技术和 AgentX 协议。

知识链接

一、OSI 网络管理模型与功能域

ISO 提出的综合网络管理系统 INMS 的核心思想就是按照通用标准制造网络设备，用统一的 INMS 取代众多不同的 NMS。

传统的网络管理具有本地性和物理性，即复用设备、交换机、路由器等资源要通过物理作业进行本地管理。技术人员在现场连接仪器，操作按钮，监视和改变网络资源的状态。

另外，管理作业一般都是发现故障或接到用户申诉之后才开始的。也就是说，网络管理采用的是故障驱动的事后策略。

以远程监控为基础的网络管理的新框架改变了原来的网络维护管理方式，将本地物理管理变成了远程逻辑管理。在新的管理框架中，将网络资源的状态和活动用明确的数据加以定义以后，远程监控系统中需要完成的功能就成为一组单纯的数据库的管理功能，即建立、提取、更新和删除功能。

在 OSI 系统管理模型（CMIP）中，管理者角色与代理者角色不是固定的，而是由每次通信的性质决定。担当管理者角色的进程向担当代理者角色的进程发出操作请求，担当代理者角色的进程对被管对象进行操作并将被管对象发出的通报传向管理者。代理者的支持服务有以下几种。

（1）事件报告。事件报告功能的目的是提供一个管理机制来控制由被管对象产生的通报的转发。在事件管理模型中，所有的通报都可能引发潜在的管理事件报告，这些管理事件报告将通过公共管理信息服务（CMIS）的 M-EVENT-REPORT 服务传送给管理者。系统中产

生的所有通报都要接受事件转发鉴别器的控制，由它选择特定的通报并将其转发到适当的目的地。称被转发的通报为事件报告。

（2）日志。根据日志控制功能标准，可以有选择地将事件报告存储在日志记录（Log Record）中。存放日志记录的文件称为日志。

日志可以被放在支持管理者的系统中，也可以与需要保存的被管对象放在一起。

日志有容量限制，当日志中的记录数达到设置的阈值时可以发出通报，提醒管理者采取适当措施；当日志被充满时，有两种处理方法，一种是将原有记录用新记录覆盖，一种是停止登录。

日志记录是具有只读属性的对象，它们的属性包括记录标识符，记录被登录到日志中的时间以及与被登录的事件报告有关的数据。

（3）访问控制。管理者发出的对被管对象的每个操作都能够受到访问控制。通过代理进程进行这种控制是代理的一个功能。访问控制参数的读取和修改也作为被管对象来定义，即定义需要进行访问控制的对象和操作，以及可以在这些对象上进行这些操作的管理者。

二、公共管理信息服务 CMIS

公共管理信息服务/公共管理信息协议（CMIS/CMIP）是 OSI 提供的网络管理协议簇。CMIS 定义了每个网络组成部分提供的网络管理服务，这些服务在本质上是很普通的，CMIP 则是实现 CMIS 服务的协议。

OSI 网络协议旨在为所有设备在 ISO 参考模型的每一层提供一个公共网络结构，而 CMIS/CMIP 正是这样一个用于所有网络设备的完整网络管理协议簇。出于通用性的考虑，CMIS/CMIP 的功能与结构跟 SNMP 不相同，SNMP 是按照简单和易于实现的原则设计的，而 CMIS/CMIP 则能够提供支持一个完整网络管理方案所需的功能。

CMIS/CMIP 的整体结构是建立在使用 ISO 网络参考模型的基础上的，网络管理应用进程使用 ISO 参考模型中的应用层。也在这层上，公共管理信息服务单元提供了应用程序使用 CMIP 协议的端口。同时该层还包括了两个 ISO 应用协议：联系控制服务元素和远程操作服务元素，其中联系控制服务元素在应用程序之间建立和关闭联系，而远程操作服务元素则处理应用之间的请求/响应交互。另外，值得注意的是 OSI 没有在应用层之下特别为网络管理定义协议。

在 OSI 系统管理标准中，应用层中与系统管理应用有关的实体称为系统管理应用实体（System Management Application Entity, SMAE）。SMAE 有 3 个元素：联系控制元素（Affiliation Control Service Element ACSE）、远程操作服务元素（Remote Operating Service Element, ROSE）以及公共管理信息服务元素（Common Management Information Service Element, CMISE）。

OSI 管理信息采用连接型协议传送，管理者和代理者是一对对等实体（Peer Entities），通过调用 CMISE 来交换管理信息。CMISE 提供的服务访问点支持管理者和代理者之间的联系。CMISE 利用 ACSE 和 ROSE 来实现管理信息服务。

所有管理功能都要利用 CMISE 提供的 CMIS 完成管理者与代理者之间的通信。通过 CMIS 可以完成获取数据、设置和复位数据、增加数据、减少数据、在对象上进行操作、建立对象和删除对象等操作。通过 CMIS 还可以传送事件通报。

CMISE 为管理者和代理者提供的 CMIS 服务有以下 7 种。

（1）M-EVENT-REPORT：用于向对等实体报告发生或发现的有关被管对象的事件。

（2）M-GET：用于通过对等实体提取被管对象的信息。

（3）M-CANCEL-GET：用于通知对等实体取消前面发出的 M-GET 请求。

（4）M-SET：用于通过对等实体修改被管对象的属性值。

（5）M-ACTION：用于通过对等实体对被管对象执行指定的操作。

（6）M-CREATE：用于通过对等实体创建新的被管对象实例。

（7）M-DELETE：用于通过对等实体删除被管对象的实例。

三、公共管理信息协议 CMIP

OSI 通信协议分两部分定义，一部分是对上层用户提供的服务，另一部分是对等实体之间信息传输协议。在管理通信协议中，CMIS 是向上提供的服务，CMIP 是 CMIS 实体之间的信息传输协议。在 CMIS 的元素和协议数据单元（Protocol Datagram Unit，PDU）之间存在一个简单的关系，即用 PDU 传送服务请求、请求地点和它们的响应。PDU 的格式是按照 ASN.1 的结构化方法定义的。

CMIP 的所有功能都要映射到应用层的其他协议上实现。管理联系的建立、释放和撤销通过联系控制协议（Association Control Protocol，ACP）实现，操作和事件报告通过远程操作协议（Remote Operation Protocol，ROP）实现。

系统管理可以由不同的协议体系来支持。它们的主要差别在于网络层及其以下层属于不同的协议族。

CMIP 所支持的服务是 7 种 CMIS 服务。与其他通信协议一样，CMIP 定义了一套规则，CMIP 实体之间按照这种规则交换各种 PDU。

四、RMON 技术与 AgentX 协议

1．RMON 技术

远程监控 RMON 是用于分布式监视网络通信的工业标准，RMON 和 RMON2 是互为补充的关系。RMON MIB 由一组统计数据、分析数据和诊断数据构成。利用许多供应商开发的标准工具可显示出这些数据，因而它具有远程网络分析功能。RMON 探测器和 RMON 客户机软件结合在一起，就可以在网络环境中实施 RMON。这样就不需要管理程序不停地轮询，才能生成一个有关网络运行状况的趋势图。当一个探测器发现一个网段处于一种不正常状态时，它会主动与在中心网络控制台的 RMON 客户应用程序联系，并将描述不正常状况的信息转发。

RMON 监视下两层即数据链路和物理层的信息，可以有效监视每个网段，但不能分析网络全局的通信状况，如站点和远程服务器之间应用层的通信瓶颈，因此产生了 RMON2 标准。RMON2 标准使得对网络的监控层次提高到网络协议栈的应用层。因而，除了能监控网络通信与容量外，RMON2 还提供有关各应用所使用的网络带宽量的信息。

2．AgentX（扩展代理）协议

人们已经制定了各组件的管理信息库，如为端口、操作系统及其相关资源、外部设备和关键的软件系统等制定相应的管理信息库。用户期望能够将这些组件作为一个统一的系统来进行管理，因此需要对原先的 SNMP 进行扩展：在被管设备上放置尽可能多的成本低廉的代理，以确保这些代理不会影响设备的原有功能，并且给定一个标准方法，使代理与上层设备（如主代理、管理站）进行互操作。

AgentX 协议是由 IETF 在 1998 年提出的标准。AgentX 协议允许多个子代理来负责处理 MIB 信息，该过程对于 SNMP 管理应用程序是透明的。AgentX 协议为代理的扩展提供了一个标准的解决方法，使各子代理将它们的职责信息通告给主代理。每个符合 AgentX 的子代理运行在各自的进程空间里，因此比采用单个完整的 SNMP 代理具有更好的稳定性。另外，通过 AgentX 协议能够访问它们的内部状态，进而管理站随后也能通过 SNMP 访问到它们。随着服务器进程和应用程序处理的日益复杂，最后一点尤其重要。通过 AgentX 技术，我们可以利用标准的 SNMP 管理工具来管理大型软件系统。

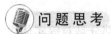 问题思考

OSI 管理模型中，开放系统的管理功能域是什么？各自完成什么任务？

任务 2　认识 TCP/IP 网络管理模型与体系结构

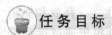 任务目标

了解 TCP/IP 网络的协议；了解 SNMP 协议。

知识链接

一、TCP/IP 网络的协议

OSI/RM 是 ISO 于 1978 年在网络通信方面所定义的开放系统互连模型，它共有 7 层，分别是物理层、数据链路层、网络层、传输层、会话层、表示层和应用层，每一层执行某一特定任务。该模型的目的是使各种硬件在相同的层次上相互通信。而 TCP/IP 协议并不完全符合 OSI 的 7 层参考模型，它采用了 4 层的层级结构，每一层都调用其下一层所提供的网络来完成自己的需求。

（1）应用层：应用程序间沟通的层，如简单电子邮件传输（Simple Mail Transfer Protocol，SMTP）、文件传输协议（FTP）、网络远程访问协议（Telnet）等。

（2）传输层：在此层中，它提供了节点间的数据传送服务，如 TCP、UDP（User Datagram Protocal，用户数据报协议）等，TCP 和 UDP 给数据包加入传输数据并把它传输到下一层中，这一层负责传送数据，并且确定数据已被送达并接收。

（3）互连网络层：负责提供基本的数据封包传送功能，让每一块数据包都能够到达目的主机（但不检查是否被正确接收），如 IP。

（4）网络端口层：对实际的网络媒体的管理，定义如何使用实际网络（如 Ethernet、Serial Line 等）来传送数据。

以下简单介绍 TCP/IP 中的协议都具备什么样的功能，都是如何工作的。

1. IP 协议

IP 协议是 TCP/IP 的核心，也是网络层中最重要的协议。

IP 层接收由更低层（网络端口层，如以太网设备驱动程序）发来的数据包，并把该数据包发送到更高层——TCP 或 UDP 层；相反，IP 层也把从 TCP 或 UDP 层接收的数据包传送到更低层。IP 数据包是不可靠的，因为 IP 并没有做任何事情来确认数据包是按顺序发送

的或者没有被破坏。IP 数据包中含有发送它的主机地址（源地址）和接收它的主机地址（目的地址）。

高层的 TCP 和 UDP 服务在接收数据包时，通常假设包中的源地址是有效的。也可以这样说，IP 地址形成了许多服务的认证基础，这些服务相信数据包是从一个有效的主机发送出来的。IP 确认包含一个选项，叫作 IP source routing，可以用来指定一条源地址和目的地址之间的直接路径。对于一些 TCP 和 UDP 的服务来说，使用了该选项的 IP 包好像是从路径上的最后一个系统传递过来的，而不是来自于它的真实地点。这个选项是为测试而采用的，说明了它可以用来欺骗系统来进行平常情况下被禁止的连接。那么，许多依靠 IP 源地址做确认的服务将产生问题并且会被非法入侵。

2. TCP 协议

如果 IP 数据包中有已经封装好的 TCP 数据包，那么 IP 将把它们向上传送到 TCP 层。TCP 将包排序并检查错误，同时实现虚电路间的连接。TCP 数据包中包括序号和确认，所以未按照顺序收到的数据包可以被排序，而损坏的数据包可以被重传。

TCP 将它的信息送到更高层的应用程序，如 Telnet 的服务程序和客户程序。应用程序轮流将信息送回 TCP 层，TCP 层便将它们向下传送到 IP 层、设备驱动程序和物理介质，最后到接收方。

面向连接的服务（如 Telnet、FTP、rlogin、X Windows 和 SMTP）需要高度的可靠性，所以它们使用了 TCP。DNS 在某些情况下使用 TCP（发送和接收域名数据库），但使用 UDP 传送有关单个主机的信息。

3. UDP 协议

UDP 与 TCP 位于同一层，UDP 不被应用于使用虚电路的面向连接的服务，UDP 主要用于面向查询-应答的服务，如 NFS。相对于 FTP 或 Telnet，这些服务需要交换的信息量较小。使用 UDP 的服务包括 NTP（Network Time Protocol，网络时间协议）和也使用 TCP 的 DNS（Domain Name Server，域名服务器）。

欺骗 UDP 的数据包比欺骗 TCP 的数据包更容易，因为 UDP 没有建立初始化连接（也可以称为握手），在两个系统间没有虚电路，即与 UDP 相关的服务面临着更大的危险。

4. ICMP 协议

ICMP（Internet Control Messages Protocol，网络控制信息协议）与 IP 位于同一层，用于传送 IP 的控制信息。它主要是用来提供有关通向目的地址的路径信息。ICMP 的"Redirect"信息通知主机通向其他系统的更准确的路径，而"Unreachable"信息则指出路径有问题。另外，如果路径不可用了，ICMP 可以使 TCP 连接"体面地"终止。PING 是最常用的基于 ICMP 的服务。

5. ARP 和 RARP 协议

IP 数据报一般通过以太网发送，以太网设备并不能直接识别 IP 地址，它们是以 48 位的 MAC（Media Access Address，介质访问控制）地址作为信源和信宿的地址。因此，在以太网上传输数据时必须把接入网络的 IP 地址转换为主机的 MAC 地址。

地址解析协议（Address Resolution Protocol，ARP）的作用就是查询 IP 地址所对应的 MAC 地址的协议。本地主机会在自己的内存中维护一个 ARP 表，ARP 表通过广播发送 ARP 消息实现。

反向地址解析协议（Reverse Address Resolution Protocol，RARP）的作用与 ARP 功能相反，是把 MAC 地址映射到 IP 地址。网络工作站知道自己的 MAC 地址，可以向服务器发送 RARP 消息，请求自己的 IP 地址。这种操作主要用于 IP 地址动态分配的网络中。

6. TCP 和 UDP 的端口结构

TCP 和 UDP 服务通常有一个客户/服务器的关系，例如，一个 Telnet 服务进程开始在系统上处于空闲状态，等待着连接。用户使用 Telnet 客户程序与服务进程建立一个连接。客户程序向服务进程写入信息，服务进程读出信息并发出响应，客户程序读出响应并向用户报告。因而，这个连接是双工的，可以用来进行读写。

两个系统间的多重 Telnet 连接是如何相互确认并协调一致呢？TCP 或 UDP 连接唯一地使用每个信息中的如下 4 项进行确认：

（1）源 IP 地址：发送数据包的 IP 地址。

（2）目的 IP 地址：接收数据包的 IP 地址。

（3）源端口：源系统上的连接的端口。

（4）目的端口：目的系统上的连接的端口。

端口是一个软件结构，被客户程序或服务进程用来发送和接收信息。一个端口对应一个 16bit 的数。服务进程通常使用一个固定的端口（如 SMTP 使用 25、Xvwindows 使用 6000）。这些端口号是"广为人知"的，因为在建立与特定的主机或服务器的连接时，需要这些地址和目的地址进行通信。

二、SNMP 协议

SNMP 协议是目前 TCP/IP 网络中应用最为广泛的简单网络管理协议。1990 年 5 月，RFC1157 定义了 SNMP 的第一个版本 SNMPv1。RFC1157 和另一个关于管理信息的文件 RFC1155 一起，提供了一种监控和管理计算机网络的系统方法。因此，SNMP 得到了广泛应用，并成为网络管理的事实上的标准。

SNMPv1 缺少确保验证以及 SNMP 消息完整性所需的安全性，当被用于大型或复杂网络时，其安全性和功能性方面的不足就变得非常明显。为此，1993 年发布了安全版 SNMPv2。经过几年试用以后，1999 年 4 月 IETF 提出了 RFC2571～RFC2576，形成了 SNMPv3 的建议。目前，SNMPv3 建议正在进行标准化。它提出了 SNMP 管理框架的一个统一的体系结构。在这个体系结构中，采用 User-based 安全模型和 View-based 访问控制模型提供 SNMP 网络管理的安全性。安全机制是 SNMP v3 的最具特色的内容。

1. SNMP 的体系结构

SNMP 是标准的应用层协议，用于从 IP 网络设备（如服务器、打印机、集线器、路由器等）中收集网络统计信息，并将这些信息发送到中心管理控制台以监测网络状况，捕获错误执行诊断并产生报告。典型的统计信息包含每秒发送和接收的包或帧的数目，以及每秒产生的错误数目。SNMP 也能够读取或修改这些网络设备的配置信息，包括端口的 IP 地址及设备上运行的操作系统的版本等。

SNMP 体系结构模型是一个客户/服务器（Client/Server）协议，由 SNMP 管理者（SNMP Manager）、SNMP 代理（SNMP Agent）和管理信息库（MIB）组成。每一个支持 SNMP 的网络设备中都包含一个代理，此代理随时将网络设备的各种情况记录到 MIB 中，网络管理程序再通过 SNMP 通信协议查询或修改代理所记录的信息。

（1）SNMP 管理者。也被称为网络管理系统（Network Management System，NMS），它运行在管理员控制台上，通过图形用户界面（Graphics User Interface，GUI）显示从被管理设备中获取的信息。作为网络管理员与网络管理系统的端口，其基本构成如下：

1）一组具有分析数据、发现故障等功能的管理程序。

2）一个用于网络管理员监控网络的端口。

3）将网络管理员的要求转变为对远程网络设备的实际监控的能力。

4）一个从所有被管网络设备的 MIB 中抽取信息的数据库。

（2）SNMP 代理者。是一组运行在被管网络设备上的程序，用来收集 TCP/IP 相关的配置信息及设备工作的统计信息，并存储或修改 MIB。代理运行时不必占用很多 CPU 时间。凡装备了 SNMP 的平台，如主机、网桥、路由器及集线器等，均可作为 SNMP 代理者工作。SNMP 代理者对来自 SNMP 管理者的信息请求和动作请求响应，并随机地为管理站报告一些重要的意外事件。

2. SNMP 信息模型

SNMP 管理信息模型由两部分来描述，即对象类型的识别和定义以及对象实例的识别。在 RFC1155、RFC1157 中有详细定义。

所有对象类型都用下列模板定义：

```
Descriptor: a unique textual(printable string)name
Object Id: an ISO object identifier
Syntax: basic ones
Definition: a textual strong defining the semantics
Access: one of read-only, read-write, write-only or not accessible
Status: either mandatory, optional, or obsolete
```

上面的信息集合通过对对象定义宏描述，用 ASN.1 定义如下：

```
OBJECT-TYPE MACRO::=
BEGIN
 TYPE NOTATION::=
  "SYNTAX" type(Type ObjectSyntax)
  "ACCESS" Access
  "STATUS" Status
VALUE NOTATION::=value(VALUE ObjectName)
 Access::="read-only" |"read-write" |"write-only" |"not-accessible"
 Status::="mandatory" |"optional" |"obsolete"
 END
```

3. SNMP 网络管理信息的范围及表示方法

SNMP 所支持的网络管理信息包括 Internet 标准 MIB 或其他符合 Internet SMI 规范的 MIB 中所定义的非集合对象类。SNMP 所使用的信息编码方式为 ISO 定义的 ASN.1 语言的子集。Internet 标准的 MIB 发展到现在，有 MIB-I 和 MIB-II 两个版本，规定了网络代理设备必须保存的数据项目、数据类型以及允许在每个数据项目中的操作。通过对这些数据项目的访问，就可以得到该网关的所有统计内容，再通过对多个网关统计内容的综合分析即可实现基本的网络管理。

4. SNMP MIB 对象实例标识

每个 SNMP 对象实例都有一个独一无二的对象实例标识符。该标识符是用对象实例所属对象类的对象标识符加上实例标识符构成的。

5. SNMP 鉴别机制与访问策略

使用 SNMP 进行通信的实体被称作 SNMP 应用实体。SNMP 代理与一系列 SNMP 应用实体的集合被称作 SNMP 共同体（Community）。标识每一个 SNMP 共同体的字符串称为 SNMP 共同体名。如果 SNMP 应用实体接收到的 SNMP 报文源自与之同处一个 SNMP 共同体的 SNMP 应用实体，则该报文被称作可靠 SNMP 报文（Authentic SNMP Message）。鉴别报文在 SNMP 共同体中是否可靠的规则集合被称为鉴别机制。利用一种或几种鉴别机制鉴别一个 SNMP 报文是否可靠的访问被称为鉴别访问（Authentication Service）。

与特定网络设备相关的 MIB 对象子集被称作该网络设备的 SNMP MIB 视图。集合（Read-Only，Read-Write）中的一个设备叫做 SNMP 访问方式，SNMP 访问方式与 SNMP MIB 视图配对构成 SNMP 共同体描述表（SNMP Community Profile）。它描述了应用实体对网络设备 SNMP 视图中对象的访问权限。

SNMP 共同体与 SNMP 共同体描述表相结合构成 SNMP 访问策略（Access Policy）。

6. SNMP 委托代理

在一种 SNMP 访问策略中，SNMP 代理所在的网络设备上并不包含共同体描述表所指定的 MIB 视图，则该访问策略被称为 SNMP 委托访问策略。委托访问策略中的 SNMP 代理被称为 SNMP 委托代理。

SNMP 委托代理使 NMS 能够监控 SNMP 所不可寻址的网络设备。如果 SNMP NMS 需要管理不支持 SNMP 协议的网络，而该网络又具有自身的网络管理机制，就可以在被管理网络的 NMS 上安装 SNMP 委托代理。由该代理执行协议转换，将 SNMP NMS 的管理请求转换为不支持 SNMP 协议网络的管理技术，使得该网络能纳入开放式 SNMP 环境中来。因此，SNMP 委托代理对集成化网络管理的实现有很大的作用。

7. SNMP 通信过程

SNMP 不直接支持命令型操作，而是通过对 MIB 中的对象进行修改来实现相应的功能。例如，SNMP 并非通过 reboot 命令来实现对网络设备的重启动，而是通过将设备 MIB 中的变量设定为 x 秒后，由 SNMP 代理实现对设备的重启动。

SNMP 中 NMS 与 NE 之间的通信通过报文交换来实现。SNMP 还提供一套陷阱（Trap）机制。SNMP 实体间交换的报文称作 SNMP 报文，它由版本号、标识符、SNMP 共同体名和 SNMP PDU 组成，是通过 ISO 的 ASN.1 相关的 BER（Basic Encoding Rules，基本编码规则）规则形成的。

协议实体之间的通信过程如下：

（1）发出请求的协议实体按包含管理请求的 PDU 构造一个 ASN.1 对象。

（2）把该对象连同 SNMP 共同体名、源 UDP 传送地址（IP 地址加 UDP 端口号）、目的 UDP 转送地址一起发送给鉴别服务实体，该实体将加密后的对象返回。

（3）发出请求的协议实体按上述 ASN.1 对象和 SNMP 共同体名构造一个 ASN.1 报文对象，将这一对象按 ASN.1 基本编码规则编码后发送给传输层。

（4）接收方协议实体从其传输层接收到请求数据报后，对其作基本语法分析，按照 ASN.1 对象格式，构造出相应的 ASN.1 对象。若分析失败，则丢弃该数据报，不作进一步的处理。

（5）接收方协议实体核对 SNMP 报文的版本号，若不对，则丢弃报文。

（6）将 ASN.1 报文对象中的用户数据和 SNMP 共同体名以及数据报的源、目的 UDP 传送地址发给鉴别服务实体。若成功，则服务实体返回解密后 ASN.1 对象，否则返回一鉴别失败信号，产生一个鉴别错误陷阱（Authentication Failure Trap），然后再丢弃数据报。

（7）协议实体对鉴别服务实体返回的 ASN.1 PDU 对象作进一步的分析，产生新的 ASN.1 对象，若分析失败，则丢弃数据报，放弃处理。若成功，则根据数据报中的 SNMP 共同体名选择相应的 SNMP 共同体描述表，按照其所规定的 MIB 视图访问方式处理 PDU，对 MIB 进行相应的存取操作。

8. SNMP 所支持的操作

SNMP 操作是基于消息的，SNMP 消息是在管理控制台和管理设备间通过 UDP 端口 161 发送的。这些消息包含一个头部消息和一个 PDU 参数。头部消息包含有关被引用的共同体信息。一个共同体是一组使用的管理系统进行监视的代理，具有一组原始级别的安全性，作为一种原始的验证方法。SNMP 操作支持轮询（Polling 为主）和事件驱动两种访问方法，使用五种通信原语如表 1-2 所示，以实现 SNMP 的 Get、GetNext、Set、Trap 等 4 种操作，从而得到管理信息。

表 1-2　　　　　　　　　　　　　　SNMP 使用 5 种通信原语

通信原语	说　明
GetRequest（请求）	由 NMS 发给代理的请求命令，请求一个 MIB 变量值
GetNextRequest（请求）	由 NMS 发给代理的请求命令，要求将被说明目标的下一个目标的 MIB 值送回 NMS
GetResponse（响应）	是代理对于收到的请求的一个应答，此请求是要求将制定数据送到 NMS
SetRequest（请求）	由 NMS 发出，命令代理去改变一个 MIB 变量值
Trap（异常）	代理检测到某种预先说明了的错误状态时，向 NMS 发送的一个非请求消息

GetRequest 和 GetResponse 实现了请求-响应机制，SNMP 使用轮询（Polling）方法实现这一机制。Trap 消息的使用是基于事件驱动（Event Driven）机制的方法来实现的。

9. SNMP v3 体系结构

（1）SNMP 实体是体系结构的一个实现。每个 SNMP 实体都包含一个 SNMP 引擎、一个或多个应用。SNMP 引擎为发送和接收消息、认证和加密消息、控制对被管对象的访问提供服务。SNMP 引擎与包含它的 SNMP 实体一一对应。引擎中包括分发器（Dispatcher）、消息处理子系统（Message Processing Subsystem）、安全子系统（Security Subsystem）和访问控制子系统（Access Control Subsystem）。

在一个管理域中，每个引擎都有一个唯一和明确的标识符 snmpEngineID。由于引擎和实体之间一一对应，因此 snmpEngineID 也能在管理域中唯一和明确地标识实体。但在不同的管理域中，SNMP 的实体可能会有相同的 snmpEngineID。

（2）分发器是 SNMP 引擎的关键部件，每个引擎中只有一个，它能够为多个不同版本的消息处理模型分派任务，并为不同的应用提供发送和接收 PDU 的服务。它的功能包括：

1）向网络发送或从网络接收 SNMP 消息。

2）确定 SNMP 消息的版本，与相应的消息处理模型互通。

3）为 SNMP 应用提供抽象端口，向 SNMP 应用传递 PDU。

4）为 SNMP 应用提供抽象端口，使 SNMP 应用能向远程 SNMP 实体发送 PDU。

对于发出去的消息，应用提供要发送的 PDU 并准备消息和发送消息所需要的数据，此外还要指出用哪个版本的消息处理模型来准备消息，以及所希望的安全处理。消息准备好后，由分发器进行发送。

对于送来的消息，分发器辨别来到消息的 SNMP 版本，并将其传给相应版本的消息处理模型来抽取消息中的内容，进行消息的安全服务处理。分版本处理之后，分发器确定应由哪个应用来处理或转发这个 PDU。分发器在发送和接收消息时，还要进行有关 SNMP 消息以及被管对象处的 SNMP 引擎的统计数据收集工作，以使这些数据能被远程的 SNMP 实体访问。

（3）消息处理子系统负责准备要发送的消息和从收到的消息中抽取数据。消息处理子系统可包含多个消息处理模型。每个消息处理模型定义一个特定版本的 SNMP 消息的格式。对应不同的消息格式，所进行的处理也要进行相应的调整。

（4）安全子系统提供消息的认证和保密等安全服务。SNMPv3 推荐 User-Based 安全模型，但也可采用其他安全模型。安全模型要指出它所防范的威胁、服务的目标和为提供安全服务所采用的安全协议、如认证和保密。安全协议指出为提供安全服务所采用的机制、过程和 MIB 对象。

（5）访问控制子系统通过一个或多个访问控制模型提供确认对被管对象的访问是否合法的服务。View-Based 访问控制模型是 SNMPv3 所建议的。访问控制模型定义一个特定的访问决策函数，用以支持确认访问权的决策。

（6）SNMP 应用分为以下几种类型：

1）监测和操纵管理数据的命令产生者。

2）对管理数据提供访问的命令接收者。

3）发出异步消息的通报产生者。

4）处理异步消息的通报接收者。

5）在实体之间转发消息的代管转发者。

SNMP 应用与 SNMP 引擎之间形成应用与服务的关系，即 SNMP 应用是 SNMP 引擎的应用，SNMP 引擎向 SNMP 应用提供服务。

包含一个或多个命令产生者和/或通报接收者应用的 SNMP 实体，称为 SNMP 管理者。

包含一个或多个命令接收者和/或通报产生者应用的 SNMP 实体，称为 SNMP 代理者。

（7）抽象服务端口。SNMP 实体内部各种子系统间的概念端口由抽象服务端口描述。但抽象服务端口只描述 SNMP 实体的外部可观察的行为，并不涉及或规范实现的结构或组织方法。特别要指出的是，不能将抽象服务端口解释为 API 或对 API 的要求。

抽象服务端口由一组原语定义，而由原语定义提供的服务和服务被调用时被传递的抽象数据元素。

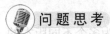 问题思考

简单网络管理协议 SNMP 的工作原理是什么？

第 2 部分　网络操作系统及
常用网络管理软件的配置、管理与服务

项目 1　学会网络操作系统的安装与配置

学习目标

（1）了解网络操作系统以及虚拟机的基本概念。

（2）掌握虚拟机软件 VMWare 的安装与配置。

（3）掌握 Windows Server 2012 的安装与基本工作环境。

（4）理解 Windows Server 2012 活动目录的基本概念。

能力目标

（1）掌握 Windows Server 2012 安装的方法和步骤。

（2）掌握 Windows Server 2012 活动目录的创建与管理。

任务 1　认识网络操作系统

任务目标

（1）了解网络操作系统的基本概念。

（2）了解 Windows Server 2012 及硬件要求

知识链接

一、网络操作系统概述

NOS（网络操作系统）是指能使网络上多个计算机方便而有效地共享网络资源，为用户提供所需的各种服务的操作系统软件。

NOS 除了具备单机操作系统所需的功能（如内存管理、CPU 管理、输入输出管理、文件管理等）外，还通过实现各类网络通信协议，提供可靠而有效的网络通信能力。NOS 通过实现各种网络命令、实用程序和应用端口，向各类用户提供网络服务（如远程管理、文件传输、电子邮件、远程打印等），使用户能根据其规定的权限去使用相应的网络资源。

作为网络用户和计算机网络之间的端口，一个典型的网络操作系统一般具有以下特征：

（1）硬件独立。应当独立于具体的硬件平台，支持多平台，即系统应该可以运行于各种硬件平台之上。

（2）网络特性。能够管理计算机资源并提供良好的用户界面。

（3）可移植性和可集成性。它是 NOS 必须具备的特征。

（4）多用户、多任务。在多进程系统中，为了避免两个进程并行处理所带来冲突的问题，可以采用多线程的处理方式。

作为网络管理员，对 NOS 的基本特征应该有较为深刻的理解，对 NOS 的配置、管理与服务应该熟练掌握。

二、典型的网络操作系统简介

作为一个系统软件，NOS 管理并控制着计算机的软硬件资源，并在用户与计算机之间起着重要的桥梁作用。目前较常见的 NOS 主要包括 UNIX 系列、Microsoft Windows Server 系列、Linux 系列等，现分别简述如下：

1. UNIX

UNIX 是一种多用户、多任务的通用操作系统，具有技术成熟、可靠性高、网络和数据库功能强、伸缩性突出和开放性好等特色，可满足各行各业的实际需要，特别能满足企业重要业务的需要，所以它已经成为主要的工作站平台和重要的企业操作平台。其主要特色如下：

（1）技术成熟，可靠性高。经过 30 年开放式道路的发展，UNIX 的一些基本技术已变得十分成熟，有的已成为其他类操作系统的常用技术。实践表明，UNIX 是能达到主机可靠性要求的少数操作系统之一。目前许多 UNIX 主机和服务器在国内外的大型企业中每天 24 小时，每年 365 天不间断地运行。

（2）极强的伸缩性（Scalability）。UNIX 系统是世界上唯一能在笔记本电脑、PC、工作站直至巨型机上运行的操作系统，而且能在所有主要体系结构上运行。

（3）网络功能强。作为 Internet 网技术基础和异种机连接重要手段的 TCP/IP 协议就是在 UNIX 上开发和发展起来的。

（4）强大的数据库支持能力。所有主要数据库厂商，包括 Oracle、Informix、Sybase 等，都把 UNIX 作为主要的数据库开发和运行平台，并创造出一个又一个性能价格比的新纪录。

（5）开发功能强。UNIX 系统从一开始就为软件开发人员提供了丰富的开发工具，成为工程工作站的首选和主要的操作系统和开发环境。有重大意义的软件新技术几乎都是在 UNIX 上出现的，如 TCP/IP、WWW 等。

（6）开放性好。开放系统概念的形成与 UNIX 是密不可分的，UNIX 是开放系统的先驱和代表。由于开放系统深入人心，几乎所有厂商都宣称自己的产品是开放系统，确实每一种系统都能满足某种开放的特性，如可移植性、兼容性、伸缩性、互操作性等。但所有这些系统与开放系统的本质特征——不受某些厂商的垄断和控制相去甚远，只有 UNIX 完全符合这一条件。

2. Linux 系列

Linux 是一个免费的、提供源代码的操作系统。它出现在 1992 年，由芬兰赫尔辛基大学的一个大学生 Linus B. Torvolds 首创，后来在世界各地由成千上万的 Internet 上的自由软件开发者协同开发，不断完善。经过多年的发展，已经进入了成熟阶段，越来越多的人认识到它的价值，并广泛应用到从 Internet 服务器到用户的桌面，从图形工作站到 PDA（Personal Digital Assistant，个人数字助理）的各种领域。Linux 下有大量的免费应用软件，从系统工具、开发工具、网络应用，到休闲娱乐、游戏以至更多，性能价格比高。更重要的是，它是安装在个人计算机上的最可靠的操作系统。

Linux 是一个置于共用许可证（General Public License，GPL）保护下的自由软件。任何人都可以免费从分布在全世界各地的网站上下载。目前 Linux 的发行版本种类很多，最主要的几个发行版本为 Red Hat Linux、联想幸福 Linux 等。

Linux 脱胎于 UNIX，所以其很多特点和 UNIX 极其相似。

（1）置于 GPL 保护下，完全免费、可获得源代码，用户可以随意修改它。

（2）完全兼容 POSIX 1.0 标准，可用仿真器运行 DOS、Windows 应用程序。

（3）具有强大的网络功能，能够轻松提供 WWW、FTP、E-mail 等服务。

（4）系统由遍布全世界的开发人员共同开发，各使用者共同测试，因此对系统中的错误可以及时发现，修改速度极快。

（5）系统可靠、稳定、可用于关键任务。

（6）支持多种硬件平台，如 x86、680x0、SPARC、Alpha 等处理器。

3. Windows 系列

Microsoft 公司在 1992 年推出面向网络的操作系统 Windows NT。Windows Server 是 Microsoft Windows Server System（WSS）的核心，Windows 的服务器操作系统。经过多年发展，目前最新的版本是 Windows server 2016 系列，其特点如下：

（1）可靠性。Windows 系列的可靠性，使 NOS 可以很容易地得到维护和扩展，可以随着系统的升级利用新的技术。

（2）新概念和新技术。因为是最新设计的 NOS，它自然而然就会采用最新的概念和最新的技术。

（3）友好的界面。Windows 系列具有友好的统一的图形用户界面（GUI），与其家族桌面操作系统一致，很容易被用户接受。

（4）配套丰富的应用产品。Microsoft 公司在软件界有着特殊的地位，一方面它是平台提供商，另一方面它也是应用提供商，所以在其上的应用服务就不会匮乏。而且，因为是出自同一公司之手，应用和平台的结合应当是优秀的。应用可以充分利用 Microsoft 的平台优势，平台也能充分支持于其上开发的应用。

此外，新推出的 Windows 系列提供大内存寻址能力、动态目录服务，以及"零管理"功能等，这将大大降低系统的管理成本。

三、Windows Server 2012 的类型

Windows Server 2012 有四个版本：Foundation、Essentials、Standard 和 Datacenter，如表 2-1 所示。

表 2-1　Windows Server 2012 四个版本的区别

版本	Foundation	Essentials	Standard	Datacenter
处理器上限	1	2	64	64
授权用户限制	1	25	无限	无限
文件服务限制	1 个独立 DFS 根目录	1 个独立 DFS 根目录	无限	无限
网络策略和访问控制	50 个 RRAS 连接以及 1 个 IAS 连接	250 个 RRAS 连接、50 个 IAS 连级以及 2 个 IAS 服务组	无限	无限

续表

版本	Foundation	Essentials	Standard	Datacenter
远程桌面服务限制	20 个连接	250 个连接	无限	无限
虚拟化	无	1 个虚拟机或者物理服务器，两者不能同时存在	2 个虚拟机	无限
DHCP 角色	有	有	有	有
DNS 服务器角色	有	有	有	有
UDDI 服务	有	有	有	有
Web 服务器（IIS）	有	有	有	有
Active Directory 轻型目录服务	有	有	有	有
Active Directory 权限管理服务	有	有	有	有
Active Directory 域服务	有限制	有限制	有	有
Active Directory 证书服务	只作为颁发机构	只作为颁发机构	有	有
Active Directory 联合服务	无	有	有	有
服务器核心模式	无	无	有	有
Hyper-V	无	无	有	有

Windows Server 2012 Essentials 面向中小企业，用户限定在 25 位以内，该版本简化了界面，预先配置云服务连接，不支持虚拟化。

Windows Server 2012 标准版提供完整的 Windows Server 功能，限制使用两台虚拟主机。

Windows Server 2012 数据中心版提供完整的 Windows Server 功能，不限制虚拟主机数量。

Windows Server 2012 Foundation 版本仅提供给 OEM 厂商，限定用户 15 位，提供通用服务器功能，不支持虚拟化。

四、Windows Server 2012 在网络中的角色

服务器角色是网络中服务器执行的主要功能。Windows Server 2012 作为域中的服务器，按照它所起的作用不同可以分为两种：域控制器（Domain Controler）和成员服务器（Member Server）。前者包含域中用户账户和其他活动目录（Active Directory）信息的数据库，后者只是属于这个域但并不包含活动目录的信息。还有一种特殊的属于一个工作组而不是一个域的服务器，被称为"独立服务器"。

域控制器是在活动目录域中分配给一个或多个域控制器的特殊角色。域控制器存储着目录数据并管理用户域的交互关系，其中包括用户登录过程、身份验证和目录搜索，一个域可有一个或多个域控制器。如果计划提供活动目录服务以管理用户和计算机，须将该服务器配置为域控制器。

成员服务器是指安装到现有域中的附加域控制器。成员服务器可以加入域，但不存储目录数据库的副本。用户可以在成员服务器的资源上设置权限，也可以连接到服务器并使用它的资源。它们一般作为以下用途的服务器：文件服务器、应用程序服务器、Web 服务器、证书服务器、防火墙和远程访问服务器等。

独立服务器是指在名称空间目录树中直接位于另一个域名之下的服务器。是加入工作组而不加入域的计算机，只有自己的用户数据库和处理登录要求。独立服务器不与其他计算机共享账户信息，不提供进入到域账户的访问。

Windows Server 2012 是一个多任务操作系统，它能够按照用户的需要，以集中或分布的方式处理各种服务器角色。其中的一些服务器角色包括：①文件和打印服务器；②Web 服务器和 Web 应用程序服务器；③邮件服务器；④终端服务器；⑤远程访问/虚拟专用网络（Virtual Private Network，VPN）服务器；⑥目录服务器、域名系统（DNS）、动态主机配置协议（DHCP）服务器和 Windows Internet 命名服务（Windows Internet Named Service，WINS）；⑦流媒体服务器。

🎤 问 题 思 考

（1）Windows Server 2012 在网络中承担哪些角色？如何承担？

（2）Windows Server 2012 活动目录是如何设置的？

（3）Windows Server 2012 提供了哪些服务？

任务 2　虚拟机 VMWare 的安装与配置

🌱 任 务 目 标

（1）了解虚拟机的基本概念。

（2）掌握虚拟机软件 VMWare 的安装与配置。

🌱 任 务 实 施

（1）VMWare 虚拟机的安装。

（2）VMWare 建立、管理与配置虚拟机。

（3）VMWare 虚拟机的高级应用技巧。

（4）Hyper-V 虚拟机的安装、管理与配置。

🤸 知 识 链 接

一、虚拟机概述

虚拟机技术最早由 IBM 于 20 世纪六七十年代提出，被定义为硬件设备的软件模拟实现，通常的使用模式是分时共享昂贵的大型机。虚拟机监视器（Virtual Machine Monitor，VMM）是虚拟机技术的核心，它是一层位于操作系统和计算机硬件之间的代码，用来将硬件平台分割成多个虚拟机。VMM 运行在特权模式，主要作用是隔离并且管理上层运行的多个虚拟机，仲裁它们对底层硬件的访问，并为每个客户操作系统虚拟一套独立于实际硬件的虚拟硬件环境（包括处理器，内存，I/O 设备）。VMM 采用某种调度算法在各个虚拟机之间共享 CPU，如采用时间片轮转调度算法。

虚拟机（Virtual Machine）指通过软件模拟的具有完整硬件系统功能的、运行在一个完全隔离环境中的完整计算机系统。

虚拟系统通过生成现有操作系统的全新虚拟镜像，它具有真实 windows 系统完全一样的功能，进入虚拟系统后，所有操作都是在这个全新的独立的虚拟系统里面进行，可以独立安装运行软件，保存数据，拥有自己的独立桌面，不会对真正的系统产生任何影响，而且具有能够在现有系统与虚拟镜像之间灵活切换的一类操作系统。

二、虚拟机简介

VMware 是 EMC 公司旗下独立的软件公司，1998 年 1 月，Stanford 大学的 Mendel Rosenblum 教授带领他的学生 Edouard Bugnion 和 Scott Devine 及对虚拟机技术多年的研究成果创立了 VMware 公司，主要研究在工业领域应用的大型主机级的虚拟技术计算机，并于 1999 年发布了它的第一款产品：基于主机模型的虚拟机 VMware Workstation。尔后于 2001 年推出了面向服务器市场的 VMware GSX Server 和 VMware ESX Server。今天 VMware 是虚拟机市场上的领航者，其首先提出并采用的气球驱动程序（balloon driver），影子页表（shadow page table），虚拟设备驱动程序（Virtual Driver）等均已被后来的其他虚拟机如 Xen 采用。

Virtual PC 是微软公司（Microsoft）收购过来的，最早不是微软开发的。Virtual PC 可以允许你在一个工作站上同时运行多个 PC 操作系统，当你转向一个新 OS 时，可以为你运行传统应用提供一个安全的环境以保持兼容性，它可以保存重新配置的时间，使得你的支持，开发，培训工作可以更加有效。

Hyper-V 是微软的一款虚拟化产品，是微软第一个采用类似 Vmware 和 Citrix 开源 Xen 一样的基于 hypervisor 的技术。Hyper-V 设计的目的是为广泛的用户提供更为熟悉以及成本效益更高的虚拟化基础设施软件，这样可以降低运作成本、提高硬件利用率、优化基础设施并提高服务器的可用性。Hyper-V 采用微内核的架构，兼顾了安全性和性能的要求。由于 Hyper-V 底层的 Hypervisor 代码量很小，不包含任何第三方的驱动，非常精简，所以安全性更高。

🎤 **问 题 思 考**

（1）什么是虚拟机？
（2）虚拟机有什么作用？
（3）常见的虚拟机技术有哪些？

【项目实训 1】　虚拟机 VMWare 的安装与配置

1. 实训目的
掌握虚拟机 VMware 系统的安装。
2. 实训器材
VMWare
3. 实训要求
掌握 VMWare 的安装与配置。
4. 知识背景
了解 VMWare 的基础知识。

5. 实训步骤

（1）虚拟机 VMWare 的安装。

1）找到 VMware 的安装程序，启动安装向导，如图 2-1 所示。

2）按"下一步"后，进入安装路径选择界面，如图 2-2 所示。

　　图 2-1　启动安装向导　　　　　　　　　　　　图 2-2　安装路径选择界面

3）进入 VMware Workstation 12 PRO 的主界面，如图 2-3 所示。

（2）虚拟机 VMWare 的配置。

1）创建新的虚拟机，如图 2-4 所示。

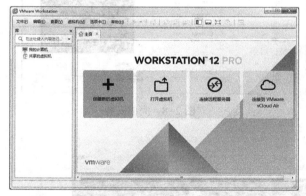

图 2-3　进入 VMware Workstation 12 PRO 的主界面　　　　图 2-4　创建新的虚拟机

2）按"下一步"后，选择虚拟机系统的 iso 文件，如图 2-5 所示。

3）命名虚拟机并选择安装位置，如图 2-6 所示。

4）指定硬盘大小，如图 2-7 所示。

5）完成安装，如图 2-8 所示。

6）启动虚拟机，如图 2-9 所示。

图 2-5　选择虚拟机系统的 iso 文件

图 2-6　命名虚拟机并选择安装位置

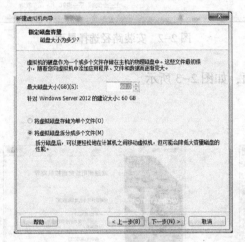

图 2-7　指定硬盘大小

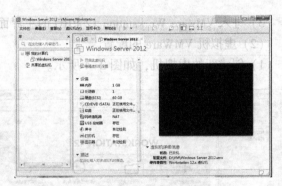

图 2-8　完成安装

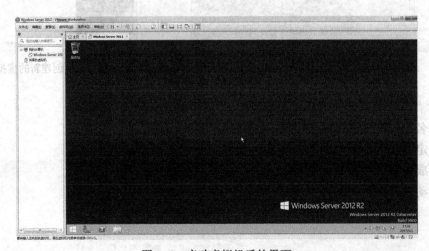

图 2-9　启动虚拟机后的界面

任务 3　Windows Server 2012 的安装与基本配置

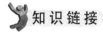 **任务目标**

（1）掌握 Windows Server 2012 的安装与基本工作环境。

（2）理解 Windows Server 2012 活动目录的基本概念。

任务实施

（1）安装 Windows Server 2012，了解其基本配置。

（2）安装 Windows Server 2012 的活动目录。

知识链接

Windows Server 2012 的活动目录管理

活动目录是 Windows Server 2012 网络体系结构中一个基本且不可分割的部分，它提供了一套为分布式网络环境设计的目录服务。活动目录使组织机构可以有效地对有关网络资源和用户的信息进行共享和管理。另外，目录服务在网络安全方面也扮演着中心授权机构的角色，从而使操作系统可以轻松地验证用户身份并控制其对网络资源的访问。同等重要的是，活动目录还担当着系统集成和巩固管理任务的集合点。下面首先介绍一下活动目录服务中涉及的一些基本概念。

1. 工作组

工作组是 Microsoft 公司的概念，一般的普遍称谓是对等网。工作组通常是一个由不多于 10 台计算机组成的逻辑集合，其特点是实现简单，不需要域控制器，每台计算机自己管理自己，适用于距离很近的有限数目的计算机。工作组用于在网上邻居的列表中实现一个分组，对于"计算机浏览服务"，每一个工作组中，会自动推选出一个主浏览器，负责维护本工作组所有计算机的 NetBIOS 名称列表。

2. 域

域是 Windows Server 2012 活动目录的核心单元，是共享同一活动目录的一组计算机集合，它负责维护活动目录数据库、审核用户的账户和密码是否正确、将活动目录数据库复制到其他的服务器等。域是安全的边界，在默认的情况下，一个域的管理员只能管理自己的域。域的管理员要管理其他的域，需要专门的授权。域是复制单位，一个域可包含多个域控制器，当某个域控制器的活动目录数据库修改以后，会将此修改复制到其他所有域控制器。

3. 对象

对象是活动目录中的信息实体，也即通常所见的"属性"，但它是一组属性的集合，往往代表了有形的实体，如用户账号和文件名等。对象通过属性描述它的基本特征，如一个用户账号的属性中可能包括用户姓名、电话号码、电子邮件地址和家庭住址等。

4. 组织单元

包含在域中特别有用的目录对象类型就是组织单元。组织单元是可将用户、组、计算机和其他单元放入活动目录的容器中，组织单元不能包括来自其他域的对象。组织单元是可以指派组策略设置或委派管理权限的最小作用单位。使用组织单元，可在组织单元中代表逻辑层次结构的域中创建容器，这样就可以根据用户的组织模型管理账户、资源的配置和使用，可使用组织单元创建可缩放到任意规模的管理模型。可授予用户对域中所有组织单元或对单个组织单元的管理权限，组织单元的管理员不需要具有域中任何其他组织单元的管理权。

5. 树（Trees）

由一个或多个域构成。Windows Server 2012 中的树共享连续的命名空间。树具有双向传递信任，即默认情况下，Windows Server 2012 中父域和子域、树和树之间的信任关系都是双向的，而且是可传递的。

6. 森林（Forests）

森林由一棵或多棵树组成。森林中的树不共享一个连续的命名空间，但共享一个普通架构和全局目录。

7. 全局目录（Global Catalog）

全局目录是一个包含活动目录中所有对象的属性信息（不是完全信息，是常用属性的一个子集）的仓库，它为用户提供以下重要功能：

（1）在整个森林中查找活动目录的信息。

（2）使用通用组成员信息登录到网络。

（3）活动目录中的第一个域控制器自动成为全局目录，为了平衡登录和查询流量，可以设置额外的全局目录。

活动目录包括两个方面：目录和与目录相关的服务。目录包含了有关各种对象（例如用户、用户组、计算机、域、组织单位以及安全策略）的信息。这些信息可以被发布出来，以供用户和管理员的使用；而目录服务是使目录中所有信息和资源发挥作用的服务，活动目录是分布式的目录服务，信息可以分散在多台不同的计算机上，保证用户能够快速访问。

活动目录（Active Directory）主要提供以下功能：

1）服务器及客户端计算机管理：管理服务器及客户端计算机账户，所有服务器及客户端计算机加入域管理并实施组策略。

2）用户服务：管理用户域账户、用户信息、企业通讯录（与电子邮件系统集成）、用户组管理、用户身份认证、用户授权管理等。

3）资源管理：管理打印机、文件共享服务等网络资源。

4）桌面配置：系统管理员可以集中的配置各种桌面配置策略，如：用户使用域中资源权限限制、界面功能的限制、应用程序执行特征限制、网络连接限制、安全配置限制等。

5）应用系统支撑：支持财务、人事、电子邮件、补丁管理等各种应用系统。

🎤 问题思考

（1）什么是活动目录？

（2）活动目录有哪些部分组成？

（3）活动目录的功能上什么？

【项目实训 2】

1. 实训目的

掌握 Windows Server 2012 的安装与基本工作环境，活动目录安装配置方法。

2. 实训器材

Windows Server 2012 安装光盘或 ISO 文件。

3. 实训要求

掌握 Windows Server 2012 及活动目录的安装及配置。

4. 知识背景

了解 Windows Server 2012 及活动目录的基础知识。

5. 实训步骤

（1）安装 Windows Server 2012。

1）运行虚拟机，单击 Windows Server 2012 进入安装界面，如图 2-10 所示。

2）正在安装界面，如图 2-11、图 2-12 所示。

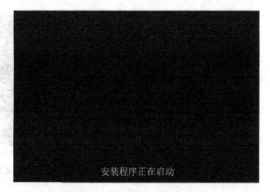

图 2-10　安装程序正在启动　　　　　　　　图 2-11　正在安装

3）安装完毕后，需要重新启动计算机，如图 2-13 所示。

图 2-12　正在安装　　　　　　　图 2-13　安装完毕后重启计算机

（2）配置 Windows Server 2012 的基本工作环境。

1）系统重启后进入 Windows Server 2012 管理界面，如图 2-14 所示。

2）右击"这台电脑"，在下方的区域中点选"属性"可查看计算机信息，如图 2-15 所示。

图 2-14　系统重启后界面

图 2-15　计算机信息界面

3）点击"更改设置"后，可查看和更改计算机名，如图 2-16 所示。

4）在"高级"标签中可设置性能属性、环境变量以及用户配置文件，如图 2-17 所示。

图 2-16　查看和更改计算机名

图 2-17　设置性能属性、环境变量及用户配置文件

（3）活动目录的安装与配置（安装、管理、用户和计算机账号管理、用户组管理）。

1）在"服务器管理器"界面点击"添加角色和功能"，如图 2-18 所示。勾选"Active Directory 域服务"，如图 2-19 所示。

图 2-18　添加角色和功能

图 2-19　勾选"Directory 域服务"

2）点击"下一步"，弹出对话框，如图 2-20 所示，点击"添加功能"，点击"安装"

后开始安装，如图 2-21 所示。

図 2-20　点击"添加功能"　　　　　　　図 2-21　开始安装

3）安装完成后点击服务器右上角的"功能按钮"，弹出继续配置 AD 的对话框，如图 2-22 所示。点击"部署后配置"，点选"添加新林"在"根域名"输入框中填入相应的域名，如图 2-23 所示。

图 2-22　点击"功能按钮"　　　　　　图 2-23　填入域名

4）点击"下一步"，选择域功能级别，输入目录服务还原密码，如图 2-24 所示。点击"下一步"后配置 DNS，由于不需要委派 DNS，所以这里不需要设置，直接点击"下一步"，如图 2-25 所示。

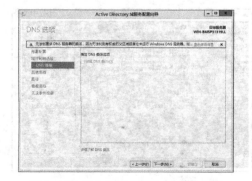

图 2-24　选择域功能级别　　　　　　图 2-25　点击"下一步"后配置 DNS

5）配置 Netbios 名，若没有特殊需求默认的就可以，直接点"下一步"，如图 2-26 所示。配置日志、数据库、sysvol 路径，若没有特殊需求，默认就可以，如图 2-27 所示。

图 2-26 配置 Netbios 名　　　　　　　　图 2-27 配置日志、数据库、sysvol 路径

6）检测是否满足条件，满足条件后就可以直接点"安装"，如图 2-28 所示。等待机器安装配置项，重启后我们会看到 AD 角色已经安装完成，如图 2-29 所示。

图 2-28 点击"安装"　　　　　　　　　图 2-29 等待机器安装配置项

7）为了验证安装，在 CMD 命令行中，输入"Netdom query fsmo"，这时会显示五种角色都已经安装成功，如图 2-30 所示。在管理工具中打开 Active Directory 用户和计算机，可以看到我们刚创建的域名列表，如图 2-31 所示。

图 2-30 输入"Netdom query fsmo"　　　　图 2-31 打开 Active Directory

8）在管理界面中可以对域用户进行管理，如图 2-32 所示。

图 2-32　对域用户进行管理

项目 2   学会创建 Windows Server 2012 的网络服务

学习目标

（1）了解并掌握 Windows Server 2012 的 DHCP 服务及配置。

（2）了解 Windows Server 2012 的 WINS 服务及配置。

（3）了解并掌握 Windows Server 2012 的 DNS 服务及配置。

（4）了解并掌握 Windows Server 2012 的 Web 服务及配置。

（5）了解并掌握 Windows Server 2012 的 FTP 服务及配置。

（6）了解 Windows Server 2012 的文件与打印服务及配置。

（7）了解 Windows Server 2012 的电子邮件服务。

能力目标

（1）掌握 Windows Server 2012 常用网络服务的安装方法和步骤。

（2）掌握常用网络服务 DHCP、DNS、FTP 等的配置方法。

任务 1   创建与管理 Windows Server 2012 的 DHCP 服务

任务目标

（1）了解 DHCP 服务的基本概念。

（2）了解并掌握 DHCP 服务的安装配置方法。

知识链接

一、DHCP 简介

DHCP（Dynamic Host Configuration Protocol，动态主机配置协议）是一个局域网的网络协议，使用 UDP 协议工作，主要作用是在局域网络环境中集中的管理、分配 IP 地址，使网络环境中的主机动态的获得 IP 地址、Gateway 地址、DNS 服务器地址等信息，并能够提升地址的使用率。

DHCP 协议采用客户端/服务器模型，主机地址的动态分配任务由网络主机驱动。当 DHCP 服务器接收到来自网络主机申请地址的信息时，才会向网络主机发送相关的地址配置等信息，以实现网络主机地址信息的动态配置。

二、配置与管理 DHCP 服务器（含客户端）

（1）在管理工具中打开"DHCP 管理器"，如图 2-33 所示。右击"新建作用域"，如图 2-34 所示。

图 2-33　打开"DHCP 管理器"　　　　图 2-34　右击"新建作用域"

（2）点击"下一步"，如图 2-35 所示。设置作用域名称，这里我们设置为网段的信息，如图 2-36 所示。

图 2-35　点击"新建作用域"下一步　　　图 2-36　设置作用域名称

（3）配置 DHCP 分配地址范围，如图 2-37 所示。设置排除地址，如图 2-38 所示。

图 2-37　配置 DHCP 分配地址范围　　　图 2-38　设置排除地址

（4）设置租期，默认为 8 天，如图 2-39 所示。配置 DHCP 选项（网关、DNS、域名），如图 2-40 所示。

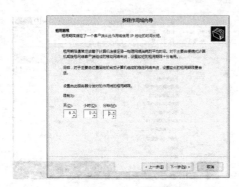

图 2-39　设置租期　　　　　　　　　图 2-40　配置 DHCP 选项

（5）设置默认网关地址为：192.168.1.1，如图 2-41 所示。设置 DNS 名称与 DNS 服务器地址，如图 2-42 所示。

图 2-41　设置默认网关地址　　　　图 2-42　设置 DNS 名称与 DNS 服务器地址

（6）设置 WINS 服务器地址，如图 2-43 所示。立即启用此作用域，如图 2-44 所示。

图 2-43　设置 WINS 服务器地址　　　　图 2-44　立即启用此作用域

（7）完成作用域的新建向导，如图 2-45 所示。客户端 IP 地址设置为自动获取，查看客户端 IP 信息，如图 2-46 所示。

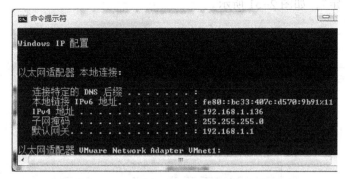

图 2-45　完成作用域的新建向导　　　　　图 2-46　客户端 IP 地址设置为自动获取

三、DHCP 数据库的维护

1. 数据库的备份

（1）点击 DHCP 服务器选择"备份"，如图 2-47 所示。选择备份路径，点击"确定"，如图 2-48 所示。

图 2-47　点击 DHCP 服务器　　　　　　图 2-48　数据库备份—选择备份路径

（2）备份目录下可以看到备份的数据库文件，如图 2-49 所示。

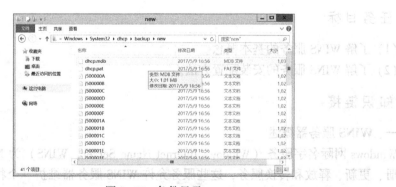

图 2-49　备份目录

2. 数据库的还原

（1）右击 DHCP 服务器，选择"还原"，如图 2-50 所示。选择备份路径，点击"确定"，如图 2-51 所示。

图 2-50　选择"还原"　　　　　　　　图 2-51　数据库还原—选择备份路径

（2）提示需要重启 DHCP 服务，点击"是"，如图 2-52 所示。提示已经还原成功，如图 2-53 所示。

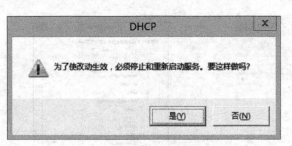

图 2-52　提示需要重启 DHCP 服务　　　　　图 2-53　提示已经还原成功

任务 2　创建与管理 Windows Server 2012 的 WINS 服务

任务目标

（1）了解 WINS 服务的基本概念。
（2）了解 WINS 服务的安装配置方法。

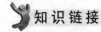知识链接

一、WINS 服务器概述

Windows 网际名字服务（Windows Internet Name Server，WINS）为 NetBIOS 名字提供名字注册、更新、释放和转换服务，这些服务允许 WINS 服务器维护一个将 NetBIOS 名链接到 IP 地址的动态数据库，大大减轻了对网络交通的负担。

WINS 服务可以让客户机在启动时主动地将它的计算机名称（NetBIOS 名）及 IP 地址注册到 WINS 服务器的数据库中，在 WINS 客户机之间通信的时候，它们可以通过 WINS 服务器的解析功能获得对方的 IP 地址。

二、安装与配置 WINS 服务器

1. 安装 WINS 服务器

（1）添加服务器角色，选择应用服务器，点击"下一步"，如图 2-54 所示。选择服务 WINS 服务器，如图 2-55 所示。

图 2-54　添加服务器角色　　　　　　　　　图 2-55　选择服务 WINS 服务器

（2）在弹出添加功能对话框，点击"添加功能"，如图 2-56 所示。完成安装，如图 2-57 所示。

图 2-56　点击"添加功能"　　　　　　　　　图 2-57　完成安装

2. 配置 WINS 服务器

（1）在管理工具中打开 WINS 服务器控制面板，如图 2-58 所示。右击 WINS 服务器，点击"属性"，如图 2-59 所示。

（2）常规标签设置自动更新统计时间的间隔。对于 WINS 数据库中的动态记录都需要进行周期性的更新，以便验证记录的有效性，清除无效的记录，如图 2-60 所示。具体的设置在间隔标签，如图 2-61 所示。

1）更新间隔：用来设置 WINS 客户机必须重新向 WINS 服务器更新其注册名称的时间间隔，如果在该时间间隔内客户机未更新它的注册名称，则此名称被标记为"释放"，一般客户机在时间间隔过半时向服务器提出更新请求。如果客户机经常向服务器更新注册，会增加网络流量，所以"更新间隔"不要设得过短。

2）消失间隔：一个被设置为"释放"的计算机名称，在经过"消失间隔"后，将被标记为"废弃不用"。

图 2-58　打开 WINS 服务器控制面板

图 2-59　右击 WINS 服务器

图 2-60　清除无效的记录

图 2-61　具体的设置在间隔标签

3）消失超时：一个已被标记为"废弃不用"的计算机名称，在经过"消失超时"后，将被从服务器的数据库中删除。

4）验证间隔：经过此间隔后，WINS 服务器必须验证那些不属于此服务器的名称是否仍然活动。

图 2-62　事件的记录与处理

（3）事件的记录与处理。WINS 服务对于事件的记录为用户及时查找和更正错误提供了准确的依据，为 Windows Server 2012 在应用的稳定性提供了可靠的保证，如图 2-62 所示。

1）数据库路径：指定是否将数据库中的变化记录到％windir％\ System32 \ wins 中，以便在 WINS 服务器出现故障时查看。

2）将详细事件记录到 Windows 事件日志中：设置是否以详细的方式记录事件，由于这种方式占用过多的系统资源，会影响服务器的性能，所以不推荐使用这种方式。

3）启用爆发处理：现在 WINS 服务器支持处理大量的突发性的 WINS 服务器负荷。当大量的 WINS 客户机开机同时向 WINS 服务器发送名称时就会产生突发性负荷，如一个新的 WINS 服务器启动、大量的客户机第一次登录到网络，就会造成网络上的 WINS 通信量增大。

3．静态映射的管理

当 WINS 客户机开机的时候，客户机会将其 IP 地址和计算机名注册到 WINS 服务器的数据库中，并定期更新名称注册，所以在 WINS 服务器的数据库中客户机的计算机名称和 IP 地址的映射是动态的。

用户也可以利用静态映射的方式，在数据库中手工创建计算机名称与 IP 地址的映射关系，这种映射关系是没有时间限制的，它可以长期保存在数据库中，除非管理员手工的将其删除。

但静态映射只能用于不具有 WINS 功能的客户机，以便其他的 WINS 客户机能与其通信。对于 NON-WINS 客户机要通过 WONS Proxy 来查询其他 WINS 客户机的 IP 地址。另外，当 DHCP 和 WINS 服务器同时存在的时候，DHCP 保留的 IP 地址设置要优先于 WINS 的静态映射的设置。

添加静态映射的步骤：

在 WINS 控制台中，选择活动注册组件，右键选择"新建静态映射"，如图 2-63 所示。在"新建静态映射"对话框中输入计算机名称和其所在域的域名，从"类型"下拉列表中选择一个适当的映射类型，输入 IP 地址，单击"确定"按钮，如图 2-64 所示。

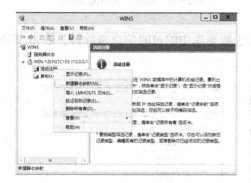

图 2-63　右键选择"新建静态映射"

图 2-64　从"类型"下拉列表选择映射类型

三、WINS 数据库管理

1. 备份 WINS 数据库文件

（1）右击 WINS 服务器，点击"备份数据库"，如图 2-65 所示。选择备份路径，如图 2-66 所示。

图 2-65　点击"备份数据库"

图 2-66　选择备份路径

（2）完成备份，如图 2-67 所示。

2. 恢复数据库

（1）首先要停止 WINS 服务，右击 WINS 服务器，点击"还原数据库"，如图 2-68 所示。选择当初的备份路径，完成还原，如图 2-69 所示。

图 2-67　完成备份

图 2-68　点击"还原数据库"

（2）清理数据库。就是将更新后仍然存在于数据库中的过时信息清除掉，右击 WINS 服务器，点击"清理数据库"，如图 2-70 所示。

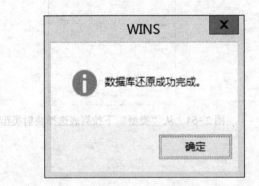

图 2-69　完成还原

图 2-70　点击"清理数据库"

任务 3　创建与管理 Windows Server 2012 的 DNS 服务

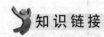任务目标

（1）了解 DNS 服务的基本概念。

（2）了解并掌握 DNS 服务的安装配置方法。

知识链接

一、DNS 基本概念和原理

DNS 是域名系统（Domain Name System）的缩写，该系统用于命名组织到域层次结构中的计算机和网络服务。在 Internet 上域名与 IP 地址之间是一一对应的，域名虽然便于人们记忆，但机器之间只能互相认识 IP 地址，它们之间的转换工作称为域名解析，域名解析需要由专门的域名解析服务器来完成，DNS 就是进行域名解析的服务器。DNS 命名用于 Internet 等 TCP/IP 网络中，通过用户友好的名称查找计算机和服务。当用户在应用程序中输入 DNS 名称时，DNS 服务可以将此名称解析为与之相关的其他信息，如 IP 地址。因为，你在上网时输入的网址，是通过域名解析系解析找到相对应的 IP 地址，这样才能上网。其实，域名的最终指向是 IP。

DNS 分为 Client 和 Server，Client 扮演发问的角色，也就是问 Server 一个 Domain Name，而 Server 必须要回答此 Domain Name 的真正 IP 地址。而当地的 DNS 先会查自己的资料库。如果自己的资料库没有，则会往该 DNS 上所设的 DNS 询问，依此得到答案之后，将收到的答案存起来，并回答客户。

DNS 服务器会根据不同的授权区（Zone），记录所属该网域下的各名称资料，这个资料包括网域下的次网域名称及主机名称。

在每一个名称服务器中都有一个快取缓存区（Cache），这个快取缓存区的主要目的是将该名称服务器所查询出来的名称及相对的 IP 地址记录在快取缓存区中，这样当下一次还有另外一个客户端到次服务器上去查询相同的名称时，服务器就不用在到别台主机上去寻找，而直接可以从缓存区中找到该笔名称记录资料，传回给客户端，加速客户端对名称查询的速度。例如：

当 DNS 客户端向指定的 DNS 服务器查询网际网路上的某一台主机名称 DNS 服务器会在该资料库中找寻用户所指定的名称 如果没有，该服务器会先在自己的快取缓存区中查询有无该笔纪录，如果找到该笔名称记录后，会从 DNS 服务器直接将所对应到的 IP 地址传回给客户端 ，如果名称服务器在资料记录查不到且快取缓存区中也没有时，服务器首先会才会向别的名称服务器查询所要的名称。

二、安装与配置服务器

1. 安装 DNS 服务器

（1）在添加角色和功能向导中勾选"DNS 服务器"，如图 2-71 所示。在弹出的添加角色功能向导内，添加角色管理工具，如图 2-72 所示。

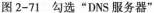

图 2-71　勾选"DNS 服务器"　　　　图 2-72　添加角色管理工具

（2）添加完后点击"下一步"，开始安装，如图 2-73 所示。安装完毕后关闭向导。

2. 正向域名解析的配置

在管理工具中打开 DNS 管理器，如图 2-74 所示。

 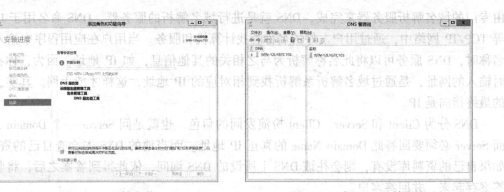

图 2-73　开始安装　　　　　　　　　　图 2-74　打开 DNS 管理器

（1）建立主区域名。在 DNS 管理器的"正向查找区域"上点击鼠标右键，点击"新建区域"，如图 2-75 所示。选择"主要区域"，如图 2-76 所示。输入欲解析的区域名，如图 2-77 所示。提示创建新文件名，按默认设置即可，如图 2-78 所示。提示"动态更新"，按默认选项"不允许动态更新"，当然如果已在服务端加装了硬件防火墙等安全措施，则可以选择"允许动态更新"，点击"下一步"，如图 2-79 所示。提示完成主要区域的创建，如图 2-80 所示。

 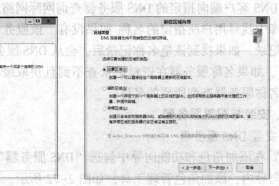

图 2-75　点击"新建区域"　　　　　　图 2-76　选择"主要区域"

图 2-77　输入欲解析的区域名　　　　　图 2-78　提示创建新文件名

图 2-79　选择"允许动态更新"　　　　　图 2-80　提示完成主要区域的创建

（2）新建主机。在管理界面左框内右击刚才建立的区域名 example. com，选择"新建主机"命令，如图 2-81 所示。在"新建主机"对话框的"名称"文本框输入"www"，IP 地址设为 Web 服务器地址，单击"添加主机"按钮返回管理界面，即可看到已成功地创建了主机地址记录"www. example. com"，如图 2-82 所示。

图 2-81　选择"新建主机"命令　　　　　图 2-82　创建主机地址记录

（3）新建别名。除了 WWW 服务，如果还有 FTP 或 Mail 等服务，可以使用别名的方式分别建立指向它们的名称解析。根据服务所用主机与 WWW 服务主机是否相同，采用两种方法来创建域名解析。

1）与 WWW 服务主机相同时。

在左边树形目录里右击刚建好的主域名 example. com，选择"新建别名（CNAME）"命令，如图 2-83 所示。在"别名"文本框内输入 mail、FTP 等服务名；在"目标主机的完全合格域名"文本框输入"www. example. com"即可，如图 2-84 所示。

2）与 WWW 主机不同时。

分别为每种服务建立不同的 IP 地址指向。依照建立 WWW 服务解析的步骤进行，再输入相对应的 IP 地址。创建 FTP、mail 别名时在"主机"文本框中分别选择对应的主机项即可。

三、反向查找的配置

（1）即实现 IP 地址到域名的转换。基本建立步骤跟正向查找类似，在 DNS 管理器的"反向查找区域"上点击鼠标右键，点击"新建区域"，如图 2-85 所示。选择"主要区域"，如图 2-86 所示。

图 2-83　选择"新建别名（CNAME）"　　　图 2-84　输入服务名等

图 2-85　点击"新建区域"　　　　　图 2-86　选择"主要区域"

（2）输入欲反向查找的网络 ID，如图 2-87 所示。创建区域文件，如图 2-88 所示。

图 2-87　输入欲反向查找的网络 ID　　　图 2-88　创建区域文件

（3）按默认选项"不允许动态更新"，点击"下一步"完成创建，如图 2-89 所示。

四、与 WINS 结合使用

当 DNS 服务器与 WINS 服务结合使用后，在 DNS 域名空间无法查询的名称可以利用 WINS 管理的 NetBIOS 命名空间进行查询。

在 DNS 服务器中选择一个区域，单击"属性"按钮，再单击 WINS 选项卡。勾选"使用 WINS 正向查找"选项，在下方的 WINS 服务器中添加 WINS 服务器的 IP 地址，如

图 2-90 所示。

　　设置完毕后，在数据库中将添加一个类型为
WINS 的记录。

　　设置 WINS 反向查询：在 DNS 控制台中展开反向
搜索区域，选择区域右击选择"属性"命令，在出现
的对话框中选择 WINS-R 选项卡，在其中选中"使用
WINS-R 查找"复选框，然后在"附加到返回的名称
的域"文本框中输入 DNS 域名称，DNS 服务器会将由
WINS 查询到的计算机名与域名合并后，再发送给客
户机，如图 2-91 所示。

图 2-89　选"不允许动态更新"完成创建

图 2-90　勾选"使用 WINS 正向查找"选项　　　图 2-91　设置 WINS 反向查询

五、配置 DNS 客户端

　　在客户端电脑上点击任务栏上的网络，打开网络和共享中心，找到需要设置 DNS 的适
配器，在打开的右键菜单中，选择"属性"，如图 2-92 所示。

　　在 Internet 协议版本 4（TCP/IPv4）属性面板中，勾选"使用下面的 DNS 服务器地址"，
输入 DNS 服务器地址，然后点击确定按钮，设置完成，如图 2-93 所示。

图 2-92　找到需要设置 DNS 的适配器　　图 2-93　勾选"使用下面的 DNS 服务器地址"完成设置

任务 4 创建与管理 Windows Server 2012 的 Web 服务

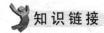任务目标

(1) 了解 IIS 服务的基本概念。
(2) 了解并掌握 IIS 的配置方法。

知识链接

一、IIS 的基本概念

Microsoft 公司的 Web 服务器产品为 Internet Information Server (IIS)，IIS 是允许在公共 Intranet 或 Internet 上发布信息的 Web 服务器。IIS 是目前最流行的 Web 服务器产品之一，很多著名的网站都是建立在 IIS 的平台上。IIS 提供了一个图形界面的管理工具，称为 Internet 服务管理器，可用于监视配置和控制 Internet 服务。

二、安装与配置 IIS

1. 安装 IIS

在服务器管理器中点击"添加角色和功能"向导，选中"Web 服务器（IIS）"，如图 2-94 所示。点击"下一步"后开始安装，如图 2-95 所示。

图 2-94　点击"添加角色和功能"向导 　　　　图 2-95　点击"下一步"后开始安装

2. 配置 IIS

(1) 启动 Internet 信息服务控制台。

在"管理工具"中启动"Internet 信息服务管理器"，如图 2-96 所示。IIS 安装后，系统自动创建了一个默认的 Web 站点，该站点的主目录默认 C：\ inetpub \ wwwroot。点击"Default Web Site"，在右边列表中可以设置站点的全部配置，如图 2-97 所示。

(2) 基本设置。点击右边操作栏的"基本设置"，可对网站的应用程序池、物理路径、访问网站的用户身份进行设置，如图 2-98 所示。

(3) 设置默认文档。在站点属性列表中双击"默认文档"设置主页文档。主页文档是在浏览器中输入网站域名，而未设定所要访问的网页文件时，系统默认访问的页面文件。常见的主页文件名有 default. htm、default. asp、index. htm、index. html 等。根据需要，点击右

边的"添加"和"删除"按钮，可为站点设置所能解析的主页文档，如图 2-99 所示。

图 2-96　启动"Internet 信息服务管理器"　　　图 2-97　设置站点的全部配置

图 2-98　基本设置　　　　　　　　　图 2-99　设置默认文档

3. 配置虚拟目录

虚拟目录是相对于 IIS 的根目录来说的，一个站点的根目录只能有一个，为了多个 Web 应用程序运行于一个 IIS 服务器上，就为其虚拟一个 IIS 目录。每个虚拟目录受控于根目录的管理，有其特定的权限管理，也可以继承根目录的权限设置。每个虚拟目录的程序有其相对隔离的进程运行空间，保证了程序的安全运行。当然，每个虚拟目录都是指向物理磁盘中的绝对路径的，而虚拟目录指向的绝对路径可以是任意的。

在根目录"默认网站"节点上右击，选择"添加虚拟目录"，如图 2-100 所示。在添加虚拟目录对话框中设置别名并选择虚拟目录的物理路径，如图 2-101 所示。

图 2-100　选择"添加虚拟目录"　　　图 2-101　"添加虚拟目录"对话框

4. 配置虚拟主机

虚拟主机是指使用一台物理计算机，充当多个主机名的 WWW 服务器。使用 WWW 虚拟主机的好处在于，一些小规模的网站，通过跟其他网站共享同一台物理计算机，可以减少系统的运行成本，并且可以减少管理的难度。

在 IIS 管理器中鼠标右击主机，选择"添加网站"，如图 2-102 所示。在"主机名"文本框输入要绑定的虚拟主机的域名，如 www.c2.com，如图 2-103 所示。

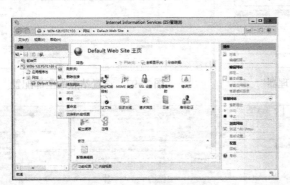

图 2-102　选择"添加网站"　　　　图 2-103　输入要绑定的虚拟主机的域名

设置不同于默认网站的物理路径，这样两个虚拟主机就在一台服务器上彼此不打扰地运行了。

任务 5　创建与管理 Windows Server 2012 的 FTP 服务

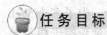
任务目标

（1）了解 FTP 服务的基本概念。
（2）了解并掌握 FTP 服务的安装配置方法。

知识链接

一、FTP 服务概述

FTP 是用于 TCP/IP 网络的最简单的协议之一，是英文 File Transfer Protocol 的缩写。该协议是一个 8 位的客户端-服务器协议，能操作任何类型的文件而不需要进一步处理是 Internet 文件传送的基础，它由一系列规格说明文档组成。用于将文件从网络上的一台计算机传送到同一网络上的另一台计算机。

FTP 服务一般运行在 20 和 21 两个端口。端口 20 用于在客户端和服务器之间传输数据流，而端口 21 用于传输控制流，并且是命令通向 ftp 服务器的进口。"FTP"就是完成两台计算机之间的拷贝。从远程计算机拷贝文件至自己的计算机上，称之为"下载（download）"文件。若将文件从自己计算机中拷贝至远程计算机上，则称之为"上载（upload）"文件。

二、安装与配置 FTP 服务

1. 安装 FTP 服务

由于 FTP 依赖 IIS，因此计算机上必须安装 IIS 和 FTP 服务。在服务器管理器中添加角色和功能，展开 Web 服务器（IIS）项，在其下勾选 FTP 服务器，如图 2-104 所示。点击"下一步"后开始安装 FTP，如图 2-105 所示。

图 2-104　添加角色和功能　　　　　　　　图 2-105　安装 FTP

2. 配置 FTP 服务

（1）在管理工具在打开 Internet Information Services（IIS）管理器，右击服务器，选择"添加 FTP 站点"，如图 2-106 所示。填写站点名称，选择站点物理路径，如图 2-107 所示。

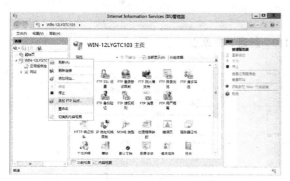

图 2-106　选择"添加 FTP 站点"　　　　　图 2-107　填写站点名称

（2）设置 IP 地址，点选是否使用 SSL，如图 2-108 所示。选择身份验证方式和读、写权限，如图 2-109 所示。

（3）完成向导后我们就新建了一个 FTP 站点。点击 FTP 站点，在中间区域可以看到 FTP 服务的设置列表，向导创建过程中的一些设置可以在属性列表中进行编辑更改，如图 2-110 所示。

三、FTP 站点的访问

在客户端电脑的资源管理器地址栏中输入 ftp：//FTP 服务器地址即可访问 FTP 站点，如图 2-111 所示。

图 2-108　点选是否使用 SSL　　图 2-109　选择身份验证方式和读、写权限

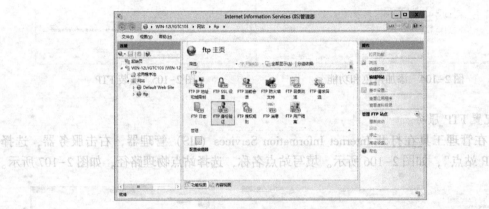

图 2-110　新建 FTP 站点

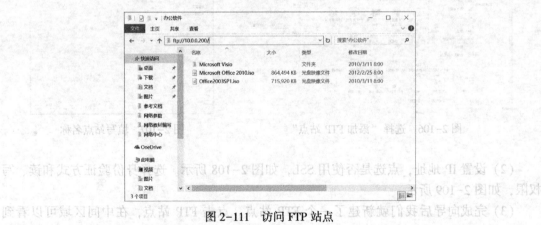

图 2-111　访问 FTP 站点

任务 6　创建与管理 Windows Server 2012 的文件与打印服务

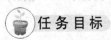 任务目标

（1）了解文件与打印服务的基本概念。

（2）了解件与打印服务的安装配置方法。

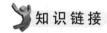 知识链接

一、文件与打印机服务概述

文件和打印服务是局域网中最常用的服务之一，在局域网中搭建打印和文件服务器以后，可以通过设置用户对共享资源的访问权限来保证共享资源的安全。

二、安装与配置文件打印服务器

1. 安装打印服务器

（1）在服务器管理器中添加角色和功能向导中勾选"打印和文件服务"，如图 2-112 所示。接着会弹出添加功能对话框，如图 2-113 所示。

图 2-112　勾选"打印和文件服务"　　　图 2-113　弹出添加功能对话框

（2）点击"下一步"后选择为"打印和文件服务"要安装的角色，如图 2-114 所示。按提示点击"下一步"后开始安装，安装完成后点击"关闭"，如图 2-115 所示。

图 2-114　"打印和文件服务"要安装的角色　　　图 2-115　完成安装打印服务器

2. 配置打印服务器

（1）在打印服务器列表中鼠标右键点击"添加打印机"，如图 2-116 所示。选择连接到打印服务器的端口，如图 2-117 所示。

（2）设置打印机名称，勾选"共享此打印机"，如图 2-118 所示。完成打印共享设置，客户端即可共享此打印机。

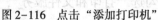

图 2-116　点击"添加打印机"　　　　　　图 2-117　选择连接到打印服务器的端口

3. 安装文件服务器

在服务器管理中添加角色和功能,在"选择服务器角色"中勾选"文件服务器"与"文件服务器资源管理器",如图 2-119 所示。点击"下一步"完成安装,如图 2-120 所示。

图 2-118　勾选"共享此打印机"　　　　　图 2-119　添加角色和功能

4. 配置共享

在服务器管理器的"文件和存储服务"中选择"共享",然后点击"若要创建文件共享,启动新加共享向导",如图 2-121 所示。选择共享方式,共有五种方式的共享方式,如图 2-122 所示。

图 2-120　完成安装配置打印服务器　　　　图 2-121　选择"共享"

五种共享方式的区别分别是：第一种：SMB 共享—快速。最简单的方式，类似于简单共享，就是所有人都具有完全控制权限。第二种：SMB 共享—高级。在这里面可以设置对应的文件类型与配额限制。第三种：SMB 共享—应用程序。将一台文件服务器作为存储，便于所有的 Hyper-V 虚拟机系统访问在文件服务器上共享存储。第四、五种：NFS 共享—快速、NFS 共享—高级。主要用于 Linux 服务器的共享使用。这里我们选择第二种，SMB 共享—高级。

（1）点击"下一步"，选择要共享的文件夹，如图 2-123 所示。设置共享名称，如图 2-124 所示。

图 2-122 选择共享方式　　　　图 2-123 选择要共享的文件夹

（2）设置选项，启用基于存取的枚举：用于仅显示用户有权访问的文件和文件夹。允许共享缓存：通过缓存，脱机用户可以访问共享的内容。加密数据访问：在共享文件传输的时候，会对数据进行加密，以提高数据的传输安全性，如图 2-125 所示。设置权限，如图 2-126 所示。

图 2-124 设置共享名称　　　　图 2-125 加密数据访问

（3）设置文件夹的用途，有四种，主要用于分类规则管理等，这里我们选择"用户文件"，如图 2-127 所示。设置配额，如图 2-128 所示。

（4）确认配置信息，点击"创建"，如图 2-129 所示。创建完成，如图 2-130 所示。

（5）这时候可以在管理界面上面看到一些常规的应用信息如共享的文件夹、路径、协议、是否群集、空间大小等，如图 2-131 所示。

图 2-126　设置权限

图 2-127　选择"用户文件"

图 2-128　设置配额

图 2-129　确认配置信息

图 2-130　创建完成

图 2-131　常规的应用信息

任务 7　创建与管理 Windows Server 2012 的电子邮件服务

任务目标

（1）了解电子邮件的基本概念。

（2）了解 STMP 服务，Exchange Server 的安装配置方法。

知识链接

一、电子邮件系统概述

电子邮件系统是企业信息化过程中不可或缺的通讯软件，电子邮件系统的优点是即便远地机不可访问，发送者也可以把文件发送出去。为此 TCP/IP 采用 spooling 缓冲技术，将用户收发文件与实际的文件传输区别开，用户发送邮件时，首先利用用户界面生成邮件，然后把它传给发送邮件 spooling 区，然后的整个发送过程用户都不必关心，等待关于发送结果的报告就可以了。

电子邮件的协议标准是 TCP/IP 协议族的一部分。它规定了电子邮件的格式和在邮局间交换电子邮件的协议。

每个电子邮件都分为两部分：邮件头和邮件内容。TCP/IP 对电子邮件的邮件头的格式作了确切的规定，而将邮件内容的格式让用户自定义。在邮件头中最重要的两个组成部分就是发送者和接收者的电子邮件地址。

而电子邮件的传输协议（也就是在邮局间交换电子邮件的协议）主要有 SMTP（简单邮件传输协议）、POP（电子邮局协议），以及新兴的 IMAP（互联网邮件应用协议）。

二、配置 SMTP 服务器

1. 安装 SMTP 服务

在服务管理器中的"功能"窗口中选中"SMTP 服务器"，如果出现提示，请单击"添加功能"，如图 2-132 所示。安装结束后关闭，如图 2-133 所示。

图 2-132　单击"添加功能"

图 2-133　安装 SMTP 服务结束

2. 设置 IIS6.0 里面的 SMTP

现在管理工具里就有 IIS6.0 管理器了，进入右击"虚拟服务器"属性，如图 2-134 所示。

（1）"常规"选项卡。

使用"常规"选项卡标识 SMTP 虚拟服务器 IP 地址并设置连接类型及限制，如图 2-135 所示。

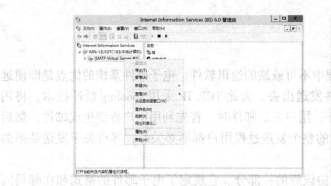

图 2-134　右击"虚拟服务器"属性　　　　图 2-135　使用"常规"选项卡

　　选中"限制连接数为"复选框，然后在右边的文本框中输入限制的次数。在默认的情况下，服务器连接超时的时间是 10 分钟，管理员可以根据需要进行修改。选中"启用日志记录"复选框，可以记录日志以供管理员查看。

　　（2）"访问"选项卡可以编辑对此资源的身份验证方法。在"安全通讯"中可以查看或设置访问此虚拟服务器时使用的安全通讯方法。在"连接控制"中可以设置允许或拒绝某些 IP 地址的用户连接到 SMTP 服务器的站点上。"中继限制"用来拒绝某些 IP 地址的用户通过 SMTP 虚拟服务器传送远程邮件，如图 2-136 所示。

三、安装与配置 Exchange Server 2013 服务器

1. 安装 Exchange Server 2013

　　（1）插入 Exchange Server 2013 光盘，自动运行 AutoRun，如图 2-137 所示。选择"Don't Check for Updates right now"，选择"next"，如图 2-138 所示。

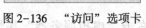

图 2-136　"访问"选项卡　　　　图 2-137　自动运行 AutoRun

　　（2）检查当前的环境，稍等后出现如下页面，如图 2-139 所示。选择"I accept the terms in license agreement"，点击"next"，如图 2-140 所示。

　　（3）在出现的界面中，选择"Next"，如图 2-141 所示。选择"Don't use recommended settings"，点击"next"，如图 2-142 所示。

　　（4）选中"Mailbox role"角色，选择"next"，如图 2-143 所示。点击"next"，如图 2-144 所示。

第 2 部分　网络操作系统及常用网络管理软件的配置、管理与服务　　71

图 2-138　选择"next"

图 2-139　检查当前的环境

图 2-140　选择"I accept the terms in license agreement"

图 2-141　选择"Next"

图 2-142　选择"Don't use recommended settings"

图 2-143　选中"Mailbox role"角色

（5）选择"NO"，点击"next"，如图 2-145 所示。通过了所有的系统所需条件的检查，点击"Install"，系统开始进行安装，如图 2-146 所示。

（6）等待一段时间后，系统显示安装完成，如图 2-147 所示。

图 2-144　点击"next"

图 2-145　选择"NO"

图 2-146　点击"Install"

图 2-147　系统显示安装完成

2. 配置 Exchange Server 2013

通过访问前端服务器来进入 Exchange Server 2013 管理界面，在 Exchange 服务器上输入 https：//服务器 IP 地址/ECP 进入 Exchange Server 2013 管理界面，如图 2-148 所示。输入用户名和密码后，可以看到 Exchange Server 2013 管理界面，如图 2-149 所示。在管理界面可以方便地对组、资源等设置的管理。

图 2-148　输入 http：//服务器 IP 地址/ECP 进入界面

图 2-149　输入用户名和密码

项目3 学会常用网络管理软件的配置、管理与服务

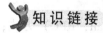 学习目标

（1）了解网络管理系统的基本概念。
（2）了解流量监测和统计系统。
（3）了解网络计费系统。
（4）了解基于 Web 的网络管理系统。
（5）了解 Windows Server 2012 网络管理工具。
（6）了解常用网络管理软件。

能力目标

（1）了解网络管理的体系。
（2）了解 Windows Server 2012 网络管理工具及常用的网络管理软件。

任务1 网络管理系统软件概述

任务目标

（1）了解网络管理系统的基本概念。
（2）了解网络管理系统软件 SiteView 的使用。

知识链接

一、网络管理系统的组成

计算机网络是一个开放式系统，每个网络都可以与遵循同一体系结构的不同软、硬件设备连接。因此，这要求网络管理系统（NMS）一是要遵守被管网络的体系结构；二是要能够管理不同厂商的软、硬件计算机产品。这既需要有一个在网管系统和被管对象之间进行通信的、并基于同一体系结构的网络管理协议，又需要有记录被管对象和状态的数据信息。除此之外，运行一个大的网络还要有相应的管理机构。

NMS 是用于实现对网络的全面有效的管理、实现网管目标的系统。在一个网络的运行管理中，网管人员是通过 NMS 对整个网络进行管理的。一个 NMS 从逻辑上包括管理对象、管理进程、管理信息库和管理协议 4 部分。

（1）管理对象：网络中具体可以操作的数据。如记录设备或设施工作的状态变量、设备内部的工作参数、设备内部用来表示性能的统计参数等；需要进行控制的外部工作状态和工作参数；为 NMS 设置的和为管理系统本身服务的工作参数等。

（2）管理进程：用于对网络中的设备和设施进行全面管理和控制的软件。

（3）管理信息库：用于记录网络中被管对象的信息，如状态类对象的状态代码、参数类管理对象的参数值等。管理信息库中的数据要与网络设备中的实际状态和参数保持一致，达到能够真实地、全面地反映网络设备和设施情况的目的。

（4）管理协议：用于在管理系统和被管对象之间传输操作命令，负责解释管理操作命令。通过管理协议来保证管理信息库 MIB 中的数据与具体设备中的实际状态、工作参数保持一致。

二、网络管理系统软件 SiteView 的使用

SiteView 是游龙科技自主研发的、专注于网络应用的故障诊断和性能管理的运营级的监测管理系统，主要服务于各种规模的网站和企业内网，可以广泛的应用于对局域网、广域网和互联网上的服务器、网络设备及其关键应用的监测管理。

SiteView 集应用监测、服务器监测和网络设备监测于一体，能很好地帮助客户有效地克服、控制和降低 IT 系统风险。SiteViewTM 不仅能让网管人员随时随地一目了然地了解整个 IT 系统的运行状况，而且能从应用层面对企业系统的关键应用进行实时监测，一旦系统出现异常，预警将通过声音、E-mail、手机短信息、Post 和脚本等方式及时通知相关人员或自动进行故障处理，从而最大限度地减少 IT 系统出现故障的可能，降低由此可能给企业带来的损失。完善的性能分析报告，更能帮助网管人员预防可能出现的故障，同时为企业网络的战略规划提供依据。

1. 安装

SiteView 可以安装在任何一台 Windows Server 操作系统的 PC 机或服务器下使用，对系统资源的占用很少，随监测参数的数量、监测频率等的变化有所不同。

SiteView 采用的是非代理、集中式的监测模式，可以安装在服务器上，也可以安装在 PC 机上，在被监控服务器上无需安装任何代理软件。安装成功后，使用前先将安装计算机服务下的 SiteView_Schedule 和 SiteView 两项服务的用户权限由 Local system 改为 Administrator。

如果监测的远程主机包括 Windows Server 主机时，检查有没有安装 WMI（Windows Management Instrumentation，Windows 管理规范）服务。如果没有，则需要安装。

监测远程 Windows Server 主机采用远程程序调用（Remote Procedure Call，RPC）方式；对于远程 UNIX 和 Linux 系统主机的监测，采用 Telnet 和安全通信协议（SecureSHell，SSH）两种方式。

SiteView 的主界面，如图 2-150 所示。

2. 网络监测

监测器组的管理使用 SiteView 软件可以设置多达数百个监测器，随着监测器的增多，对监测器进行分组管理就变得十分重要。

在 SiteView 左侧菜单中单击"整体性能"然后在所显示的页面中单击"添加新组"可以增加一个新的组。

在一个组中可以添加监测器。单击所需添加监测器组的组名，在组详细列表页中，单击"添加新监测"会出现 SiteView 软件包含的所有监测器列表，可以单击相应监测器的名字以添加该监测。

如单击 CPU 链接，进入到添加 CPU 监测的详细定义页面，如图 2-151 所示。

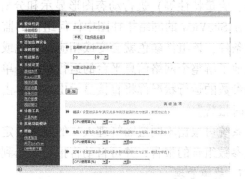

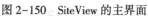

图 2-150　SiteView 的主界面　　　　　图 2-151　单击 CPU 链接

对于一般用户，高级选项都可以忽略，SiteView 软件本身对高级选项中的参数都进行了默认设置，并且所填参数均是优化过的。

在默认情况下 CPU 的监测主机为本机，如需添加对其他远程主机的 CPU 监测，可以通过单击它边上的"选择服务器"来选择其他远程主机。

3. 网络拓扑图自动发现和显示

通过 IP 区间主机搜索、子网内网络设备搜索、全局自动网络拓扑图搜索可发现交换机路由器、网桥、集线器、PC 工作站等网络设备，并根据网络链接方式显示出网络拓扑结构图。

4. 警报

SiteView 包含 6 种警报方式，可以确保所监测的项目发生故障时立即获得通知。

（1）E-mail 警报：满足警报条件时，报警信息会以邮件方式发往指定的一个或多个信箱。

（2）SMS 短信警报：满足警报条件时，报警信息会通过手机短信息的形式发往指定的一个或多个手机。

（3）脚本程序警报：满足警报条件时，SiteView 会自动执行设定好的脚本程序，目前提供的脚本程序包括重启主机，关闭主机，停/开指定服务，发送 NetSend 消息到指定主机。

（4）声音警报：满足警报条件时，SiteView 会自动播放指定的声音文件。

（5）启用/禁用监测器警报：满足警报条件时，SiteView 会停止或启动指定的监测器。

（6）POST 警报：满足警报条件时，SiteView 可以通过 POST 请求方式发送数据到指定的 CGI 程序。

单击左侧菜单中的"警报列表"，在警报列表页中，单击"添加新警报"可以添加警报定义。

5. 添加远程主机

如需监测远程主机的有关情况，必须将该远程主机添加到系统中。单击左侧菜单的"远程 UNIX 主机设置"或"远程 NT/2000 主机设置"，可以添加远程主机。

6. 管理报告

SiteView 能实时浏览、查询、设置网络代理的管理信息库，对网络链接情况进行显示并可以通过操作显示的图标进行性能管理。还可以对网络性能参数（包括 IP 数据包、传输差错率、流量特性等）进行动态图形显示和分析。

在 SiteView 的网络拓扑图中任何组件的监测参数中只要有一个达到了事先设置危险或错误的条件，该组件颜色就会变成相应的黄色或红色，系统管理人员从网络应用拓扑图可一目了然地了解整个网络信息平台的运行状况。单击网络拓扑图上的任意组件，与该组件相关的监测参数的运行状况都将直接显示出来，单击任意监测参数可以查看该监测参数的历史数据和实时报告。

系统可根据不同层面管理人员的要求，定时自动生成实时的或基于天、星期和月的不同监测参数组合的报告，并可自动将报告发送到指定邮箱。

7. 故障管理

在对网络性能进行统计分析的基础上，设置正常网络性能的门限值；实时监视、检测定位并报告错误和警告两种类别的网络故障情况；对网络故障网络可以显示；记录和管理故障日志；提供辅助故障解决方案，给出专家建议，具有一定的智能性。

8. 网络管理工具集

SiteView 提供了以下常用的网络维护工具。

（1）TraceRouter：监测链接所经过的路由状况。

（2）DNS：检验 DNS Server 是否正常工作。

（3）FTP：链接到 FTP 服务器并检验是否可以下载某一特定的文件。

（4）Mail：通过收发邮件测试 Mail 服务器是否正常工作。

（5）Ping：监测 Ping 指定服务器状况。

（6）NetStat：显示当前主机的网络端口状态和激活链接。

（7）LDAP：通过发送密码验证请求测试 LDAP 服务器。

（8）News：链接新闻服务器（NNTP 服务器），验证是否能够访问讨论组。

任务 2　流量监测和统计系统

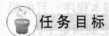

任务目标

（1）了解流量监测和统计的基本概念。

（2）了解流量计费软件 IPBilling 的使用。

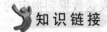

知识链接

一、流量监测的原理

根据网络类型的不同，其具体的流量信息采集方式也不同。TCP/IP 网络流量的采集方式包括网络监听（截获）方法和流量过滤统计方法。

1. 基于以太局域网监听技术的流量数据采集

在 IEEE 802.3 中定义了一种共享通信媒体的局域网模型，它一般也被称为以太网。在以太局域网中，所有位于网络内部的主机都共享同一通信媒体，相互间通过竞争的方式来进行通信。对各主机来说，它们彼此间相互独立地、随机地向通信媒体发送数据包，如果这时没有其他主机向媒体发送数据包，则发送成功。如果正好有其他主机使用媒体的话，则发送失败,该主机将根据有关的算法等待一段时间后再次尝试发送,直至发送成功。接收过程相对来说要简单得多,每台主机都监听网络中传输的所有数据包,如果发现该数据包的目的地址与自己的以太网地址相匹配,则将该数据包交给上层应用做进一步的处理。

以太网最大的特点就是共享通信媒体,因而位于网络内的任何一台主机都可以监听到网络中传输的所有数据包。根据这一特点,可以通过监听网络中的数据包来统计网络流量。

监听工作站完全按与其他主机相同的方法链接到以太网中。通过监听进程自动截取以太网上的所有数据包,然后由系统分解数据包并对数据包的包头进行相应的分析,将有关的流量数据、源地址和目的地址信息以及数据包类型信息保存到数据库中。在数据库的基础上,可以开发各种流量监测、统计分析以及计费应用和其他各种应用。

该方法最早主要用于局域网的流量统计,相应的软件有 snoop、ipflow、tcpdump 等,基于硬件实现该方法也是可能的。事实上,目前常用的以太网分析器就是该监听方法的一个简化应用。该方法也可以用于 TCP/IP 网络(包括广域网)的网络流量统计,但是要求在相应的端口增加路由器或其他设备,以提供该方法所必需的以太网环境,并保证该以太网内的所有流量都是有效流量(即真正应该收取费用的流量)。

2. 基于路由器 IP 数据包统计的流量数据采集

路由器是实现网络互连的关键设备,它担负着根据数据包的目的地址选择相应路由的任务,网络间(尤其是异构网络间)的通信都必须通过路由器来完成。对一个企业内部网络(Intranet)来说,其与外界网络进行通信的所有数据包都必须经由边界路由器进行传送,因此,利用路由器对数据包进行统计分析,可以很方便地实现网络流量的监测。

Internet 标准网管协议 SNMP,在定义了基本的网管操作的同时,也定义了一系列支持操作语义的管理信息变量 MIB,其中就有和流量相关的 MIB 变量。只要对被管对象(通常是链接本网络和外部网络的边界路由器)做适当的配置,被管对象将自动记录所有通过该路由器的进出流量。

目前大部分厂商的路由器产品都支持对数据包的统计分析。以 Cisco 路由器为例,它所记录的流量信息是基于源/目的地址的一张表,如表 2-2 所示。

表 2-2　　　　　　　　　　　　　CISCO 路由器数据记录格式

Source Address	Destination Address	Packets	Bs
203. 108. 215. 114	255. 255. 255. 255	4	336
202. 112. 49. 101	194. 158. 107. 219	40	49575
194. 158. 107. 219	202. 112. 49. 101	39	3376
202. 112. 49. 101	206. 86. 252. 142	468	251958
206. 86. 252. 142	202. 112. 49. 101	281	14143
202. 112. 49. 101	194. 134. 140. 35	81	107288
194. 134. 140. 35	202. 112. 49. 101	73	4774
202. 112. 49. 101	140. 192. 35. 135	71	4967
140. 192. 35. 135	202. 112. 49. 101	76	3285
202. 112. 49. 101	198. 80. 121. 7	921	1220653
198. 80. 121. 7	202. 112. 49. 101	667	33782

续表

Source Address	Destination Address	Packets	Bs
210. 23. 240. 51	255. 255. 255. 255	4	336
202. 112. 49. 101	38. 185. 217. 175	3	124
38. 185. 217. 175	202. 112. 49. 101	4	164

当每一个数据包由路由器通过时，路由器将搜索表中是否有与之相匹配的 Source IP Address 和 Destination IP Address 对。如果找到匹配的记录，则将其累加，否则创建一个新记录，直到缓冲区满为止。这些记录可通过 SNMP 标准操作获得。

利用 Cisco 路由器提供的 show 中 account 命令可以查看当前的网络流量统计情况。不仅如此，Cisco 还为 IP 流量统计功能提供了相应的 SNMP 访问和控制方法。在 Cisco 公司为其路由器产品定义的 SNMP MIB 变量的 IP 组中，提供了一个 IP Checkpoint Accounting Table 变量表，通过读取表中的值和重新设置数据过期标志，可以连续获取流经该路由器的 IP 网络流量情况。

二、流量计费软件 IPBilling

IPBilling 是一款适用于各种企事业单位、政府部门、科研院所、校园网、酒店、居民小区、网吧等场所的局域网联入因特网后，针对局域网内固定 IP 地址进行流量计费的软件系统。该软件的安装和运行与网卡无关、与路由器无关，易于安装和使用。

1. IPBilling 的组成

IPBilling 3.5 系统包括 4 个部分：前端流量监听系统——IPBilling Monitor、后端费用统计系统——IPBilling Account、IP 地址防盗用系统——IPMAC Binding、远程 Web 查询系统——IPBilling WebQuery。

(1) 前端系统：用于记录局域网内的计算机进出路由器（或网关）的所有 IP 流量，生成流量记录文件。其中记录了每个用户（与 IP 地址互相绑定）的流量情况，并能列出每个用户在每小时内进出国内外的 IP 数据流量。IPBilling Monitor 可以运行在各种型号和品牌的以太网卡上，对 10/100Mbit/s 的以太网进行流量统计。运行时不占用网络的任何带宽，不影响路由器的任何性能，不依赖于任何品牌的路由器。

(2) 后端系统：为数据库管理系统，用于将前端系统监听得到的流量记录导入 Access 数据库，对每个用户的流量进行统计汇总，并根据设定的流量计费费率计算每个用户的网络流量费。IPBilling Account 提供了灵活的用户管理、流量和费用查询、报表打印、数据备份与恢复等功能，并可用设置前端系统的配置文件（depart. ini、state. ini、free. ini、range. ini），进行计费时段（优惠时段）、国内外进出流量的费率、用户组优惠政策的设置。

(3) IP 地址防盗用系统：该模块用于防止在局域网内因用户自行更改本机 IP 地址，致使网络流量统计不准确的情况发生。IPMAC Binding 通过 IP-MAC 地址的绑定来实现上述功能。

(4) 远程 Web 查询系统：该模块用于让用户在远端查询自己的流量及费用统计状况，并可让管理员在远程进行一些简单的用户管理工作。

2. IPBilling 的安装

因为 IPBilling 是基于数据监听方式进行工作的，因此运行前端系统的主机应该放在能够监听到所有进出数据流量的网段中。这样，保证内部网网关收到或转发的数据包，IPBilling Monitor 也可以收到，并进行流量统计。

目前大部分用户使用交换机进行组网，使用路由器作为网关，并把路由器与交换机相连，这种情况下为了使 IPBilling Monitor 能够正常工作，需要增加一个共享式的集线器，IP-Billing Monitor 与路由器都链接到该集线器上。加入该集线器不会影响任何路由性能。

安装软件系统时可以把前端系统和后端系统安装到同一台计费主机上。

单击 IPBilling Monitor 3.5 文件运行前台系统，前台系统成功运行后将隐藏在系统任务栏右下角。如果计算机安装由多块网卡，需要选择用于侦测的网卡。

IPBilling Monitor 每分钟都将在 log 子目录下生成类似于 20151013.bak_n18 的临时流量记录文件，每整点小时结束时生成正式流量记录文件（格式为 20151013.n18），同时删除临时记录文件。

3. 系统设置

运行后端系统 IPBilling Account，可将前端系统记录的各主机的网络流量转换到数据库中，以便进行统计、计费、查询和报表打印等操作。还可进行系统设置、流量查询、用户操作等。

第一次运行后端程序时，需要指定前端系统的安装目录。单击"设置"按钮打开设置对话框，可以设置国内和本部门的 IP 地址范围、内部免费站点，还可以进行时间段设置。

4. 用户管理

单击菜单栏"用户"菜单可进入用户管理界面，进行用户的增加、删除、修改和费用管理。设置完成后使用"查看"菜单可以按时段或按用户查看流量信息。

任务 3　网络计费系统

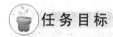任务目标

（1）了解网络计费系统的基本概念。

（2）了解常用网络计费软件的使用。

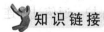知识链接

一、网络计费系统的组成

网络计费系统可以细分成 4 个模块，包括服务事件监测、资费管理、服务管理和计费控制。下面分别解释这 4 个功能模块的作用。

1. 服务事件监测设施

服务事件监测设施从管理信息流中过滤出与用户使用网络服务有关的事件，如通信线路的使用次数、传送的信息量等，然后把这些事件存入用户账目日志以便用户查询，再把这些信息送资费管理模块核算和统计费用。此外，该功能模块还要判断上述每个事件的合法性，若有错误或非法的事件，则自动产生计费故障事件或用户访问故障事件，并通报给故障管理功能模块。

2. 资费管理服务

资费管理服务设施依照一定的资费政策和预先定义的用户费率对用户接受的网络服务核算费用。费率可能是变化的，规则也可能很多，比如可能与用户服务的时间、日期有关，或者与服务性质有关，还可能与备份资源的使用有关，也会与当时、当地的费用折扣率有关。该功能模块还必须检测一个用户的费用是否达到了上限。如果是，则必须在用户交纳了足够的费用以后才允许继续使用网络的服务，或者在达到上限以后只允许使用部分网络资源。

3. 服务管理功能

服务管理功能对用户的可选路由和可获得的服务设置一些限制，这些限制是根据资费管理功能模块和计费控制功能模块的控制信息设置的。例如，对有的用户，在每天的一定时间内不允许使用大容量业务，或者根据用户对通信的可靠性、时效性等要求为用户提供冗余的资源，也可根据量大优惠的原则在某用户使用网络达到一定程度后对其费率给以折扣优惠。另外还可以规定每个用户可以得到的网络服务（如有无长途自动直拨权）等。

4. 计费控制功能

计费控制功能支持操作员输入用户账号、调整费率以及调整服务管理规则等该由操作员完成的操作。

二、计费系统的安全保护

任何网络系统都必须具有一套非常有效的安全保护功能，通过对网络系统不安全因素的分析和对网络安全机制的研究认为，一套安全保护功能主要包括实体保护功能、数据保护功能、通信保护功能、处理过程控制和系统安全管理功能等5个方面。

1. 实体保护功能

实体保护功能主要包括：实体鉴别功能；实体识别功能；对等层的双向联结鉴别功能；数字签名功能；数字邮戳功能；安全的电子邮件功能；非重复服务的处理功能；包文的鉴别功能；多向连接鉴别等。

2. 数据保护功能

数据保护功能主要包括：数据库内容的保护功能；分布式数据库的存取机制控制；对分布式数据库中数据流组成的控制；对统计数据库的保护与存取控制功能；数据产生的控制功能等。

3. 通信过程保护功能

通信过程保护功能主要包括：防止流量分析的功能；数据包文内容的保护；通信过程连续性的控制功能；通信过程完整性的控制功能等。

4. 处理过程控制功能

处理过程控制功能主要包括：非共享性的控制功能；对共享的复制及文件、程序来源的控制；对共享的编程系统或子系统的控制；允许相互不信任的双方工作的子系统；提供被监控的子系统；对矛盾的处理序列流程控制等。

5. 系统安全管理功能

系统安全管理功能主要包括：网络系统使用情况的监督功能；系统管理员日志文件；系统管理员对用户权限的分配及管理等。

三、网络计费产品

目前应用的网络计费产品，从实现方法上包括基于路由器、基于代理服务器和基于防火墙的计费系统等几种形式。各种产品一般都有完整的网络管理和费用管理、用户管理功能。

下面以北京城市热点公司的 Dr. COM 2033 BMG 网络计费网关为例介绍计费产品的基本情况。

1. 产品特点

Dr. COM 2033 BMG 网络计费网关是专用的高性能网关型设备，有 3 个 100Mbit/s 的以太网端口，运行 Dr. COM 独立自主开发，拥有全部自主知识产权的 IOS，保证了产品开发的延续性。设备稳定可靠，支持长时间不间断工作。网络计费不影响网络原来的性能，是目前国内唯一实现从 100Mbit/s 到 64bit/s 全线速转发的计费网关。

软硬件一体化解决方案，将网关的性能和软件的功能最大限度地发挥出来。

软件采用全部的图形化界面，功能强大，操作非常简单，系统自动进行数据维护和备份，实现无人值守，不会给用户带来不必要的负担。

产品开发充分考虑到用户的网络使用环境和各种行业的实际情况，不断加以改进，最大限度地适应各种不同的应用。可以支持复杂的使用环境。

支持 IEEE 802.1d，IEEE 802.3，IEEE 802.3u，IEEE 802.3x，IEEE 802.3z，IEEE 802.1Q，IEEE 802. IP，IPv4（RFC1492），TCP（RFC793），UDP（RFC768），ICMP（RFC 792），ARP（RFC 826），TELNET（RFC 854），RIP1. IGMP 协议。

2. 产品组成和使用

Dr. COM 自主开发的专业宽带计费管理软件，由管理员程序、操作员程序、数据库自动刷新程序、统计员程序、数据库、客户端多个功能模块组成。

Dr. COM 使用时的网络结构图如图 2-152 所示。

图 2-152　Dr. COM 网络结构图

3. 应用范围

Dr. COM 计费系统可用于校园网、智能小区、政府机关内部网络、大中型企业和商业机构、计算机培训中心、网吧等工作站数量比较多，管理要求高的应用场合。

4. 主要功能

（1）用户管理。对用户账号进行登录认证，授权和计费；支持 RADIUS Server，RADIUS

Client，LDAP，Proxy 等多种外部认证模式；实时显示在线用户资料，使用时间和流量；可以增加学生自服务模块，用户可以实时查询自己的账单和使用记录，修改资料；支持充值卡功能，用于校园网时学生可以购买学校发行的充值卡对自己的账号进行充值减轻学生缴费的复杂程度；支持邮件系统的端口，可以通过端口发送邮件通知收费信息，共享学生的信息资源。

（2）网络策略。支持多个出口和设置多个出口；支持千兆位模块，满足高性能的出口需求；支持内网 NAT、多段 DHCP、地址映射、端口映射、内网路由策略、源地址路由策略、目标地址路由策略；将源地址分组，并绑定用户计费组指定某个计费组的用户只能在这些地址段内才能允许登录；支持直通 IP 策略；支持专线用户免登录策略；带宽分组和个人带宽的控制，实现 QoS 策略；支持 Dr. COM 客户端登录，Web 登录和 PPPoE 登录方式；支持SNMP MIBII；提供完整的设备运行日志。

（3）控制策略。包括：每日上网时段控制策略；目标地址控制过滤策略；目标端口控制策略；源地址控制策略；每日上网时间和流量控制策略；完整的登录纪录，访问纪录；完整的操作权限管理和运行日志。

（4）计费策略。

1）支持储值卡、临时用户、固定月结用户、期限用户等结算方式。

2）支持按时间、流量计费方式。

3）支持赠送用量+计量制、计量制、计量制+费用封顶、包月制、基本费+跳挡制、基本费+计量制、基本费+基本用量+计量制等多种计费模式。

4）传统上校园计费是按目标地址的访问流量进行计费的，国内地址不收费，国外地址按流量收费。将目标地址分成 8 个组，包括 Internet、Chinanet、Cernet、内部网，每个目标地址可以设置不同的优惠费率。

5）按上下行流量分开计费，支持对 Internet，Chinanet 的上下行流量，支持不同的优惠费率：支持时段优惠，按目标地址的计费优惠策略。

（5）营账系统。多个操作员同时操作，支持开户、销户、收费、查询和修改用户资料功能。

（6）分析统计。支持用户使用习惯分析统计、营业数据分析等。

任务 4　基于 Web 的网络管理

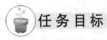任务目标

（1）了解基于 Web 的网络管理的特点和标准。

（2）了解 Web 网络管理系统的实现方法。

知识链接

一、基于 Web 的网络管理的特点和标准

随着 Web/Java 技术的成熟以及在 Internet 上的广泛应用，给网管技术和模式带来了又一次革命。Web 技术自产生后发展非常迅速，并被广泛应用于各种场合，在网管领域，通过

Web 技术（如 Web 服务器、HTTP 协议、HTML 语言、Java 语言和 Web 浏览器）来集成 NMS，就能够获得可运行于各种平台的简单有效的管理工具。利用 HTTP（超文本传输协议）、使用具有 HTML（超文本标记语言）和 Java 语言解释能力的 Web 浏览器，可以有效地显示网管数据，减少操作命令，同时保持原有图形用户界面的使用特性。就网络监控而言，Web 技术特别适合于要求低成本、易于理解、平台独立和远程访问的网络运行环境。

基于 Web 的网管从其出现伊始就以其特有的灵活性和易操作性表现出强大的生命力。在网管领域，包括 IBM/Tivoli、Sun 和 HP 等公司在内的主要网管产品供应商，都完全提供融合了 Web 技术的管理平台。此外，还有大量的中小软件供应商专门从事基于 Web 的网管产品的开发工作，如 AdventNet 公司、OutBack 公司等。

1. 基于 Web 的网络管理的特点

（1）地理上和系统上的可移动性。在传统的 NMS 上，管理员要查看网络设备的信息，必须在管理中心从已经安装了 NMS 的计算机上，使用服务器提供商所提供的管理工具。如果管理员希望在家里或在旅途中进行远程管理，就必须在家用计算机或便携机上安装 NMS 和管理工具。NMS 提供商必须为每一种宿主机开发一套独立的管理系统。

基于 Web 的网管在地理和系统上的可移动性使管理员使用一个 Web 浏览器从内部网络的任何一台计算机系统查看网络运行状态。通过适当的安全措施，管理员还可以从家里或旅馆中通过简单的浏览器进行网络的管理操作，不必经过控制台。对于 NMS 的提供者来说，他们在一个平台上实现的管理系统可以从任何一台安装有 Web 浏览器的计算机上访问，不管这台计算机是 PC 机，还是工作站，也不管安装的是什么操作系统。

（2）统一的管理程序界面。管理员不必再像以往的 IBM NETview 或 HP OPenview 那样通过 X-Windows 来使用管理程序，只需通过简单、熟悉的、友好的 Web 界面的操作即可完成管理任务。

（3）平台的独立性。基于 Web 的网管应用程序可以在各种环境下使用，包括不同的操作系统、结构和不同的网络协议，无需做任何系统移植。

（4）相对较低的成本开销。在一台 PC 机安装上一个浏览器的代价显然比一个 X 终端或者一台配置足够大内存的 UNIX 工作站的代价要低得多。

（5）更好的互操作性。网管可以通过浏览器在多个管理程序之间来回切换，这些程序可以是运行在一个集线器上的故障诊断软件，Microsoft 公司的系统管理服务器 SMS 或 HP 的 OpenView，也可以是用户自行开发的管理软件。

此外，用户也可以通过浏览器将网管员链接到网络管理服务器产品供应商的联机技术支持中心，以得到联机实时的帮助。

2. 基于 Web 的网络管理的标准

为降低 Web 管理的复杂度，提供不同厂商产品的互操作能力，必须引入基于 Web 的开放式标准化管理。目前有两个管理标准正在考虑之中，一个是基于 Web 的企业管理（Web-Based Enterprise Management，WEBM）标准，是指开发基于标准网络管理平台的一组技术，由 Microsoft 公司最初提议并得到 Intel、Cisco 等 60 多家网络厂商的支持，目的是让专用解决方案和平台上的混乱企业网络管理市场，变得更加有序。WBEM 提供了一个应用程序端口框架、一个对象模型和一套用于开发网管方案的语法，如图 2-153 所示。所有这些都可在各个公司之间互操作；另一个是 Java 管理应用程序编程端口，是 Sun 公司作为它的 Java 标

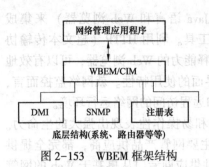

图 2-153　WBEM 框架结构

准扩展应用程序端口（Application Programming Interface，API）结构而提出的。

二、Web 网络管理系统的实现方法

Web 网络管理系统有以下两种基本的实现方法。

1. 代理方式

将一个 Web 服务器加到一个内部工作站（代理）上，这个工作站轮流与终端设备通信，浏览器用户通过 HTTP 协议与代理通信，同时代理通过 SNMP 协议与端设备通信。

代理方式保留了现存的基于工作站的网管系统及设备的全部优点，同时还增加了访问"传统"的设备的能力。

2. 嵌入方式

嵌入方式将 Web 能力真正地嵌入到网络设备中。每个设备有自己的 Web 地址，管理人员可轻松地通过浏览器访问到该设备并且管理它。

嵌入方式给各独立设备带来了图形化的管理，保障了非常简单易用的端口，优于现在的命令行或基于菜单的远程登录界面。Web 端口可提供更简单的操作而不损失功能。

嵌入方式对于小规模的环境更为理想，因为小型网络系统较简单并且不需要强有力的管理系统以及公司全面视图。

未来的企业网络中，基于代理和基于嵌入的两种网管方式都将应用。一个大型的机构可能需要继续通过代理方式来进行全部网络的网络监测与管理，而且代理方式也能够充分管理大型机构中的纯粹 SNMP 设备。与此同时嵌入方式也将有着强大的生命力，这种方式在不断改进的界面以及在配置设备方面就极具优势。

三、WBEM 中的安全性考虑

WBEM 的安全问题在众多网络安全问题中是首要的。通常一个安全网络需要使用防火墙这样的设备与 Internet 隔离开，以保护资源防止外部 Internet 中的非授权的访问。为了提高 Intranet 的安全性，服务器访问必须通过密码和访问地址过滤等手段加强来控制。

在一个网络中 WBEM 控制着关键资源，所以它严格要求只有 Internet 上的授权用户才能够访问它。基于 Web 设备控制访问的能力与其向用户提供方便访问的能力同样值得信赖。管理人员能够设置 Web 服务器从而使用户必须通过密码登录。WBEM 的安全技术与现存的安全方法并不冲突，如目录系统、文件名结构以及其他由 Windows 2000 或 UNIX 所创建的东西。而且，管理人员能够轻而易举地对它们的 WBEM 系统应用更复杂的权限技术。

网管人员的网络数据非常敏感，需要加密。WBEM 得益于在 WWW 上进行数据传输安全性方面的发展。保护 Internet 上的敏感数据是电子贸易所必须面对的问题，所以很多公司正致力于加密工作以使它们的网络传输能够免受干扰，例如在金融机构中，使用加密以保护客户的电子储蓄信息。WBEM 能够将这些方案更安全地应用于保护公司内部网数据。用户通过简单的在服务器中施加安全加密措施能够加密所有从浏览器到服务器的通信，服务器和浏览器一起进行加密并解密所有数据。

四、TMN 管理

TMN（Telecommunications Management Network，电信管理网）是国际电信联盟电信委员

会（ITU- T）为适应现代通信网的发展提出的一种新型的管理电信网的网络。从理论和技术标准的角度看，TMN 就是一组原则和为实现原则中定义的目标而制定的一系列的技术标准和规范；从逻辑和实施的角度来看，TMN 就是一个完整而独立的管理网络，是各种不同应用的管理系统，按照 TMN 的标准接口互连而成的网络，这个网络在有限的点上与电信网接口，与电信网的关系是管与被管的关系，是管理网和被管理网的关系。要想建设比较好的电信管理网络首先我们必须了解现有的网络结构，从而可以在现有的基础上创新，改进。

TMN 的目的是提供一组标准接口，从而使网络操作、组织管理、维护管理功能及对网络单元的管理变得容易实现，基于这种目的，TMN 提高了自己的管理体系结构，这种体系结构是基于 OSI 系统管理的概念，并在电信领域的应用中有所发展。为构造整个电信管理网，ITU–T 从管理功能块的划分、信息交互的方式和物理实现三个不同的侧面定义 TMN 的功能体系结构信息体系结构和物理体系结构，通过对管理需求的分析，提出了分层管理的概念，即 TMN 的逻辑分层体系结构。

TMN 是用来支持电信网的，因此 TMN 的应用功能也就是 TMN 支持的网络管理功能，包括电信网的运营、管理、维护和补给 4 大类。这 4 大类管理功能在不同的管理机构中会有不尽相同的含义，也并不要求这些功能包含所有的网络管理功能。TMN 支持的网络管理功能能根据其管理的目的可以分成性能管理、故障管理、配制管理、计账管理和安全管理 5 个分支。

任务 5　Windows Server 2012 网络管理工具

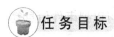
任务目标

（1）了解 Windows Server 2012 网络管理工具。
（2）掌握事件查看器、网络监视器、本地安全策略的配置方法。

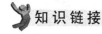
知识链接

一、事件查看器

在事件查看器中使用事件日志，可收集到关于硬件、软件和系统问题的信息，并可监视 Windows Server 2012 的安全事件。

1. 事件查看器概述

事件查看器通过记录审核系统事件和存放系统、安全及应用程序日志等。查看日志其详细信息，可以看到事件发生的日期、事件的发生源、种类和 ID，以及事件的详细描述。这对寻找解决错误是最重要的。

在管理工具中选择"事件查看器"，可打开事件查看器窗口，如图 2-154 所示。左边的窗格为控制台树，中间窗格显示记录的事件。

事件查看器显示可以显示的事件类型有：

图 2-154　打开事件查看器窗口

（1）错误：重要的问题，如数据丢失或功能丧失。例如，如果在启动过程中某个服务加载失败，这个错误将会被记录下来。

（2）警告：并不是非常重要，但有可能说明将来潜在问题的事件。例如，当磁盘空间不足时，将会记录警告。

（3）信息：描述了应用程序、驱动程序或服务的成功操作的事件。例如，当网络驱动程序加载成功时，将会记录一个信息事件。

（4）成功审核：成功的审核安全访问尝试。例如，用户试图登录系统成功会被作为成功审核事件记录下来。

（5）失败审核：失败的审核安全登录尝试。例如，如果用户试图访问网络驱动器并失败了，则该尝试将会作为失败审核事件记录下来。

应用程序日志包含由应用程序或系统程序记录的事件。例如，数据库程序可在应用日志中记录文件错误。程序开发员决定记录哪一个事件。

系统日志包含 Windows 的系统组件记录的事件。例如，在启动过程将加载的驱动程序或其他系统组件的失败记录在系统日志中。

安全日志可以记录安全事件，如有效的和无效的登录尝试，以及与创建、打开或删除文件等资源使用相关联的事件。管理器可以指定在安全日志中记录什么事件。例如，如果已启用登录审核，登录系统的尝试将记录在安全日志里。

2．查看事件的详细信息

在事件窗口中双击某个事件，可以打开"事件 属性"对话框，查看事件的详细信息，如图 2-155 所示。

单击上下箭头按钮可以查看上一个或下一个事件，单击文本操作按钮可以把事件信息复制到剪贴板，以便传送到其他程序进行处理。

3．保存和清除事件

在控制台树中选择一种日志类型，鼠标右键选择"将所有事件另存为 ..."可以将事件日志保存起来，如图 2-156 所示。

图 2-155　打开"事件 属性"对话框

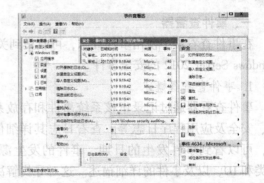

图 2-156　保存日志

鼠标右键选择"清除日志"，如图 2-157 所示。可以清除所记录的事件，日志文件的大小是有限制的，清除不需要的日志文件是网管人员的日常工作之一，否则会引起系统服务停止。清除事件前最好先保存事件。

4. 查看其他计算机的事件日志

选择一种日志类型，鼠标右键选择"属性"，打开"属性"设置对话框，可以设置日志文件的大小以及日志达到最大值时的处理方法，如清除以前的事件、等待手工清除等，如图2-158 所示。

图 2-157　清除日志　　　　　　　　　图 2-158　查看其他计算机的事件日志

二、网络监视

Windows Server 2012 提供了相当多的网络属性计数器，它们不但能对网络物理性能的情况进行监视，也能采集网络数据流并进行分析。

1. 网络监视概述

网管员可以使用网络监视工具检测和解决在本地计算机上可能遇到的网络问题。如当服务器计算机不能与其他计算机通信时对硬件和软件的问题进行诊断。网络监视工具能提供网络利用率和数据流量方面的数据。

由于安全性问题，网络监视器仅捕获那些由本地计算机发出或发向它的帧，包括广播和多播帧。网络监视器还显示全部网络分段的统计，包括对广播帧、多播帧、网络使用、每秒钟接收到的所有字节以及每秒钟接收到的所有帧的统计。最简单直观的工具是任务管理器，在任务管理器的性能标签中点击"以太网"，可以看到网络发送和接收数据的直观流量图，如图2-159 所示。

2. 捕获帧数据

使用性能监视器的计数器可以准确地监测网络流量数据，在管理工具中双击"性能监视器"，在性能监视器的右侧窗口中，点击上方的绿色十字图标添加计数器，如图2-160 所示。

选择需要的计数器，这里我们选择网络总流量计数器，如图2-161 所示。捕获的网络总流量数据图，如图2-162 所示。

3. 网络资源监视

在管理工具中双击资源监视器，在资源监视器的网络标签中我们可以看到使用网络的系统进程以及发送、接收数据流量的情况，如图2-163 所示。

三、本地安全策略

在 Windows Server 2012 中，通过"本地安全策略"提供的安全设置向导可以对许多安全策略进行直观、简易的配置。手动配置指派到组策略对象或本地计算机规则的安全级别。

可以在使用安全模板设置系统安全性后执行此操作，也可以使用此操作替代使用安全模板设置系统安全性。本地安全策略，如图 2-164 所示。

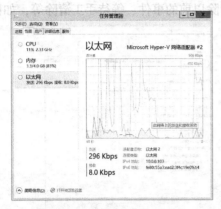

图 2-159　点击"以太网"

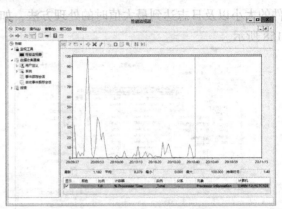

图 2-160　双击"性能监视器"

图 2-161　选择网络总流量计数器

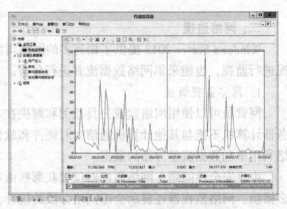

图 2-162　捕获的网络总流量数据图

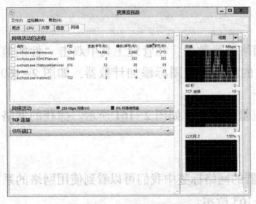

图 2-163　网络资源监视

图 2-164　本地安全策略

1. 账户策略

账户策略可以设置密码策略和账户锁定策略。

在控制台树中选择密码策略，可以设置密码的最小长度、有效期、是否强制修改密码等策略。

选择账户锁定策略，可以设置多少次无效登录后锁定账户、锁定账户的时间以及复位账户计数器的时间。

2. 本地策略

本地策略包括审核策略、用户权利指派和安全策略设置。

审核策略设置对登录、目录服务访问、过程追踪、策略更改、对象访问等事件的成功和失败是否进行审核。审核的事件和审核结果将记入安全日志。

用户权利指派可以对备份文件和目录、创建页面文件、从网络中访问此计算机、从远端系统强制关机、更改系统时间等权限设置可以使用的用户。

3. 公钥策略

公钥策略可以完成以下任务：

（1）颁发证书：使计算机自动将证书请求提交到企业证书颁发机构并安装颁发的证书，这对确保计算机拥有在本组织中执行公钥加密操作所需的证书非常有用，例如用于 IP 安全或客户身份验证。

（2）创建和发布证书信任列表：证书信任列表是根证书颁发机构的证书的签名列表，管理员认为该列表对指定目的来说值得信任，例如客户身份验证或安全电子邮件。如果要使证书颁发机构的证书对于 IP 安全可信，但是对于客户身份验证不可信，则证书信任列表是实现该信任关系的途径。

（3）建立常见的受信任的根证书颁发机构：该策略设置对于使计算机和用户服从常见的根证书颁发机构（除了已经单独信任的机构）非常有用。Windows Server 2012 域中的证书颁发机构不必使用该策略设置，因为它们已经获得了该域中所有用户和计算机的信任。该策略主要用于在不属于本组织的根证书颁发机构中建立信任。

（4）添加加密数据恢复代理，并更改加密数据恢复策略设置。

4. IP 策略

IP 策略控制保证通信安全的方式和时间。每个规则均包含筛选器列表和一组安全措施，这些措施与该列表匹配后进行。

在右边策略列表中双击某个策略，可以打开属性设置对话框。IP 策略的属性设置对话框，如图 2-165 所示。

在筛选器列表中列出 IP 地址和协议的过滤策略。双击 IP 策略，可以修改 IP 筛选器的各种操作。在 IP 寻址策略设置对话框，可以设置源地址和目标地址，如图 2-166 所示。

在"协议"过滤策略设置选择页中可以设置允许的协议和端口，如图 2-167 所示。

图 2-165　IP 策略的属性
设置对话框

图 2-166　设置源地址和目标地址　　　图 2-167　设置允许的协议和端口

任务6　常用网络管理软件

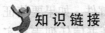 任务目标

了解常用网络管理系统软件。

知识链接

一、Sun 网络管理系统

Sun 公司一直致力于网络管理产品的开发研究工作。早在 20 世纪 80 年代末，Sun 公司就推出了其第一个基于 UNIX 系统平台的支持 SNMP 协议标准的网络管理系统 Sun NetManager（SNM）。SNM 的出现极大地促进了网络管理产品市场的发展。

随着 HP OpenView 和 IBM NetView/6000 的推出，加上缺乏足够的第 3 方厂家产品的支持，SNM 的市场占有率越来越低。后来 Sun 公司及时地调整了其产品及市场策略，开发了一套全新的网络管理产品系列，这就是 Solstice Enterprise Manager，简称 SEM。

SEM 具有处理当今日益复杂而多变的网络管理问题所需的一整套机制和工具。SEM 构筑在一个具有高度灵活的、可伸缩的、面向对象的、安全的、基于客户/服务器模式的分布式体系结构之上，且能同时支持电信网和因特网的管理要求。在此体系结构之上；SEM 可以通过支持 CMIP 或 SNMP 的管理代理，或者通过支持 RPC 的委托代理来实现各种网络资源的管理。此外，SEM 的协议适配器还使用户能够方便地实现对支持其他专用协议的网络设备和资源的管理。

二、HP 公司的 Open View

HP OpenView 集成了网络管理和系统管理各自的优点，并把它们有机地结合在一起，形成一个单一而完整的管理系统。OpenView 系列产品包括了统一管理平台、全面的服务和资产管理、网络安全、服务质量保障、故障自动监测和处理、设备搜索、网络存储、智能代理、Internet 环境的开放式服务等丰富的功能特性。因此，HP OpenView 不是一个特定的产品，而是一个产品系列，它包括一系列管理平台，一整套网络和系统管理应用工具和应用开发工具。

　　HP 公司是最早开发网络管理产品的厂商之一。OpenView 解决方案实现了网络运作从被动无序到主动控制的过渡，使 IT 部门及时了解整个网络当前的真实状况，实现主动控制，而 OpenView 解决方案的预防式管理工具临界值设定与趋势分析报表，可以让 IT 部门采取更具预防性的措施，以保障管理网络的健全状态。简单地说，OpenView 解决方案是从用户网络系统的关键性能入手，帮其迅速地控制网络，然后还可以根据需要增加其他的解决方案。

　　HP OpenView 不但能快速排除故障和解决 IT 基础设施问题，还能监控和报告服务可用性、使用情况。OpenView 支持 SNMP 和 CMIP 两大网络管理标准，提供 OSI 定义的 5 大网络管理功能。OpenView 为分布式的网络管理结构提供了强大支持，特别适合：大型网络的管理。

　　HP OpenView 解决方案框架为最终用户和应用程序开发商提供了一个基于通用管理过程的体系结构，可为用户提供集成网络、系统、应用程序和适合多用户分布式计算环境的数据库管理。

　　HP OpenView 管理系统的框架分为 3 个层次。

　　最底层为其可管理的设备和资源，包括网络设备、计算机工作站和服务器、计算机服务器上的应用程序和数据库；

　　中间层为通用的网络管理平台和管理应用程序，可以对网络实现常见内容的管理（通用管理功能）；

　　上层为设备厂家在 OpenView 基础上开发的专用管理工具，主要针对各自厂家的设备设计，不一定具有通用性。

　　三、IBM 公司的网管平台

　　IBM 于 1990 年获得了 HP OpenView 的许可，并以此作为 NetView 网络管理平台的基础，所以 NetView 在功能与界面风格上都与 OpenView 非常相似。IBM 公司在 AIX 操作系统上的 NetView/6000 是管理 TCP/IP 网络设备的 SNMP 网络管理软件产品。

　　后来，IBM 购买了一家生产分布式系统管理产品的公司 Tivoli，将自己的 NetView 平台与 Tivoli 公司的 Tivoli Management Environment（TME）合并。合并后经过剪裁，去掉了两个产品之间的冗余部分，保留了每个平台的强项，推出了 TMEl0/NetView。其中集成了网络管理与系统管理。TMEl0/NetView 能够支持大规模、多厂商网络环境的管理，支持第 3 方开发的应用程序集成。

　　四、Cisco 公司的 CiscoWorks

　　Cisco 公司的 Cisco Works 是 Cisco 面向企业用户推出的网管产品。目前使用的有 CiscoWorks2000 网络管理系列解决方案，包括了广域网管、局域网管和业务级网管等解决方案，这样，用户就可以根据需要应用需要，灵活地选择相应的解决方案。这些解决方案重点针对网络中的关键领域，如广域网（WAN）的优化、基于交换机的局域网（LAN）管理、保护远程和本地虚拟专网的安全等。

　　Cisco Works 2000 产品线包括了两种解决方案，他们是 LAN 管理解决方案（LAN Management Scheme，LMS）和路由 WAN 管理解决方案（Routing WAN，RWAN）

　　这两种解决方案都是以基于 Web 的 Cisco Works 2000 管理服务器为基础，该服务器提供了管理应用集成所需的公共服务。这些服务导致了数据共享和系统处理过程集成度的增加，从而提高了系统管理的整体性能。Cisco Works 2000 公共用户和 Web 标准基础减少了网络的总拥有成本，并改进了应用程序的集成。

Cisco 通过重点开发基于 Internet 的体系结构的优势，可以向用户提供更高的可访问性而且可以简化网管任务和进程。Cisco 的网管策略——Assured Network Services（保证网络服务）也正在引导着网管从传统应用程序转向具备下列特征的基于 Web 的模型：基于标准；简化工具、任务和进程；与 NMS 平台和一般管理产品的 Web 级集成；能够为管理路由器、交换机和访问服务器提供端到端解决方案；通过将发现的设备与第三方应用集成，创建一个内部管理网。

Cisco 系列网管产品包括了针对各种网络设备性能的管理、集成化的网络管理、远程网络监控和管理等功能。目前，Cisco 的网管产品包括新的基于 Web 的产品和基于控制台的应用程序。新产品系列包括增强的工具以及基于标准的第三方集成工具，功能上包括管理库存、可用性、系统变化、配置、系统日志、链接和软件部署以及用于创建内部管理网的工具。另外，网管工具还包括一些其他的独立应用程序。目前 Cisco 的产品主要应用在互联网、公安、金融、民航、海关、新闻、商业等领域。

Cisco Works 2000 解决方案共享重要的公共组件，允许独立部署其中的每一组件。

第3部分　网络硬件的配置、管理与服务

项目1　学会网络硬件的配置、管理与服务

学习目标

了解网络硬件的种类及相应的配置、管理与服务。

能力目标

(1) 掌握常用网络硬件的安装、配置与管理。

(2) 掌握虚拟局域网 VLAN 的配置与管理。

任务1　集线器管理

任务目标

了解集线器的优缺点，学会配置、管理与服务。

任务实施

学生按照项目化方式分组学习实践，教师做好相关的指导和辅导工作，并在整个项目实施过程中认真关注、及时给出意见和建议，随时注意学生网络硬件配置与管理能力的培养。

知识链接

一、集线器概述

集线器是一个工作在物理层的网络互联设备。它通过对电磁信号的放大再生将工作站连在一起并扩展网络的范围。由于集线器工作在物理层，所以它互连的网络在物理层以上的协议栈必须相同，这也就限定了集线器只能连接同一类型的局域网。

集线器通常是支持星型或混合型拓扑结构的。除了连接工作站外，集线器还能与网络中的打印服务器、交换机、文件服务器或其他的设备连接。

集线器的种类很多，按数据传输速率来分有 10MB、100MB、1000MB 等几种；按支持的传输介质来分有双绞线、粗缆、细缆、光纤、无线等几种。另外按集线器的使用场合可以分为：独立式集线器、堆叠式集线器、模块式集线器、智能型集线器。一般来说，集线器都包含以下几个部分，如图 3-1 所示。

(1) 端口。供线缆接头插入其中以使工作站或其他设备与集线器互连。采用的端口类型（例如有 RJ-45 与 BNC）是由所采用的网络技术来决定的。除了网络端口外，还有用来与另

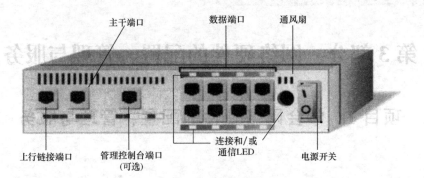

图 3-1　集线器图例

一个集线器连接的上行连接端口和用来连接控制台，查看集线器管理信息的控制台端口。

（2）发光二极管。用于指示连接、数据传输和冲突检测。

（3）电源。为集线器供电，每个集线器都有自己的电源，也都有电源指示灯。

（4）风扇。用来冷却设备的内部电路。

二、集线器的安装与连接

首先，接通电源。看到集线器的电源指示灯已亮，表明电源已接通。大多数集线器在打开时会执行自检程序。闪烁的灯光表明这个自检过程正在进行。当自检完成后（大多数集线器的指示灯此时是一直不间断地亮着），把连接线缆的一端接头插入集线器的端口，另一端连接到主干网上或网络内的交换机或路由器上。然后，用同样的方法把集线器与工作站或

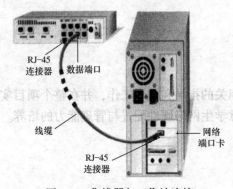

图 3-2　集线器与工作站连接

其他集线器连接起来，如图 3-2 所示。工作站通过新安装的集线器连接上网络后，确认连接和通信用指示灯指示正常。

另外，可能还要配置集线器的固件。对于智能型集线器，要设置它的软件参数。例如，需要给集线器分配一个 IP 地址。如果安装的是一台堆叠式集线器或是一台用支架固定的集线器，需要用随集线器附带的螺钉和钳子把集线器固定好。假如是一台堆叠式集线器，必须用它的专用线缆或者通过上行链接端口把要堆叠的集线器连接起来。

三、以太网规则

开始以太网只有 10Mbps 的吞吐量，使用的是带有冲突检测的载波侦听多路访问（CSMA/CD，Carrier Sense Multiple Access/Collision Detection）的访问控制方法。这种早期的 10Mbps 以太网称之为标准以太网，以太网可以使用粗同轴电缆、细同轴电缆、非屏蔽双绞线、屏蔽双绞线和光纤等多种传输介质进行连接。并且在 IEEE 802.3 标准中，为不同的传输介质制定了不同的物理层标准，在这些标准中前面的数字表示传输速度，单位是"Mbps"，最后的一个数字表示单段网线长度（基准单位是 100m），Base 表示"基带"的意思，Broad 代表"宽带"。

1. 快速以太网

在 1993 年 10 月以前，对于要求 10Mbps 以上数据流量的 LAN 应用，只有光纤分布式数

据接口（FDDI）可供选择，但它是一种价格非常昂贵的、基于 100Mbps 光缆的 LAN。1993 年 10 月，Grand Junction 公司推出了世界上第一台快速以太网集线器 Fastch10/100 和网络接口卡 FastNIC100，快速以太网技术正式得以应用。随后 Intel、SynOptics、3COM、BayNetworks 等公司亦相继推出自己的快速以太网装置。与此同时，IEEE802 工程组亦对 100Mbps 以太网的各种标准，如 100BASE-TX、100BASE-T4、M II、中继器、全双工等标准进行了研究。1995 年 3 月 IEEE 宣布了 IEEE802.3u 100BASE-T 快速以太网标准（Fast Ethernet），就这样开始了快速以太网的时代。

2. 千兆以太网

千兆技术仍然是以太技术，它采用了与 10M 以太网相同的帧格式、帧结构、网络协议、全/半双工工作方式、流控模式以及布线系统。由于该技术不改变传统以太网的桌面应用、操作系统，因此可与 10M 或 100M 的以太网很好地配合工作。升级到千兆以太网不必改变网络应用程序、网管部件和网络操作系统，能够最大程度地保护投资。此外，IEEE 标准将支持最大距离为 550 米的多模光纤、最大距离为 70 千米的单模光纤和最大距离为 100 米的同轴电缆。千兆以太网填补了 802.3 以太网/快速以太网标准的不足。

千兆以太网技术有两个标准：IEEE802.3z 和 IEEE802.3ab。IEEE802.3z 制定了光纤和短程铜线连接方案的标准。IEEE802.3ab 制定了五类双绞线上较长距离连接方案的标准。

3. 万兆以太网

万兆以太网规范包含在 IEEE 802.3 标准的补充标准 IEEE 802.3ae 中，它扩展了 IEEE 802.3 协议和 MAC 规范，使其支持 10Gbit/s 的传输速率。除此之外，通过 WAN 界面子层（WIS：WAN interface sublayer），10 千兆位以太网也能被调整为较低的传输速率，如 9.584640 Gbit/s（OC-192），这就允许 10 千兆位以太网设备与同步光纤网络（SONET）STS-192c 传输格式相兼容。

任务 2　交换机管理

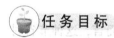

任务目标

了解交换机的优缺点，学会配置、管理与服务。

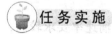

任务实施

学生按照项目化方式分组学习实践，教师做好相关的指导和辅导工作，并在整个项目实施过程中认真关注、及时给出意见和建议，随时注意学生交换机配置与管理能力的培养。

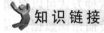

知识链接

一、以太网交换机

1. 交换机基本概念

交换机工作在 OSI 模型的数据链路层（第 2 层），通过对帧的转发/过滤连接多个网段，或把一个网络从逻辑上划分成几个较小的段。交换机按帧中的 MAC 地址相对简单地决策信息转发，而这种转发决策一般不考虑包中隐藏的更深的其他信息。因此，交换机转发延迟很小，操作接近单个局域网性能，远远超过了普通桥接互联网络之间的转发性能。

交换机的所有端口都共享同一指定的带宽。这样，每一个端口都扮演一个网桥的角色，而且每一个连接到交换机上的设备都可以享有它们自己的专用信道。也就是说，交换机可以把每一个共享信道分成几个信道，这样有利于解决局域网的传输拥塞问题。

交换机自身也还是有缺点的。尽管它带有缓冲区来缓存输入数据并容纳突发信息，但连续大量的数据传输还是会使它不堪重负的。在这种情况下，交换机不能保证不丢失数据。在一个许多节点都共享同一数据信道的环境中，会增加设备冲突；在一个全部采用交换方式的网络中，每一个节点都使用交换机的一个端口，因而就占用一个专用数据信道，这就使交换机不能提供空闲信道来检测冲突了。基于此，设计、管理网络时，应该仔细考虑交换机的连接位置是否与主干网的容量和信息传输模式相匹配。

以太网交换机的种类很多，从传输介质和传输速度上可分为以太网交换机、快速以太网交换机、千兆以太网交换机等。从规模应用上又可分为企业级交换机、部门级交换机和工作组交换机等。

从使用局域网交换技术的角度可分为快捷模式和存储转发模式。

(1) 快捷模式：采用快捷模式的交换机会在接收完整个数据包之前就读取帧头，并决定把数据转发往何处。帧的前 14 个字节数据就是帧头，它包含有目标的 MAC 地址。得到这些信息后，交换机就足以判断出哪个端口将会得到该帧，并可以开始传输该帧（不用缓存数据，也不用检查数据的正确性）。

如果帧出现问题这么办？因为采用快捷模式的交换机不能在帧开始传输时读取帧的校验序列，因此，它也就不能利用校验序列来检验数据的完整性。但另一方面，采用快捷模式的交换机能够检测出数据残片或数据包的片段。当检测到小片数据时，交换机就会一直等到整片数据到后才开始传送。需要着重注意的一点是：数据残片只是各种数据残缺中的一种。采用快捷模式的交换机不能检测出有问题的数据包；事实上，传播遭到破坏的数据包能够增加网络的出错次数。

采用快捷模式最大的好处就是传输速率较高。由于它不必停下来等待读取整个数据包，这种交换机转发数据比采用存储转发模式的交换机快得多。

然而，如果交换机的数据传输发生拥塞，对于采用快捷模式的交换机而言，这种节省时间方式的优点也就失去了意义。在这种情况下，这种交换机必须像采用存储转发模式的交换机那样缓存数据。

采用快捷模式的交换机比较适合较小的工作组。在这种情况下，对传输速率要求较高，而连接的设备相对较少，这就使出错的可能性降至最低。

(2) 存储转发模式：运行在存储转发模式下的交换机在发送信息前要把整帧数据读入内存并检查其正确性。尽管采用这种方式比采用快捷方式更花时间，但采用这种方式可以存储转发数据，从而可以保证准确性。由于运行在存储转发模式下的交换机不传播错误数据，因而更适合于大型局域网。相反，采用快捷模式的交换机即使接收到错误的数据也会照样转发。这样，如果这种交换机连接的部分发生大量的数据传输冲突，则会造成网络拥塞。在一个大型网络中，如果不能检测出错误就会造成严重的数据传输拥塞问题。

采用存储转发模式的交换机也可以在不同传输速率的网段间传输数据。例如，一个为学生提供服务 Web 服务器，与交换机的一个 100Mbit/s 端口相连，而所有学生的工作站连接到同一台交换机的 10Mbit/s 端口。这一特征也使得采用存储转发模式的交换机非常适合有多种传输速率的环境。

2. 生成树协议

在由交换机构成的交换网络中通常设计有冗余链路和设备。这种设计的目的是防止一个点的失败导致整个网络功能的丢失。虽然冗余设计可能消除的单点失败问题，但也导致了交换回路的产生，它会带来如下问题：广播风暴、同一帧的多份副本、不稳定的 MAC 地址表。因此，在交换网络中必须有一个机制来阻止回路，而生成树协议（Spanning Tree Protocol，STP）的作用正在于此。

生成树协议的国际标准是 IEEE802.1d。运行生成树算法的网桥/交换机在规定的间隔内通过网桥协议数据单元（Bridge PDU，BPDU）的组播帧与其他交换机交换配置信息，工作的过程如下：

（1）通过比较网桥/交换机优先级选取根网桥/交换机（给定广播域内只有一个根网桥/交换机）。

（2）其余的非根网桥/交换机只有一个通向根网桥/交换机的端口，称为根端口。

（3）每个网段只有一个转发端口。

（4）根网桥/交换机所有的连接端口均为转发端口。

运行生成树协议的交换机上的端口，总是处于下面 4 个状态中的一个。

（1）阻塞：所有端口以阻塞状态启动以防止回路，由生成树确定哪个端口切换为转发状态，处于阻塞状态的端口不转发数据帧但可接受 BPDU。

（2）监听：不转发数据帧，但检测 BPDU（临时状态）。

（3）学习：不转发数据帧，但学习 MAC 地址表（临时状态）。

（4）转发：可以传送和接收数据帧。

在正常操作期间，端口处于转发或阻塞状态。当检测到网络拓扑结构有变化时，交换机会自动进行状态转换，在这个期间端口暂时处于监听和学习状态。

在交换机的实际应用中，还可能会出现一种特殊的端口状态——禁用（Disable）状态。这是由于端口故障或交换机配置错误而导致数据发生冲突造成的死锁状态。如果并非是端口故障的原因，则可以通过重启交换机来解决这一问题。

3. 交换机的初始配置与管理

进行交换机参数配置有两种途径：通过与交换机控制台端口连接的计算机作为本地控制台进行配置和通过网络登录作为远程控制台进行配置。在第一次对交换机进行配置时，由于交换机的网络登录功能还没有打开，因此只能够通过本地控制台进行配置，过程如下（以Windows 系统平台为例）：

（1）首先使用串行线缆或专用转换线缆，将计算机的串行端口 COM1 或 COM2 与交换机的控制台（Console）端口连接。

（2）交换机加电启动。

（3）运行终端软件。

（4）根据使用的串行端口，为终端选择连接方式。

（5）配置通信参数为 9600 波特率、8 个数据位、1 个停止位、没有奇偶校验，单击"确定"按钮后如果连接正常，按 Enter 键就出现交换机的操作提示符。

二、ATM 交换机的原理与功能

1. ATM 基本排队原理

ATM 交换有两条根本点：信元（Cell）交换和各虚连接间的统计复用。信元交换即将 ATM 信元通过各种形式的交换媒体，从一个 VP/VC（Virtual Path/Virtual Channel，虚通路/虚通道）交换到另一个 VP/VC 上。统计复用表现在各虚连接的信元竞争传送信元的交换介质等交换资源，为解决信元对这些资源的竞争，必须对信元进行排队，在时间上将各信元分开，借用电路交换的思想，可以认为统计复用在交换中体现为时分交换，并通过排队机制实现。

排队机制是 ATM 交换中一个极为重要的内容，队列的溢出会引起信元丢失，信元排队是交换时延和时延抖动的主要原因，因此排队机制对 ATM 交换机性能有着决定性的影响。基本排队机制有 3 种：输入排队、输出排队和中央排队。这 3 种方式各有缺点，如输入排队有信头阻塞，交换机的负荷达不到 60%；输出排队存储器利用率低，平均队长要求长；而中央排队存储器速率要求高、存储器管理复杂。同时，3 种方式有各有优点，输入队列对存储器速率要求低，中央排队效率高，输出队列则处于两者之间，所以在实际应用中并没有直接利用这 3 种方式，而是加以综合，采取了一些改进的措施。改进的方法主要有：

（1）减少输入排队的队头阻塞。

（2）采用带反压控制的输入输出排队方式。

（3）带环回机制的排队方式。

（4）共享输出排队方式。

在一条输出线上设置多个输出子队列，这些输出子队列在逻辑上作为一个单一的输出队列来操作。

2. ATM 交换机构

ATM 信元交换机有一些输入线路和一些输出线路，通常在数量上相等（因为线路是双向的）。在每一周期从每一输入线路取得一个信元（如果有）。通过内部的交换结构，并且逐步在适当的输出线路上传送。从这一角度上来看，ATM 交换机是同步的。

交换机可以是流水线的，即进入的信元可能过几个周期后才出现在输出线路上。信元实际上是异步到达输入线路的，因此有一个主时钟指明周期的开始。当时钟滴答时完全到达的任何信元都可以在该周期内交换。未完全到达的信元必须等到下一个周期。

为实现大容量的交换，也为了增加 ATM 交换机的可扩展性，往往构造小容量的基本交换单元，再将这些交换单元按一定的结构构造成 ATM 交换机构（Switching Fabric），对于 ATM 交换机构来说，研究的主要问题是各交换单元之间的传送介质结构及选路方法，以及如何降低竞争，减少阻塞。

ATM 交换机构分类方法不一，有一种分法为：时分交换和空分交换，其中时分交换包括共享总线、共享环和共享存储器结构，空分交换包括全互联网和多级互联网。

任务 3   配 置   VLAN

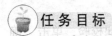 任 务 目 标

了解 VLAN 的优缺点，学会配置、管理与服务。

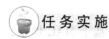

任务实施

学生按照项目化方式分组学习实践，教师做好相关的指导和辅导工作，并在整个项目实施过程中认真关注、及时给出意见和建议，随时注意学生 VLAN 配置与管理能力的培养。

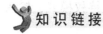

知识链接

一、VLAN 概述

1. 广播域概念

LAN 由所有桥接（或中继）在一起的节点构成。LAN 网段的特征是所有节点都能互相直接通信，而不必通过某种第三层或更高层的设备，如路由器。在大多数情况下，这些直接通信是由向物理地址发送广播报文的节点建立，然后用单目 LAN 地址实现的。在传统的局域网中，如果一个节点接到一个网络设备（集线器 Hub、中继器或网桥）上，那么它就与其他接在同一设备上的节点属于同一个局域网。在图 3-3 中，节点 A 接在 HubA 上。接在 HubA 上的任何其他第一层或第二层设备都是同一 LAN 的一部分，并且接在这些设备（中继器、网桥、HubB）上的节点与接在 HubA 上的节点属于同一个 LAN。

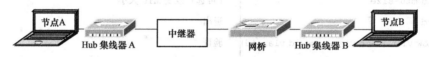

图 3-3 两个通过 Hub、网桥与中继器相连的节点

从逻辑上讲，只要不破坏规范，就可增加或移去 Hub、中继器或网桥，而 LAN 仍然存在。说得更抽象一些，局域网实际上就是一组能互相发送广播报文的节点。如果一组节点能互相发送广播报文，就称它们处于同一"广播域"。

2. VLAN 特征

一个虚拟局域网（Virtual LAN，VLAN）是跨越多个物理 LAN 网段的逻辑广播域，人们设计 VLAN 来为工作站提供独立的广播域，这些工作站是依据其功能、项目组或应用而不顾其用户的物理位置而逻辑分段的。这样，一个 VLAN 就相当于一个广播域或逻辑网段。VLAN 具有以下的优点。

（1）安全性：一个 VLAN 里的广播帧不会扩散到其他 VLAN 中。

（2）网络分段：将物理网段按需要划分成几个逻辑网段。

（3）灵活性：可将交换端口和连接用户逻辑的分成利益团体，例如以同一部门的工作人员，项目小组等多种用户组来分段。

3. VLAN 的成员模式

VLAN 的成员模式有两类，一类是静态成员分配给 VLAN 的端口由管理员静态（人工）配置；另一类是动态成员，VLAN 可基于 MAC 地址、IP 地址，甚至是某些认证信息，如名字与密码等识别其成员资格。当使用 MAC 地址时，通常的方式是用 VLAN 成员资格策略服务器（VLAN Member Policy Server，VMPS）支持动态 VLAN。VMPS 包括一个映射 MAC 地址到 VLAN 分配的数据库。当一个帧到达动态端口时，交换机根据帧的源地址查询 VMPS，获取相应的 VLAN 分配。

二、VLAN 的配置

Cisco 交换机既支持动态 VLAN 又支持静态 VLAN。Cisco 的动态 VLAN 基于 MAC 地址，而静态 VLAN 则基于指定端口。下面以 Catalyst 3550 交换机为例介绍如何来配置静态 VLAN。

设置好终端，连接上 Catalyst 3550 交换机后，在主配置界面选择"［K］Command Line"，用命令配置。进入到了交换机的普通用户模式，输入 enable，进入特权模式，输入 config t 进入全局配置模式。

（1）生成、修改以太网 VLAN 的步骤，如表 3-1 所示。

表 3-1　　　　　　　　　　生成、修改以太网 VLAN 的步骤

步骤	命　令	目　的
1	configure terminal	进入配置状态
2	vlan vlan-id	输入一个 VLAN 号，然后进入 vlan 配置状态，可以输入一个新的 VLAN 号或旧的来进行修改
3	name vlan-name	（可选）输入一个 VLAN 名，如果没有配置 VLAN 名，默认的名字是 VLAN 号前面用 0 填满的 4 位数，如 VLAN0004 是 VLAN4 的默认名称
4	mtu mtu-size	（可选）改变 MTU 大小
5	end	退出
6	show vlan {name vlan-name |id vlan-id}	验证
7	copy running-config startup config	（可选）保存配置

例如：

```
Switch# configure terminal
Switch(config)# vlan 20
Switch(config-vlan)# name test20
Switch(config-vlan)# end
```

（2）删除 VLAN 的步骤。

当删除一个处于 VTP 服务器的交换机上删除 VLAN 时，则此 VLAN 将在所有相同 VTP 的交换机上删除。当在透明模式下删除时，只在当前交换机上删除，如表 3-2 所示。

当删除一个 VLAN 时，原来属于此 VLAN 的端口将处于非激活的状态，直到将其分配给某一 VLAN。

表 3-2　　　　　　　　　　删除 VLAN 的步骤

步骤	命　令	目　的
1	configure terminal	进入配置状态
2	no vlan vlan-id	删除某一 VLAN
3	end	退出
4	show vlan brief	验证
5	copy running-config startup config	保存

（3）将端口分配给一个 VLAN 的步骤，如表 3-3 所示。

表 3-3　　　　　　　　　　　　将端口分配给一个 VLAN 的步骤

步骤	命令	目的
1	configure terminal	进入配置状态
2	interface interface-id	进入要分配的端口
3	switchport mode access	定义二层口
4	switchport access vlan vlan-id	把端口分配给某一 VLAN
5	end	退出
6	show running-config interface interface-id	验证端口的 VLAN 号
7	show interfaces interface-id switchport	验证端口的管理模式和 VLAN 情况
8	copy running-config startup-config	保存配置

举例如下：

```
Switch# configure terminal
Enter configuration commands, one per line. End with CNTL/Z.
Switch(config)# interface fastethernet0/1
Switch(config-if)# switchport mode access
Switch(config-if)# switchport access vlan 2
Switch(config-if)# end
Switch#
```

（4）配置 VLAN Trunks 的步骤，如表 3-4 所示。

表 3-4　　　　　　　　　　　　配置 VLAN Trunks 的步骤

步骤	命令	目的
1	configure terminal	进入配置状态
2	interface interface-id	进入端口配置状态
3	switchport trunk encapsulation {isl | dot1q | negotiate}	配置 trunk 封装 ISL 或 802.1Q 或自动协商
4	switchport mode {dynamic {auto | desirable} | trunk}	配置二层 trunk 模式。 · dynamic auto：自动协商是否成为 trunk · dynamic desirable：把端口设置为 trunk 如果对方端口是 trunk，desirable 或自动模式 · trunk：设置端口为强制的 trunk 方式，而不理会对方端口是否为 trunk
5	switchport access vlan vlan-id	（可选）指定一个默认 VLAN，如果此端口不再是 trunk
6	switchport trunk native vlan vlan-id	指定 802.1Q native VLAN 号
7	end	退出
8	show interfaces interface-id switchport	显示有关 switchport 的配置
9	show interfaces interface-id trunk	显示有关 trunk 的配置
10	copy running-config startup-config	保存配置

举例：

```
Switch# configure terminal
```

```
Enter configuration commands, one per line. End with CNTL/Z.
Switch(config)# interface fastethernet0/4
Switch(config-if)# switchport mode trunk
Switch(config-if)# switchport trunk encapsulation dot1q
Switch(config-if)# end
```

任务 4　路由器管理

 任务目标

了解路由器的优缺点，学会配置、管理与服务。

 任务实施

学生按照项目化方式分组学习实践，教师做好相关的指导和辅导工作，并在整个项目实施过程中认真关注、及时给出意见和建议，随时注意学生路由器配置与管理能力的培养。

知识链接

一、路由器概述

路由器是一种多端口设备，它可以连接不同传输速率并运行于各种环境的局域网和广域网，也可以采用不同的协议。路由器属于 OSI 模型的第三层。可以路由一个网段到另一个网段的数据传输，也能指导从一种网络向另一种网络的数据传输。

因为不像网桥和第二层交换机，路由器是依赖于协议的。所以在它们使用某种协议转发数据前，它们必须要被设计或配置成能识别该协议。因此路由器比交换机和网桥的速度慢。但路由器更具智能性，路由器不仅能追踪网络的某一节点，还能选择出两节点间的最近、最快的传输路径，它们还可以连接不同类型的网络。因此，使得它们成为大型局域网和广域网中功能强大且非常重要的设备。例如，因特网就是依靠遍布全世界的几百万台路由器连接起来的。

典型的路由器内部都带有自己的处理器、内存、电源以及各种不同类型输入输出插座，通常还具有管理控制台端口。功能强大并能支持各种协议的路由器有好几种插槽，以用来容纳各种网络端口（RJ-45、BNC、FDDI 等）。路由器可以连接不同的网络、解析第三层信息、选择最优数据传输路径，并且，如果在主路径中断后还可以通过其他可用路径重新路由。为了执行这些基本的任务，路由器应具有以下的功能：

（1）过滤出广播信息以避免网络拥塞。

（2）通过设置隔离和安全参数，禁止某种数据传输到网络。

（3）支持本地和远程同时连接。

（4）利用如电源或网络端口卡等冗余设备提供较高的容错能力。

（5）监视数据传输，并向管理信息库报告统计数据。

（6）诊断内部或其他连接问题并触发报警信号。

1. 路由器分类

路由器按照不同的划分标准有多种类型，常见的路由器有以下几类：

（1）按性能档次分为高、中、低档路由器。通常将路由器吞吐量大于 40Gbit/s 的路由器称为高档路由器，吞吐量在 25Gbit/s ~ 40Gbit/s 之间的路由器称为中档路由器，而将低于 25Gbit/s 的看作低档路由器。

（2）从结构上分为模块化路由器和非模块化路由器。

模块化结构可以灵活地配置路由器，以适应企业不断增加的业务需求，非模块化的就只能提供固定的端口。通常中高端路由器为模块化结构，低端路由器为非模块化结构。

（3）从功能上分为骨干级路由器、企业级路由器和接入级路由器。

骨干级路由器是实现企业级网络互连的关键设备，它数据吞吐量较大，非常重要。对骨干级路由器的基本性能要求是高速度和高可靠性。为了获得高可靠性，网络系统普遍采用诸如热备份、双电源、双数据通路等传统冗余技术，从而使得骨干路由器的可靠性一般不成问题。

企业级路由器连接许多终端系统，连接对象较多，但系统相对简单，且数据流量较小，对这类路由器的要求是以尽量便宜的方法实现尽可能多的端点互连，同时还要求能够支持不同的服务质量。

接入级路由器主要应用于连接家庭或 Internet 服务供应商（Internet Service Provider, ISP）内的小型企业客户群体。

（4）按所处网络位置划分通常把路由器划分为边界路由器和中间节点路由器。

边界路由器是处于网络边缘，用于不同网络路由器的连接；而中间节点路由器则处于网络的中间，通常用于连接不同网络，起到一个数据转发的桥梁作用。由于各自所处的网络位置有所不同，其主要性能也就有相应的侧重，如中间节点路由器因为要面对各种各样的网络。

（5）从性能上可分为线速路由器以及非线速路由器。

所谓线速路由器就是完全可以按传输介质带宽进行通畅传输，基本上没有间断和延时。通常线速路由器是高端路由器，具有非常高的端口带宽和数据转发能力，能以媒体速率转发数据包；中低端路由器是非线速路由器。但是一些新的宽带接入路由器也有线速转发能力。

2. Cisco 路由器的用户界面及命令模式

路由器的用户界面有命令行和菜单驱动界面两种方式，但大多数情况下使用命令行在命令行状态下，主要有几种工作模式。

（1）一般用户模式。从 Console 端口或 Telnet 及 AUX 进入路由器时，首先要进入一般用户模式，在一般用户模式下，用户只能运行少数的命令，而且不能对路由器进行配置。在没有进行任何配置的情况下，默认的路由器提示符为：

```
Route>
```

如果设置了路由器的名字，则提示符为

路由器的名字>

（2）超级权限模式。在默认状态，超级权限模式下可以使用比一般用户模式下多得多的命令。绝大多数命令用于测试网络，检查系统等，不能对端口及网络协议进行配置。

在没有进行任何配置的情况下，默认的超级权限提示符为：

```
ROUTER#
```

如果设置了路由器的名字，则提示符为：

路由器的名字#

由一般用户模式切换到超级权限模式命令为 enable 在没有任何设置下，输入该命令即可进入超级权限模式下，如果设置了密码，则需要输入密码。

另外，介绍一组配置常用到的命令：

copy 命令
copy 源位置　目的位置

表示将由某个源位置所指定的文件复制到目的地位置所指定处，与 DOS 或 Windows 下的 COPY 命令功能是一致的。其中 Cisco 2500 系列中源和目的地位置可以为 FLASH，DRAM，tftp，NVRAM。

对于配置文件来说，参数值 run 表示存放在 DRAM 中的配置。start 表示存放在 NVRAM 中的配置。所有的配置命令只要输入后马上存在 DRAM 并运行，但掉电后会马上丢失。而 NVRAM 中配置只有在重新启动之后才会被复制到 DRAM 中运行，掉电后不会丢失，因此，在确认配置正确无误后将配置文件复制到 NVRAM 中去。其命令为：

copy run start

如果想用 NVRAM 中的配置覆盖 DRAM 中的配置命令为：

copy start run

将 NVRAM 中的配置复制到 tftp 服务器中进行备份，命令为：

copy start tftp

可以将 DRAM 中的配置复制到 tftp 服务器中进行备份，命令为：

copy run tftp

路由器会询问 tftp 服务器的 IP 地址及以何文件名存盘，输入正确的服务器 IP 地址和文件名后即可。

将 tftp 中的配置文件复制到路由器的 DRAM 中，命令为：

copy tftp run

可以将 tftp 中的配置文件复制到路由器 NVRAM 中，命令为：

copy tftp start

路由器会询问 tftp 服务器根目录下的配置文件名及在路由器上以什么名字复制该配置文件。

如果想删除 NVRAM 中的所有配置，命令为：

write erase

(3) 全局设置模式。可以设置一些全局性的参数。要进入全局设置模式，必须首先进入超级模式，然后，在超级权限模式下输入"config termainal"并按 Enter 键即进入全局设置模式。

其默认提示符为：

```
Router(config)#
```

如果设置了路由器的名字，则其提示符为：

```
路由器的名字(config)#
```

（4）端口设置模式。

在全局设置模式下：

```
interface　端口号
```

2500 系列的端口主要有：

```
interface　serial 号码
```

高速同步串口的号码由 0 开始。

```
interface　ethernet 号码
```

以太口的号码由 0 开始。

```
interface　async 号码
```

2509 和 2511 有专门的异步端口的路由器，AUX 端口为 async 0，其他的专门的异步口由 1 开始编号。

AUX 口在所有 2500 系列路由器上编号为 async 1。

```
line con 0
```

为安全起见，可以配置密码，配置如下：

```
line con 0
login
passwprd 密码字符串
```

建议：不要轻易配置 login 及密码，否则，一旦忘记，再进入路由器很麻烦。

（5）SETUP 模式。用对话的方式，即一问一答的方式实现对路由器的配置。但这种方式只能对路由器进行简单的配置，无法实现进一步的配置。新路由器第一次配置时，系统会自动进入 SETUP 模式，并询问是否用 SETUP 模式进行配置。在任何时候，要进入 SETUP 模式，在超级权限模式下，输入"setup"。

（6）RXBOOT 模式。在路由器出现问题时，有时可以 RXBOOT 模式解决。有两种方式可以进入 RXBOOT 模式。

方法 1：在路由器加电 60 秒内，按 Ctrl+Break 键 3~5 秒进入 RXBOOT 模式。

方法 2：在全局设置模式下，输入：

```
config-register 0x0
```

然后关电源重启动，或在超级权限下，键入

```
reload
```

RXBOOT 模式的提示符为

```
>
```

二、静态路由和路由协议

路由器能以两种基本方式路由。一是可以使用预编程的静态路由，二是使用通过任何一种动态路由协议来动态计算路由。

1. 静态路由

静态的或预编程的路由是最简单的路由形式。它不能发现路由，因为缺少与其他路由器交换路由信息的任何机制。静态编程的路由器只能使用网络管理员定义的路由来转发报文，发现和通过网络传播路由的任务由 Internet 网络管理员来完成。

优点：一是可以使网络更安全，因为只有一条流进和流出网络的路径（除非定义多条静态路由）。

二是可以更有效地利用资源因为它使用很少的传输带宽。不使用路由器上的 CPU 来计算路由，并且需要更少的存储器。在一些网络中通过使用静态路由甚至可以使用更小的、廉价的路由器。

2. 动态路由的缺点

在网络发生问题或拓扑结构发生变化时，网络管理员负责手动适应这种变化

3. 路由协议

对于路由器而言，要找出最优的数据传输路径是一件比较有意义却很复杂的工作。最优路径（RIP、OSPF、EIGRP 和 BGP）有可能会有赖于节点间的转发次数、当前的网络运行状态、不可用的连接、数据传输速率和拓扑结构。为了找出最优路径，各个路由器间要通过路由协议来相互通信。除了寻找最优路径的能力之外，路由协议还可以用收敛时间—路由器在网络发生变化或断线时寻找出最优传输路径所耗费的时间来表征。带宽开销（运行中的网络为支持路由协议所需要的带宽），也是一个较显著的特征。

目前最常见的 4 种路由协议是 RIP、OSPF、EIGRP 和 BGP。

（1）RIP（Routing Information Protocol，路由信息协议）：RIP 是一种最古老的路由协议，但现在仍然被广泛使用，这是由于它在选择两点间的最优路径时只考虑节点间的中继次数。使用 RIP 的路由器每 30 秒钟向其他路由器广播一次自己的路由表。这种广播会造成极大的数据传输量，特别是网络中存在有大量的路由器时。如果路由表改变了，新的信息要传输到网络中较远的地方，可能就会花费几分钟的时间；所以 RIP 的收敛时间是非常长的。而且，RIP 还限制中继次数不能超过 16 次。所以，在一个大型网络中，如果数据要被中继 16 次以上，它就不能再传输了。而且，与其他类型的路由协议相比，RIP 还要慢一些，安全性也差一些。

（2）OSPF（Open Shortest Path First，开放的最短路径优先）：这种路由协议弥补了 RIP 的一些缺陷，并能与 RIP 在同一网络中共存。OSPF 在选择最优路径时使用了一种更灵活的算法。

（3）EIGRP（Enhanced Interior Gateway Routing Protocol，增强内部网关路由协议）：此路由协议由 Cisco 公司在 20 世纪 80 年代中期开发。它具有快速收敛时间和低网络开销。由于它比 OSPF. EIGRP 容易配置和需要较少的 CPU，也支持多协议且限制路由器之间多余的网络流量。

（4）BGP（Border Gateway Protocol，边界网关协议）：BGP 是为 Internet 主干网设计的一种路由协议。因特网的飞速发展对路由器需求的增长推动了对 BGP 这种最复杂的路由协议

的开发工作。BGP 的开发是为解决如何才能通过成千上万的因特网主干网合理有效地路由的问题。

三、Cisco 路由器配置

Cisco 2500 系列路由器是多协路由器，另一角度来说，它是一台计算机，就像运行 Windows 的 PC 机一样。Cisco 路由器也包含硬件和软件两部分。硬件包括 CPU、内存、电源以及各种端口，软件主要是 IOS。下面介绍 Cisco 2500 的物理端口和内存。

1. 物理端口

Cisco 2500 系列包含以下几种端口：

（1）高速同步串行端口：最大支持 2.048MB 的 E1 速率。通过软件配置，该端口可以连接 DDN，帧中继（Frame Relay），X.25，PSTN。

（2）同步/异步串行端口：可以用软件设置为同步工作方式。在同步工作方式下，最大支持 128KB，异步方式下，最大支持 115.2KB。

（3）AUI 端口：为粗缆口，一般需要外接转换器（AUI-RJ45），连接 10Base-T 以太网。

（4）ISDN 端口：可以连接 ISDN 网络（2B+D）。

（5）AUX 端口：为异步端口，最大支持 38 400 的速率，主要用于远程配置或拨号备份。

（6）Console 口：主要连接终端或运行终端仿真程序的计算机，在本地配置路由器。

（7）高密度异步端口：通过一转八线缆，可以连接八条异步线路。

2. 内存

Cisco 路由器的软件部分即 Internet 网络操作系统（Internetwork OS，IOS），Cisco 路由器可以连接 IP，IPX，IBM，DEC，AppleTalk 的网络，并实现许多丰富的网络功能。软件是需要内存的，包括，ROM、FLASH、DRAM、NVRAM。

（1）ROM：相当于 PC 机的 BIOS，Cisco 路由器运行时首先运行 ROM 中的程序。该程序主要进行加电自检，对路由器的硬件进行检测。其次含引导程序及 IOS 的一个最小子集。ROM 为一种只读存储器，系统掉电程序也不会丢失。

（2）FLASH：是一种可擦写、可编程的 ROM，FLASH 包含 IOS 及微代码。类似 PC 机的硬盘功能一样，但其速度快得多。可以通过写入新版本和 OS 对路由器进行软件升级。FLASH 中的程序，在系统掉电时不会丢失。

（3）DRAM：动态内存，该内存中的内容在系统掉电时会完全丢失。DRAM 中主要包含路由表、ARP 缓存、fast-switch 缓存和数据包缓存等。DRAM 中也包含有正在执行的路由器配置文件。

（4）NVRAM：NVRAM 中包含有路由器配置文件，NVRAM 中的内容在系统掉电时不会丢失。

一般地，路由器启动时，首先运行 ROM 中的程序，进行系统自检及引导，然后运行 FLASH 中的 IOS，并在 NVRAM 中寻找路由器的配置，并将装入 DRAM 中。

3. 配置途径

一台新路由器买来，需要根据所连接的网络用户的需求进行一定的设置才能使用。Cisco 路由器的配置可以通过多种途径：

（1）通过 Console 进行设置，这种方式是用户对路由器的主要设置方式。

（2）通过 AUX 端口连接 Modem（调制解调器）进行远程配置。

（3）通过 Telnet 方式进行配置。可以在网络中任一位置对路由器进行配置，只要有足够的权限且计算机支持 Telnet。

（4）通过网管工作站进行配置，这就需要在网络中有至少一台运行 Ciscoworks 及 Cisco-View 等的网管工作站。需要另外购买网管软件。

（5）通过 TFTP 服务器下载路由器配置文件。可以用任何没有特殊格式的纯文本编辑器编辑路由器配置文件。并将其存放在 TFTP 服务器的根目录下，采用手支方式或 Autoinstall 方式下载路由器配置文件。

首先主要介绍一下利用 Console 口的设置，这里主要用 Windows 下超级终端。Cisco 2500 提供了一条 Cisco 线（两头均为 RJ-4 及 3 个 RJ-45 转换头）。

一般地，选择 PC 机的 COM1 或 COM2 中，选用 RJ45-DB9 或 RJ45-DB25 的转换头与 COM 口连接，再将 Console 线接入 Console 口中，采用超级终端的配置。这时，就会进入路由器的命令行状态，默认的路由器提示符为：

```
Router>
```

基本配置步骤如下：

1）输入 "enable"，进入超级权限模式。

```
Router #
```

2）然后，在超级权限模式下键入 "config termainal" 并按 Enter 键。进入全局设置模式。

```
Router(config)#
```

3）配置路由器的名字。

```
Router(config)#hostname 路由器的名字
```

4）设置进入超级权限时的密码。

```
Router(config)#enable password 密码字符串;或
Router(config)#enable secret 密码字符串
```

（其中用 enable password 设置的密码没有进行加密的，可以查看到密码字符串；用 enable secret 设置的密码是加密的，设置后无法查看到密码字符串。）

5）配置以太网端口。

进入以太网端口（例如第一个）。

```
router(config)#interface e 0
```

按 Enter 键后命令提示符变为 router（config-if）#

配置端口 IP 地址（10.0.0.1，子网掩码 255.255.0.0）

```
router(config-if)#ip address 10.0.0.1 255.255.0.0
```

激活端口（在默认情况下，cisco 路由器的端口是在关闭状态下的）

```
router(config-if)#no shutdown
```

6）配置串行端口。

进入串行端口（例如第一个）。

```
router(config)#interface serial 0
```

配置端口 IP 地址（222.189.47.97，子网掩码 255.255.255.252）

```
router(config-if)#ip address 222.189.47.97   255.255.255.252
```

设置同步时钟和带宽，如果路由器为 DTE（Data Terminal Equipment，数据终端设备），则不须配置；如果路由器为 DCE（Data Communications Equipment，数据通信设备），则必须配置。

```
router(config-if)# clock rate 时钟频率
router(config-if)# bandwidth 带宽
```

激活端口。

```
router(config-if)#no shutdown
```

7）将 IP 地址映射到路由器主机名（将主机名为 HOME 的路由器映射到 10.0.0.10 的地址上）。

```
router(config)#ip host HOME 10.0.0.10
```

通过在路由器上配置主机表，管理者可以在使用 Telnet 或 ping 命令的时候直接键入预先建立好的主机名，而不需要再去记忆每个路由器的 IP 地址。

8）查看当前配置。

```
router#show run
```

9）将配置文件复制到 NVRAM 中去。

```
copy  run  start
```

对于配置文件来说，参数值 run 表示存放在 DRAM 中的配置。start 表示存放在 NVRAM 中的配置。所有的配置命令只要键入后马上存在 DRAM 并运行，但掉电后会马上丢失。而 NVRAM 中配置只有在重新启动之后才会被复制到 DRAM 中运行，掉电后不会丢失，因此，在确认配置正确无误后将配置文件复制到 NVRAM 中去。

4. 配置 IP 路由

Cisco 路由器上可以配置静态路由、动态路由、默认路由等 3 种路由。

一般地，路由器查找路由的顺序为静态路由，动态路由，如果以上路由表中都没有合适的路由，则通过默认路由将数据包传输出去，可以综合使用 3 种路由。

（1）静态路由配置。

在全局设置模式下：

```
ip route 目地子网地址 子网掩码 相邻路由器相邻端口地址或者本地物理端口号
```

（2）默认路由配置。

在全局设置模式下：

```
ip route 0.0.0.0   0.0.0.0 相邻路由器的相邻端口地址或本地物理端口号
```

（3）IGRP 路由协议基本配置。

1）启动 IGRP 路由协议，在全局设置模式下：

```
router  igrp 自治域号
```

同一自治域内的路由器才能交换路由信息。

2) 本路由器参加动态路由的子网。

```
network  子网号
```

IGRP 只是将由 network 指定的子网在各端口中进行传送以交换路由信息，如果不指定子网，则路由器不会将该子网广播给其他路由器。

3) 指定某路由器所知的 IGRP 路由信息广播给那些与其相邻接的路由器。

```
neighbor 邻接路由器的相邻端口 IP 地址
```

IGRP 是一个广播型协议，为了使 IGRP 路由信息能在非广播型网络中传输，必须使用该设置，以允许路由器间在非广播型网络中交换路由信息，广播型网络如以太网无需设置此项。以上为 IGRP 的基本设置，通过该设置，路由器已能完全通过 IGRP 进行路由信息交换其他设置。

4) 不允许某个端口发送 IGRP 路由信息。

```
passive-interface 端口号
```

一般地，在以太网上只有一台路由器时，IGRP 广播没有任何意义，且浪费带宽，完全可以将其过滤掉。

5) 负载平衡设置。

IGRP 可以在两个进行 IP 通信的设备间同时启用四条线路，且任何一条路径断掉都不会影响其他路径的传输。

当两条路径或多条路径的 metric 相同或在一定的范围内，就可以启动平衡功能。

1) 设置是否使用负载平衡功能。

```
traffic-share balanced 或 min
```
balanced 表示启用负载平衡 min 表示不启用负载平衡,只走最优路径。

2) 设置路径间的 metric 相差多大时，可以在路径间启用负载平衡。

```
variance metric 差值
```

默认值为 1，表示只有两条路径 metric 相同时才能在两条路径上启用负载平衡。

(4) OSPF 设置。

1) 启用 OSPF 动态路由协议。

```
router ospf 进程号
```

进程号可以随意设置，只标识 ospf 为本路由器内的一个进程

2) 定义参与 ospf 的子网。该子网属于哪一个 OSPF 路由信息交换区域。

```
network ip 子网号  通配符  area  区域号
```

路由器将限制只能在相同区域内交换子网信息，不同区域间不交换路由信息。另外，区域 0 为主干 OSPF 区域。不同区域交换路由信息必须经过区域 0。一般地，某一区域要接入 OSPF0 路由区域，该区域必须至少有一台路由器为区域边缘路由器，即它既参与本区域路由又参与区域 0 路由。

3）OSPF 区域间的路由信息总结。

如果区域中的子网是连续的，则区域边缘路由器向外传播给路由信息时，采用路由总结功能后，路由器就会将所有这些连续的子网总结为一条路由传播给其他区域，则在其他区域内的路由器看到这个区域的路由就只有一条。这样可以节省路由时所需网络带宽。

设置对某一特定范围的子网进行总结：

`area 区域号 range 子网范围掩码`

4）指明网络类型 在需要进行 OSPF 路由信息的端口中，设置：

`ip ospf network broadcast` 或 `non-broadcast` 或 `point-to -mutlipoint`

一般地，对于 DDN，帧中继和 X. 25 属于非广播型的网络，即 non-broadcast

5）对于非广播型的网络连接，需指明路由器的相邻路由器。

`neighbor 相邻路由器的相邻端口的 IP 地址`

通过以上配置，路由器之间就可以完成交换路由信息了，其他设置，为了防止路由信息被窃取，可以对 OSPF 进行安全设置，只有合法的同一区域的路由器之间才能交换路由信息，设置步骤为：

1）设置某区域使用安全设置 MD5 方式。

`area 区域标号 autherfication message-digest`

可以采用明文方式，但建议采用 MD5（Message Digest）方式，较安全。

2）设置某端口验证其相邻路由器相邻端口时的 MD5 密码，在端口设置模式下。

`ip ospf message-digest-key 密码标号 MD5 密码字符串`

其中，在同一区域的相邻路由器的相邻端口的密码标号及密码字符串必须相同，同一路由器的不同端口的 MD5 密码可以不同，也可以某些端口使用安全设置，某些端口不使用安全设置。

（5）RIP 路由协议配置。

在全局设置模式下：

1）启动 RIP 路由。

`router rip`

2）设置参与 RIP 路由的子网。

`network 子网地址`

3）允许在非广播型网络中进行 RIP 路由广播。

`neighbor 相邻路由器相邻端口的 IP 地址`

4）设置 RIP 的版本。

RIP 路由协议有 2 个版本，在与其他厂商路由器相连时，注意版本要一致，默认状态下，Cisco 路由器接收 RIP 版本 1 和 2 的路由信息，但只发送版本 1 的路由信息，设置 RIP 的版本 vesion 1 或 2。

另外，还可以控制特定端口发送或接收特定版本的路由信息：

1）只在特定端口发版本 1 或 2 的信息，在端口设置模式下：

```
rip send version 1 或 2
```

2）同时发送版本 1 和 2 的信息。

```
ip rip send receive 1 or 2
```

3）在特定端口接受版本 1 或 2 的路由信息。

```
ip rip receive 1 or 2
```

4）同时接受版本 1 和 2 的路由信息。

```
ip rip receive 1 or 2
```

5. 重新分配路由

在实际工作中，会遇到使用多个 IP 路由协议的网络。为了使整个网络正常地工作，必须在多个路由协议之间进行成功的路由再分配。图 3-4 列举了 OSPF 与 RIP 之间重新分配路由的设置范例。

Router1 的 Serial 0 端口和 Router2 的 Serial 0 端口运行 OSPF，在 Router1 的 Ethernet 0 端口运行 RIP 2，Router3 运行 RIP2，Router2 有指向 Router4 的 192.168.2.0/24 网的静态路由，Router4 使用默认静态路由。需要在 Router1 和 Router3 之间重新分配 OSPF 和 RIP 路由，在 Router2 上重新分配静态路由和直连的路由。

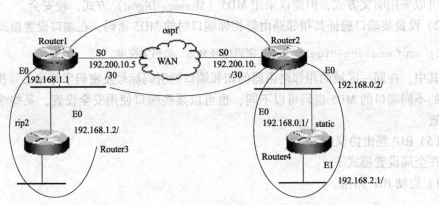

图 3-4　多个路由协议之间（如 OSPF 与 RIP）成功地进行路由再分配

```
Router1:
interface ethernet 0
    ip address 192.168.1.1 255.255.255.0
interface serial 0
    ip address 192.200.10.5 255.255.255.252
router ospf 100
    redistribute rip metric 10
    network 192.200.10.4 0.0.0.3 area 0
router rip
    version 2
```

```
    redistribute ospf 100 metric 1
    network 192.168.1.0
```

```
Router2:
interface loopback 1
    ip address 192.168.3.2 255.255.255.0
interface ethernet 0
    ip address 192.168.0.2 255.255.255.0
interface serial 0
    ip address 192.200.10.6 255.255.255.252
router ospf 200
    redistribute connected subnet
    redistribute static subnet
    network 192.200.10.4 0.0.0.3 area 0
ip route 192.168.2.0 255.255.255.0 192.168.0.1
```

```
Router3:
interface ethernet 0
ip address 192.168.1.2 255.255.255.0
router rip
    version 2
    network 192.168.1.0
!
Router4:
interface ethernet 0
    ip address 192.168.0.1 255.255.255.0
interface ethernet 1
    ip address 192.168.2.1 255.255.255.0
    ip route 0.0.0.0 0.0.0.0 192.168.0.2
```

6. 配置广域网协议

（1）Cisco HDLC 协议配置。ISO HDLC（High-level Data Link Control，高层链路控制）协议由 IBM SDLC（Synchronous Data Link Control，同步数据连接控制）协议演化过来，ISO HDLC 采用 SDLC 的帧格式，支持同步，全双工操作，ISO GDLC 分为物理层及 LLC 二层。

但 Cisco HDLC 无 LLC 层，这意味着 Cisco HDLC 对上层数据只进行物理帧封装，没有任何应答机制，重传机制，所有的纠错处理由上层协议处理。

在 Cisco 路由器之间用同步专线连接时，采用 Cisco HDLC 比采用 PPP 协议效率高得多，但是，如果将 Cisco 路由器与非 Cisco 路由器进行同步专线连接时，不能用 Cisco HDLC，因为它们不支持 Cisco HDLC，可以采用 PPP 协议。

1）配置步骤。在端口配置状态下：

① 封装 HDLC。

```
encapsulation hdlc
```

② 配置端口 IP 地址及掩码。

ip address IP 地址　子网掩码

③ 如果本端口连接的是 DCE 线缆，则要设同步时钟。

clock rate 时钟频率

2500 系列产品高速同步串口最高可支持到 2MB，同步/异步串口同步方式下支持 128KB，异步方式下支持 115. 2KB。

2）应用举例：申请 DDN 连接 CHINANET 的配置。CHINANET 骨干路由器均为 Cisco 路由器，当申请 DDN 上 CHINANET 时（即通过 CHINANET 上 Internet），管理部门会分配给用户一组真正的 IP 地址，及一个广域口 IP 地址，一般的，CHINANET 上的路由器采用 HDLC 封装。

配置步骤：

① 进入以太口配置状态，配置以太口地址。

ip address　IP 地址　子网掩码

该 IP 地址是从申请到的一组 IP 地址中挑选一个。

② 进入广域口配置状态，配置广域口封装格式。

encapsulation　hdlc

③ 配置广域口 IP 地址。

ip address 广域口 IP 地址　子网掩码

④ 配置默认路由，在全局参数配置状态下。

ip route 0.0.0.0　0.0.0.0 scrial 端口号或对方路由器相邻端口地址

用户可以向管理部门询问与自己的路由器相连的 CHINANET 路由器端口的 IP 地址，如果可以 PING 通，则路由器工作正常。

（2）X. 25 配置。X. 25 定义了数据通信的电话网络。在通信前一方首先通过请求通信进程呼叫另一方，被呼叫方接受或拒绝该呼叫。如果呼叫建立，两个系统可以开始进行全双工数据传输，任何一方都可以在任何时候中断连接。

X. 25 规范定义了 DTE 与 DCE 之间的点对点互操作，DTE（及用户 X. 25 DTE 终端）连接 DCE 设备（基带 MODEM，交换机等），一般地，Cisco 路由器为 DTE 方，通过 V. 35 或 RS232 线缆与 DCE（基带 MODEM）相连。

X. 25 协议包括了 OSI 模型的 1~3 层的功能，X. 25 第三层描述了 X. 25 数据包格式入在对等第三层通信实体间的数据包交换过程。X. 25 第二层为 LAPB 层，LAPB 层定义了 DTE/DCE 连接时的帧格式，X. 25 第一层定义了物理端口的电气特性及物理特性。

DTE 之间端对端的通信（在这里，指 Cisco 路由器之间的通信）通过虚电路建立，虚电路可分为 PVC（Permanent Virtual Circuit，永入虚电路）和 SVC（Switched Virtual Circuit，临时虚电路），PVC 通常用于经常有大量数据传输的场合，SVC 通常用于有间断数据传输的场合。

X. 25 的地址，（除 X. 121 地址）最大可以为 14 位 10 进制数。X. 121 地址在 SVC 进行呼叫建立时才用到当虚电路建立后，只通过逻辑通道标识符，标识远端 DTE 设备。

第三层 X.25 用呼叫建立过程、数据传输过程、呼叫连接清除过程 3 种虚电路操作过程。对于 PVC 只有数据传输过程，因为 PVC 就如同 DDN 专线一样，一旦建立，就会永入保持该虚电路连接。对于 SVC，包含以上全部 3 个过程。

X.25 协议是一种纠错能力很强的同步传输协议，一般最高带宽为 640KB 和 156KB 两种，国内采用 64KB 的最高带宽。

在端口配置状态下配置 X.25。

1) 封装 X.25。

encapsulation X.25{dce}

如果两台 Cisco 路由器通过 V.35 或 RS232 线缆直连时，进行 X.25 的配置时，其中连接 DCE 线缆一方要 encapsulation X.25 dce 的配置。且该路由器要提供同步时钟。

bandwith 带宽

clockrate 同步时钟

2) 设置申请到的本端口的 X.121。

地址 X.25 address 本端 X.121 地址

3) 将需要通信的对方的路由器或其他 X.25 设备的 IP 地址进行映射。

X.25 map ip 对方路由器或其他 X.25 设备的 IP 地址 对方 X.121 地址 {broadcast}

broadcast 参数表示在 X.25 虚电路中可以传送路由广播信息，原则上，可以根据需要，进行多个映射。

4) 申请 x.25 最大双向虚电路编号。

X.25 htc 申请的 X.25 的最大的双向虚电路编号。国内的 X.25 可以按带宽申请，其中最高可申请 64K，每个 X.25 线路可以最多同时有 16 个虚电路，编号为 1-16，因此，该处配置一般为 X.25 htc 16。默认情况下，Cisco 路由器的最低的双向虚电路号为 1。

5) 申请一次连接时同时建立的虚电路数。其中，该参数最大为 8，且要为 2 的倍数。

X.25 nvc 进行一次 X.25 连接时可以同时建立的虚电路数

6) 申请连接与分钟。

X.25 idle 分钟数当申请的线路为 SVC 时，该配置表示如果在指定的分钟数内没有任何数据传输（包括动态路由数据），路由器将清除该 X.25 连接。

7) 本端口 IP 地址。

ip address 本端口 IP 地址 子网掩码

一般的，对于 X.25 配置以上参数既可，在某些情况下，X.25 无法建立通信，需要和电信管理部门协商，调整路由器 X.25 其他参数及 LAPB 层参数与其一致，可以通过 show interface 命令看到端口 X.25 LAPB 的参数。

(3) 帧中继配置。帧中继设置中可分为 DCE 端和 DTE 设置，在实际应用中，Cisco 路由器为 DTE 端，通过 V.35 线缆连接 CSU/DSU，如果将两个路由器通过 V.35 线缆直连，连接 V.35 DCE 线缆的路由器充当 DCE 的角色，并且需要提供同步时钟。

1) 充当 DTE 端配置步骤。

① 在端口配置中，封装帧中继。

```
encapsulation  frame-relay  IETF
```

Cisco 路由器默认为帧中继数据包封装格式为 IETF，可以不用显示设置，另外，国内帧中继线路一般为 IETF 格式的封装，如果不同，请与当地电信管理部门联系，采用其他装格式。

② 设置 LMI 信令格式。

```
frame-relay lmi-type Cisco
```

Cisco 路由器默认的 LMI 信令格式为 Cisco，可以不用设置，国内帧中继线路一般采用 Cisco 的 LMI 信令格式。如果不同，请与当地电信管理部门联系，采用相应的 LMI 信令格式。

③ 映射 IP 地址与帧中继地址。

```
frame-relay map ip 对方路由器的 IP 地址  本端口的帧中继号码{broadcast}
broadcast 参数表示允许在帧中继线路上传送路由广播信息
```

④ 本端口 IP 地址。

```
ip address 本端口 IP 地址  子网掩码
```

2) 充当 DCE 端设置步骤。

① 在全局配置状态下，打开帧中继交换。

```
frame-relay  switching
```

② 在端口设置状态下，封装帧中继。

```
encapsulation  frame-relay  IETF
```

③ 设置本端口在帧中继线路中充当 DCE。

```
frame-relay intf-type DCE
```

④ 映射 IP 地址及帧中继地址。

```
frame-relay map ip 对方路由器的 IP 地址 本端口帧中继号码{broadcast}
```

⑤ 设置带宽。

```
bandwith 带宽  单位为 K
```

⑥ 设置同步时钟。

```
clock rate 同步时钟
```

⑦ 本端口 IP 地址。

```
ip address 本端口 IP 地址  子网掩码
```

如果通过直连方式将两路由器连接起来，则两路由器的帧中继地址必须一致，地址可以随意设置。在实际应用中，申请的帧中继地址只有本地意义，两边进行通信的路由器的帧中继地址可以不同。

(4) PPP 协议设置。

DTE 端设置步骤。

1）在没有用户验证的情况下。

① 在端口设置状态下，封装 PPP 协议。

`encapsulation ppp`

② 设置本端口 IP 地址。

`ip address 本端口 IP 地址 子网掩码`

③ 去掉用户验证。

`no ppp auth`

Cisco2500 的同步端口或同步/异步端口在封装 PPP 协议时，缺少为没有用户验证，无需此项设置。

2）有用户验证的情况下。

① 在全局设置模式下设置本路由器的名字。

`hostname 本路由器的名字`

② 在全局设置模式下，登记对方的路由器。（两边路由器的密码必须一致）

`username 对方路由器的名字 password密码`

③ 在端口设置状态下，封装 PPP。

`encapsulation ppp`

④ 设置 PPP 用户验证协议。

`PPP auther chap 或 pap`

⑤ 本端口 IP 地址。

`ip address 本端口 IP 地址 子网掩码`

可以将两个路由器能过 V. 35 或 RS232 线缆直接连接。连接 DCE 线缆的路由器必须提供同步时钟及带宽。其他方面与 DTE 的配置完全一样。

四、VLAN 间路由

虽然 VLAN 是在交换机上划分的，但交换机是二层网络设备，单一的由交换机构成的网络无法进行 VLAN 间通信，解决这一问题的方法是使用三层的网络设备，即路由器。路由器可以转发不同 VLAN 间的数据包，就像它连接了几个真实的物理网段一样，这时称为 VLAN 间路由。

路由器可以看作是两个广播域或 VLAN 之间的一个网关。每个 VLAN 中的端口都可以和交换机连接。在这种情况下，工作站将通过路由器发送任何互联网络通信量。路由器的端口通常意识不到它们和同一个交换机相连。它们只能监测到在网络中存在两个广播域或两个 IP 子网、IPX 网络和 Appletalk 电缆范围。路由器只能对逻辑环境进行监测。

为了进行路由，每个 VLAN 都需要使用一个路由器端口。这种配置有点昂贵。由于 Cisco 路由器可以配置成中继线，所以它可以通过一个路由器端口对多个 VLAN 进行路由。它所使用的介质决定供应商的兼容性。Cisco 路由器是唯一能够支持 ISL 的路由器。而且 Cisco

路由器也支持 IEEE802.1Q、IEEE802.10 中继方式和 ATM 的 LANE（LAN 仿真）。例如，路由器配置成中继线，这样可以通过同一个端口进行会计和管理 VLAN 通信量的传送。这种配置通常称为"棍子上的路由器"，"单臂路由"。这种类型配置的优点是可以使用单一端口为多个 VLAN 进行路由。其缺点是存在着端口不能提供足够的带宽来充分地处理 VLAN 间通信量的可能性。可以通过使用以太网的子端口来对路由器进行配置。

图 3-5 显示了与两个 VLAN 的 Catalyst5000 交换机直接相连的 Cisco4500 路由器。要设置路由器为 VLAN10 和 20 路由，需要像下面一样在 4500 上建立两个子端口：

图 3-5　表示与两个 VLAN 的 Catalyst 5000 交换机直接相连的 Cisco 4500 路由器

```
Interface fastEthernet0.10
Description VLAN 10 FSU
Encapsulation  isl  10
Ip address 172.16.10.1 255.255.255.0
!
Interface fastEthernet0.20
Description VLAN 20 Duke
Encapsulation  isl 20
Ip address 172.16.20.1 255.255.255.0
```

子端口的数目可以是 1~65535 之间。但是，在单个端口上最多只能配置 255 个子端口。Encapsulation isl 命令确定了指定到子端口的 VLAN 及使用的中继方法。如果中继封装方法是 IEEE802.1Q，应该使用 encapsulation dotlq 20 命令。

五、windows 2012 下路由配置和管理

1. RRAS 简介

路由和远程访问服务器（Routing and Remote Access Service）是 Windows server 2012 中绑定的一个软件组件，除了分组过滤，按需拨号路由选择和支持开放最短路径优先（OSPF）之外，还结合有 RAShe 多协议路由选择。

RRAS 是专门为已经熟悉路由协议和路由选择服务的系统管理员使用而设计的。通过"路由和远程访问"服务，管理员可以查看和管理他们网络上的路由器和远程访问服务器。

Windows Server 2012 的 RRAS 组件集成了路由和远程访问的服务功能。在远程访问的服务方面 Windows Server 2012 的 RRAS 为远程拨号客户端提供了一个可以应用 TCP/IP、NET-BEUI、IPX/SPX 等多种网络传输协议，通过 PSTN、ISDN、和 VPN 等多种途径访问企业网络的安全途径。在路由方面，在 Windows Server 2012 中支持 RIP 和 OSPF 协议，可用于多租户或非多租户部署，并且可以配置成为全功能的 BGP 路由器。

2. Windows Server 2012 路由安装与配置

（1）为 Windows Server 2012 安装路由在服务器管理器界面添加远程访问功能，添加角色和功能，如图 3-6 所示。

图 3-6　在动画中观察 icmp 的数据包

（2）选择服务器后，在服务器角色界面将远程访问勾选，点击"下一步"，如图 3-7 所示。

（3）将"路由"勾选，添加功能，如图 3-8 所示。

图 3-7　选择服务器添加服务器角色　　　　　　图 3-8　勾选"路由"，添加功能

（4）确认以后点击"安装"，如图 3-9 所示。

（5）安装完成远程访问后，打开工具—路由和远程访问，点击本地服务器名称—右键—配置并启用路由和远程访问，如图 3-10 所示。

图 3-9　确认安装所需内容　　　　　　　　　图 3-10　启用路由和远程访问

（6）选择"自定义配置"，选择"LAN 路由"，如图 3-11 所示。

（7）启动服务后会显示路由和远程访问已经在该服务器上配置成功，如图 3-12 所示。

图 3-11　选择"LAN 路由"

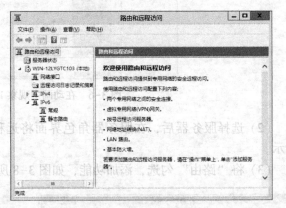

图 3-12　配置成功界面

第4部分 常用网络安全软硬件环境的配置与管理

项目1 学会常用网络安全软硬件环境的配置与管理

学习目标

（1）了解网络安全的体系结构。
（2）掌握保证网络安全所采用的主要技术手段。
（3）掌握系统的数据备份与恢复技术。

能力目标

（1）掌握常用防火墙安装、配置与管理，网络安全的防范举措。
（2）掌握虚拟专用网配置与管理。

任务1 网络安全概述

任务目标

（1）了解网络安全相关技术。
（2）掌握系统如何有效防范网络安全威胁。

任务实施

学生按照项目化方式分组互助学习、实践，教师做好指导和辅导工作，并在整个项目实施过程中认真关注、及时给出意见和建议，随时注意提高学生的网络安全防范能力。

知识链接

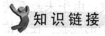

网络安全概述

网络安全的界定：网络安全就是网络上的信息安全，是指网络系统的硬件、软件及其系统中的数据受到保护，不受偶然的或者恶意的原因而遭到破坏、更改、泄露，系统连续、可靠、正常地运行，网络服务不中断。广义来说，凡是涉及网络上信息的保密性、完整性、可用性、真实性和可控性的相关技术和理论都是网络安全所要研究的领域。网络安全涉及的内容既有技术方面的问题，也有管理方面的问题，两方面相互补充，缺一不可。技术方面主要侧重于防范外部非法用户的攻击，管理方面则侧重于内部人为因素的管理。如何更有效地保护重要的信息数据、提高计算机网络系统的安全性已经成为所有计算机网络应用必须考虑和必须解决的一个重要问题。

（一）网络安全体系结构

1. 网络安全的定义和评估

网络安全问题是目前网络管理中最重要的问题，也是一个很复杂的问题，不仅是技术的问题，还涉及人的心理、社会环境以及法律等多方面的内容。

（1）网络安全的定义。

计算机网络安全是指网络系统中硬件、软件和各种数据的安全，有效防止各种资源不被有意或无意地破坏、被非法使用。

网络安全管理的目标是保证网络中的信息安全，整个系统应能满足以下要求：

1）保证数据的完整性。保证计算机系统上的数据和信息处于一种完整和未受损害的状态，只能由许可的当事人更改。

2）保证系统的保密性。保证系统远离危险的状态和特性，既为防止蓄意破坏、犯罪、攻击而对数据进行未授权访问的状态或行为，只能由许可的当事人访问。

3）保证数据的可获性。不能阻止被许可的当事人使用。

4）信息的不可抵赖性。信息不能被信息提供人员否认。

5）信息的可信任性。信息不能被他人伪冒。

（2）网络安全的评估。

在增加网络系统安全性的同时，也必然会增加系统的复杂性，并且系统的管理和使用更为复杂，因此，并非安全性越高越好。针对不同的用户需求，可以建立不同的安全机制。

为了帮助用户区分和解决计算机网络的安全问题，美国国防部制定了"可信计算机系统标准评估准则"（习惯称为"橘黄皮书"），将多用户计算机系统的安全级别从低到高划分为4类七级，即D1、C1、C2、B1、B2、B3、A1。

我国的计算机信息系统安全保护等级划分准则（GB 17859—1999）中规定了计算机系统安全保护能力的5个等级，第一级用户自主保护级，第二级系统审计保护级，第三级安全标记保护级，第四级结构化保护级，第五级访问验证保护级。

2. 网络安全的主要威胁

要进行网络安全策略的制定和网络安全措施的建立和实施，必须首先知道哪些因素可能对网络安全造成威胁。

（1）威胁数据完整性的主要因素。

1）人员因素。这包括由于缺乏责任心、工作中粗心大意造成意外事故；由于未经系统专业和业务培训匆匆上岗，使得工作人员缺乏处理突发事件和进行系统维护的经验；在繁忙的工作压力下，使操作失去条理；由于通信不畅，造成各部门间无法沟通；还有某些人由于其他原因进行蓄意报复甚至内部欺诈等。

2）灾难因素。这包括火灾、水灾、地震、风暴、工业事故以及外来的蓄意破坏等。

3）逻辑问题。没有任何软件开发机构有能力测试使用中的每一种可能性，因此可能存在软件错误；物理或网络问题会导致文件损坏，系统控制和逻辑问题也会导致文件损坏。在进行数据格式转换时，很容易发生数据损坏或数据丢失。系统容量达到极限时容易出现许多意外；由于操作系统本身的不完善造成错误；用户不恰当的操作需求也会导致错误。

4）硬件故障。最常见的是磁盘故障，还有I/O控制器故障、电源故障（外部电源故障和内部电源故障）、受射线、腐蚀或磁场影响引起的存储器故障、介质、设备和其他备份故障以及芯片和主板故障。

5）网络故障。网卡或驱动程序问题：交换器堵塞、网络设备和线路引起的网络链接问题、辐射引起的工作不稳定问题。

（2）威胁数据保密性的主要因素。

1）直接威胁。如偷窃、在废弃的打印纸或磁盘搜寻有用信息、类似观看他人从键盘上敲入的密码的间谍行为、通过伪装使系统出现身份鉴别错误等。

2）线缆链接。通过线路或电磁辐射进行网络接入，借助一些恶意的工具软件进行窃听、登录专用网络、冒名顶替。

3）身份鉴别。用一个模仿的程序代替真正的程序登录界面，设置密码圈套，以窃取密码。高手使用很多技巧来破解登录密码：以超长字符串使密码加密算法失效。另外许多系统内部也存在用户身份鉴别漏洞，有些密码过于简单或长期不更改，甚至存在许多不设密码的账户，为非法侵入敞开了大门。

4）编程。通过编写恶意程序进行数据破坏。

5）系统漏洞。操作系统提供的服务不受安全系统控制，造成不安全服务；在更改配置时，没有同时对安全配置做了相应的调整；CPU 与防火墙中可能存在由于系统设备、测试等原因留下的后门。

3. 网络安全保障体系

通过对网络的全面了解，按照安全策略的要求及风险分析的结果，整个网络安全措施应按系统保障体系建立。具体的安全保障系统由物理安全、网络安全、信息安全几个方面组成。

（1）物理安全。

保证计算机信息系统各种设备的物理安全是整个计算机信息系统安全的前提。物理安全是保护计算机网络设备、设施以及其他媒体免遭地震、水灾、火灾等环境事故以及人为操作失误或错误及各种计算机犯罪行为导致的破坏过程。它主要包括 3 个方面。

1）环境安全：对系统所在环境的安全保护，包括区域保护和灾难保护，可参见国家标准 GB 50173—1993《电子计算机机房设计规范》、国标 GB 2887—1989《计算站场地技术条件》、GB 9361—1988《计算站场地安全要求》。

2）设备安全：主要包括设备的防盗、防毁、防电磁信息辐射泄漏、防止线路截获、抗电磁干扰及电源保护等。

3）媒体安全：包括媒体数据的安全及媒体本身的安全。

（2）网络安全。

网络安全包括系统（主机、服务器）安全、反病毒、系统安全检测、入侵检测（监控）、审计分析、网络运行安全、备份与恢复应急、局域网、子网安全、访问控制（防火墙）、网络安全检测等。

1）内外网隔离及访问控制系统。在内部网与外部网之间，设置防火墙（包括分组过滤与应用代理）实现内外网的隔离与访问控制是保护内部网安全的最主要、同时也是最有效、最经济的措施之一。

无论何种类型防火墙，从总体上看，都应具有以下五大基本功能：过滤进/出网络的数据；管理进/出网络的访问行为；封堵某些禁止的业务；记录通过防火墙的信息内容和活动；

对网络攻击的检测和告警。

2) 内部网中不同网络安全域的隔离及访问控制。隔离内部网络的一个网段与另一个网段，就能防止影响一个网段的问题穿过整个网络传播。

3) 网络安全检测。网络系统的安全性取决于网络系统中最薄弱的环节。必须定期对网络系统进行安全性分析，及时发现并修正存在的弱点和漏洞。

4) 审计与监控。审计是记录用户使用计算机网络系统进行所有活动的过程，它不仅能够识别谁访问了系统，还能指出系统正被怎样地使用。

因此，除使用一般的网管软件和系统监控管理系统外，还应使用目前以较为成熟的网络监控设备或实时入侵检测设备，以便对进出各级局域网的常见操作进行实时检查、监控、报警和阻断，从而防止针对网络的攻击与犯罪行为。

5) 网络反病毒。由于在网络环境下，计算机病毒有不可估量的威胁性和破坏力，因此计算机病毒的防范是网络安全性建设中重要的一环。网络反病毒技术包括预防病毒、检测病毒和消毒3种技术。

6) 网络备份系统。目的是尽可能快地全盘恢复运行计算机系统所需的数据和系统信息。根据系统安全需求可选择的备份机制有：场地内高速度、大容量自动的数据存储、备份与恢复；场地外的数据存储、备份与恢复；对系统设备的备份。备份不仅在网络系统硬件故障或人为失误时起到保护作用，也在入侵者非授权访问或对网络攻击及破坏数据完整性时起到保护作用，同时亦是系统灾难恢复的前提之一。

一般的数据备份操作有3种。一是全盘备份，即将所有文件写入备份介质；二是增量备份，只备份那些上次备份之后更改过的文件，是效率最高的备份方法；三是差分备份，备份上次全盘备份之后更改过的所有文件。

在确定备份的指导思想和备份方案之后，就要选择安全的存储媒介和技术进行数据备份，有"冷备份"和"热备份"两种。热备份是指在线的备份，即下载备份的数据还在整个计算机系统和网络中，只不过传到另一个非工作的分区或是另一个非实时处理的业务系统中存放。

冷备份是指不在线的备份，下载的备份存放到安全的存储媒介中，而这种存储媒介与正在运行的整个计算机系统和网络没有直接联系，在系统恢复时重新安装，有一部分原始的数据长期保存并作为查询使用。

热备份的优点是投资大，但调用快，使用方便，在系统恢复中需要反复调试时更显优势。热备份的具体做法是：可以在主机系统开辟一块非工作运行空间，专门存放备份数据，即分区备份；另一种方法是，将数据备份到另一个子系统中，通过主机系统与子系统之间的传输，同样具有速度快和调用方便的特点，但投资比较昂贵。冷备份弥补了热备份的一些不足，二者优势互补，相辅相成，因为冷备份在规避风险的同时还具有便于保管的特殊优点。

在进行备份的过程中，常使用备份软件，它一般应具有以下功能：保证备份数据的完整性，并具有对备份介质的管理能力；支持多种备份方式，可以定时自动备份，还可设置备份自动启动和停止日期；支持多种校验手段（如 B 校验、CRC 循环冗余校验、快速磁带扫描），以保证备份的正确性；提供联机数据备份功能；支持 RAID 容错技术和图像备份功能。

(3) 信息安全。

主要涉及信息传输的安全、信息存储的安全以及对网络传输信息内容的审计3方面。

信息传输安全（动态安全）包括主体鉴别、数据加密、数据完整性鉴别、防抵赖；信息存储安全包括（静态安全）数据库安全、终端安全；信息内容审计可防止信息泄密。

1）鉴别。鉴别是对网络中的主体进行验证的过程，通常有 3 种方法验证主体身份：一是只有该主体了解的秘密，如密码、密钥；二是主体携带的物品，如智能卡和令牌卡；三是只有该主体具有的独一无二的特征或能力，如指纹、声音、视网膜或签字等。

2）数据传输安全系统。数据传输加密技术是对传输中的数据流加密，以防止通信线路上的窃听、泄漏、篡改和破坏。如果以加密实现的通信层次来区分，加密可以在通信的 3 个不同层次来实现，即链路加密（位于 OSI 网络层以下的加密）、结点加密、端到端加密（传输前对文件加密，位于 OSI 网络层以上的加密）。一般常用的是链路加密和端到端加密这两种方式。

数据完整性鉴别技术通过报文鉴别、校验和、加密校验及消息完整性编码（Message Integrity Code，MIC）等方法防止信息泄密和被篡改。

防抵赖技术包括对源和目的地双方的证明，常用方法是数字签名，数字签名采用一定的数据交换协议，使得通信双方能够满足两个条件：接收方能够鉴别发送方所宣称的身份，发送方以后不能否认他发送过数据这一事实。

3）数据存储安全系统。对纯粹数据信息的安全保护，以数据库信息的保护最为典型。而对各种功能文件的保护，终端安全很重要。

① 数据库安全：一般包括物理完整性、逻辑完整性、元素完整性、数据的加密、用户鉴别、可获得性及可审计性。

要实现对数据库的安全保护，一种选择是安全数据库系统，即从系统的设计、实现、使用和管理等各个阶段都要遵循一套完整的系统安全策略；二是以现有数据库系统所提供的功能为基础构作安全模块，旨在增强现有数据库系统的安全性。

② 终端安全：主要解决微机信息的安全保护问题，一般的安全功能如下：基于密码或（和）密码算法的身份验证，防止非法使用计算机；自主和强制存取控制，防止非法访问文件；多级权限管理，防止越权操作；存储设备安全管理，防止非法软盘复制和硬盘启动；数据和程序代码加密存储，防止信息被窃；预防病毒，防止病毒侵袭；严格的审计跟踪，便于追查责任事故。

4）信息内容审计系统。实时对进出内部网络的信息进行内容审计，以防止或追查可能的泄密行为。

（4）网络的安全管理。

安全管理面对网络安全的脆弱性，除了在网络设计上增加安全服务功能，完善系统的安全保密措施外，还必须花大力气加强网络的安全管理，因为诸多的不安全因素恰恰反映在组织管理和人员录用等方面，而这又是计算机网络安全所必须考虑的基本问题，所以应引起各计算机网络应用部门领导的重视。

1）安全管理原则。网络信息系统的安全管理主要基于 3 个原则，即多人负责原则、任期有限原则和职责分离原则。

2）安全管理的实现。信息系统的安全管理部门应根据管理原则和该系统处理数据的保密性，制订相应的管理制度或采用相应的规范。具体工作是：

① 根据工作的重要程度，确定该系统的安全等级。

② 根据确定的安全等级，确定安全管理的范围。

③ 制订相应的机房出入管理制度。

④ 制定严格的操作规程。

⑤ 制定完备的系统维护制度。

⑥ 制定应急措施。要制定系统在紧急情况下，如何尽快恢复的应急措施，使损失减至最小。建立人员雇用和解聘制度，对工作调动和离职人员要及时调整相应的授权。

中国国家信息安全测评认证中心（CNNS）从7个层次提出了对一个具有高等级安全要求的计算机网络系统提供安全防护保障的安全保障体系，以系统、清晰和循序渐进的手段解决复杂的网络安全工程实施问题，具体内容如下：

1）实体安全，指基础设施的物理安全，主要包括环境安全、设备安全、媒体安全3个方面。

2）平台安全，指网络平台、计算机操作系统、基本通用应用平台（服务/数据库等）的安全。目前市场上大多数安全产品均限于解决平台安全。

3）数据安全，指保证系统数据的机密性、完整性、访问控制和可恢复性。

4）通信安全，指系统之间数据通信和会话访问不被非法侵犯。

5）应用安全，指业务运行逻辑安全和业务资源的访问控制，以保证业务交往的不可抵赖性、业务实体的身份鉴别、业务数据的真实完整性。

6）运行安全，指保障系统安全性的稳定，在较长时间内控制计算机网络系统的安全性在一定范围内。

7）管理安全，指对相关的人员、技术和操作进行管理，总揽以上各安全要素并进行控制。以用户单位网络系统的特点、实际条件和管理要求为依据，利用各种安全管理机制，控制风险、降低损失和消耗，促进安全生产效益。

一般小型网络重点保证平台安全一个层次，中型网络实施实体安全、平台安全、管理安全几个层次，大型要实施实体安全、平台安全、应用安全、运行安全、管理安全几个层次，一个大型高级网络的安全体系则覆盖全部7个层次。

4. 网络安全策略

对于国内IT企业、政府、教育、科研部门来说，完善的网络安全策略应从以下几个方面入手。

（1）成立网络安全领导小组。

（2）制定一套完整的安全方案。

（3）用安全产品和技术处理加固系统。

（4）制定并贯彻安全管理制度。

（5）建立完善的安全保障体系。

（6）选择一个好的安全顾问公司。

（二）网络安全技术

在实际网络系统的安全实施中，可以根据系统的安全需求，配合使用各种安全技术来实现一个完整的网络安全解决方案。这里介绍一些网络安全的关键技术。

1. 安全技术概述

安全技术目前的发展状况来看，大致可划分为基础安全技术和应用安全技术两个层面，分别针对一般性的信息系统和特定领域的应用系统提供安全保护。

（1）基础安全技术。

基础安全技术大致包括以下几个方面：

1）信息加密技术。近年来通过与其他领域的交叉，产生了量子密码、基于 DNA 的密码和数字隐写等分支领域，其安全性能和潜在的应用领域均有很大的突破。加密技术将在信息安全领域内扮演十分重要的角色。

2）安全集成电路技术。

3）安全管理和安全体系架构技术。

4）安全评估和工程管理技术。

（2）应用安全技术。

应用安全技术大致包括以下几个方面：

1）电磁泄漏防护技术。

2）安全操作平台技术。

3）信息侦测技术。

4）计算机病毒防范技术。

5）系统安全增强技术。

6）安全审计和入侵检测、预警技术。

7）内容分级监管技术。

8）信息安全攻防技术。

2. 数据加密技术

信息加密是保障信息安全的最基本、最核心的技术措施和理论基础。信息加密也是现代密码学的主要组成部分。信息加密过程由形形色色的加密算法来具体实施，它以很小的代价提供很大的安全保护。在多数情况下，信息加密是保证信息机密性的唯一方法。据不完全统计，到目前为止，已经公开发表的各种加密算法多达数百种。如果按照收发双方密钥是否相同来分类，可以将这些加密算法分为常规密码算法和公钥密码算法。

（1）DES 密码。在常规密码中，收信方和发信方使用相同的密钥，即加密密钥和脱密密钥是相同或等价的。在众多的常规密码中影响最大的是 DES 密码。

DES 由 IBM 公司研制，并于 1977 年被美国国家标准局确定为联邦信息标准中的一项。ISO 也已将 DES 定为数据加密标准。DES 算法采用了散布、混乱等基本技巧，构成其算法的基本单元是简单的置换、代替和模加。DES 的整个算法结构都是公开的，其安全性由密钥保证。DES 的加密速度很快，可用硬件芯片实现，适合于大量数据加密。

（2）RSA 加密。在公钥密码中，收信方和发信方使用的密钥互不相同，而且几乎不可能由加密密钥推导出脱密密钥。最有影响的公钥加密算法是 RSA，它能够抵抗到目前为止已知的所有密码攻击。

RSA 诞生于 1978 年，目前它已被 ISO 推荐为公钥数据加密标准。RSA 算法基于一个十分简单的数论事实：将两个大素数相乘十分容易，但是想分解它们的乘积却极端困难，因此可以将乘积公开作为加密密钥。RSA 的优点是不需要密钥分配，但缺点是速度慢。

当然在实际应用中人们通常是将常规密码和公钥码结合在一起使用，比如：利用 DES 或 IDEA 来加密信息，而采用 RSA 来传递会话密钥。如果按照每次加密所处理的比特数来分类，可以将加密算法分为序列密码和分组密码。前者每次只加密一个比特，而后者则先将信息序列分组，每次处理一个组。

3. 访问控制技术

访问控制技术是通过不同的手段和策略来实现对网络信息系统的访问控制，其目的是保护网络资源不被非法使用和访问。访问控制规定了主体对客体访问的限制，并在身份识别的基础上，根据身份对提出资源访问请求加以控制。在访问控制中，客体是指网络资源，包括文件、设备、信号量等；主体是指对客体访问的活动资源，主体是访问的发起者，通常是指进程、程序或用户。访问控制中第 3 个元素是保护规则，它定义了主体与客体可能的相互作用途径。

访问控制技术涉及的领域较广，根据控制策略的不同，访问控制技术可以划分为自主访问控制、强制访问控制和角色访问控制 3 种策略。

(1) 自主访问控制。

针对访问资源的用户或者应用设置访问控制权限，这种技术的安全性最低，但灵活性很高。在很多操作系统和数据库系统中通常采用自主访问控制，来规定访问资源的用户或应用的权限。

(2) 强制访问控制。

在自主访问控制的基础上，增加了对网络资源的属性划分，规定不同属性的访问权限。这种访问控制技术引入了安全管理员机制，增加了安全保护层，可防止用户无意或有意使用自主访问的权利。

强制访问控制的安全性比自主访问控制的安全性有了提高，但灵活性要差一些。例如，某些高安全等级的操作系统规定了强制访问控制策略，通过给系统用户和文件分配安全属性，强制性地规定该属性下的权限，低安全级别不能访问高安全级别的信息，不同组别间的信息不能互访等。

一般安全属性可分为 4 个级别：最高秘密级 (Top Secret)、秘密级 (Secret)、机密级 (Confidential) 以及无级别级 (Unclassified)。其级别顺序为 T>S>C>U，规定如下的 4 种强制访问控制策略：下读——用户级别大于文件级别的读操作；上写——用户级别低于文件级别的写操作；下写——用户级别大于文件级别的写操作；上读——用户级别低于文件级别的读操作。

这些策略保证了信息流的单向性，"上读——下写"方式保证了数据的完整性，"上写——下读"方式则保证了信息的安全性。

(3) 角色访问控制。

与访问者的身份认证密切相关，通过确定该合法访问者的身份来确定访问者在系统中对哪类信息有什么样的访问权限。一个访问者可以充当多个角色，一个角色也可以由多个访问者担任。

角色访问控制具有以下优点：便于授权管理、便于赋予最小特权、便于根据工作需要分级、便于任务分担、便于文件分级管理、便于大规模实现。角色访问是一种有效而灵活的安全措施，目前对这一技术的研究还在深入进行中。另外，文件本身也可分为不同的角色，如文本文件、报表文件等，由不同角色的访问者拥有。文件访问控制的实现机制分为访问控制表 (Access Control Lists, ACL)、能力关系表 (Capabilities Lists) 和权限关系表 (Authorization Relation）3 种。

（4）访问控制的级别。

根据控制手段和具体目的的不同，人们将访问控制技术划分为几个不同的级别，包括入网访问控制、网络权限控制、目录级控制、属性控制以及网络服务器的安全控制等。

1）入网访问控制为网络访问提供了第一层访问控制，通过控制机制来明确能够登录到服务器并获取网络资源的合法用户、用户入网的时间和准许入网的工作站等。基于用户名和密码的用户入网访问控制可分为 3 个步骤：用户名的识别与验证、用户密码的识别与验证和用户账号的默认限制检查。如果有任何一个步骤未通过检验，该用户便不能进入该网络；由于用户名、密码验证方式容易被攻破，目前很多网络都开始采用基于数字证书的验证方式。

2）网络权限控制是针对网络非法操作所提出的一种安全保护措施，能够访问网络的合法用户被划分为不同的用户组。不同的用户组被赋予不同的权限。访问控制机制明确了不同用户组可以访问哪些目录、子目录、文件和其他资源等，指明不同用户对这些文件、目录、设备能够执行哪些操作等，这些机制的设定可以通过访问控制表来实现。

3）目录级安全控制是针对用户设置的访问控制，控制用户对目录、文件、设备的访问。用户在目录一级指定的权限对所有文件和子目录有效，用户还可以进一步指定对目录下的子目录和文件的权限。对目录和文件的访问权限一般有 8 种：系统管理员权限、读权限、写权限、创建权限、删除权限、修改权限、文件查找权限和访问控制权限。

4）属性安全控制在权限安全的基础上提供更进一步的安全性。当用户访问文件、目录和网络设备时，网络系统管理员应该给出文件、目录的访问属性，网络上的资源都应预先标出安全属性，用户对网络资源的访问权限对应一张访问控制表，用以表明用户对网络资源的访问能力。属性设置可以覆盖已经指定的任何受托者指派和有效权限。属性能够控制以下几个方面的权限：向某个文件写数据、复制文件、删除目录或文件、查看目录和文件、执行文件、隐含文件、共享；系统属性等，避免发生非法访问的现象。

5）网络服务器的安全控制是由网络操作系统负责，但这些访问控制的机制比较粗糙。这种控制可以设置密码锁定服务器控制台，以防止非法用户修改、删除重要信息或破坏数据。此外，这种控制还可以设定服务器登录时间限制、非法访问者检测和关闭的时间间隔等。

安全访问控制产品的种类有很多，有硬件产品，也有软件产品，而且很多安全产品在研制过程中都已将访问控制技术融入其中。防火墙、代理服务器、路由器和专用访问控制服务器都可以看作是实现访问控制的产品。

4. 信息确认技术

信息确认技术通过严格限定信息的共享范围来达到防止信息被非法伪造、篡改和假冒。

一个安全的信息确认方案应该能使：合法的接收者能够验证他收到的消息是否真实；发信者无法抵赖自己发出的消息；除合法发信者外，别人无法伪造消息；发生争执时可由第三人仲裁。

按照其具体目的，信息确认系统可分为消息确认、身份确认和数字签名。消息确认使约定的接收者能够证实消息是否是约定发信者送出的且在通信过程中未被篡改过的消息。身份确认使用户的身份能够被正确判定。最简单但却最常用的身份确认方法有：个人识别号、密码和个人特征（如指纹）等。数字签名与日常生活中的手写签名效果一样。它不但能使消息接收者确认消息是否来自合法方，而且可以为仲裁者提供发信者对消息签名的证据。

用于消息确认中的常用算法有：E1Gamal 签名、数字签名标准（DSS）、One-time 签名、Undeniable 签名、Fail - stop、签名、Schnorr 确认方案、Okamoto 确认方案、Guillou - Quisquater 确认方案、MD5 等。其中最著名的算法是数字签名标准（DSS）算法。

5. 防火墙技术

尽管近年来各种网络安全技术在不断涌现，但到目前为止防火墙仍是网络系统安全保护中最常用的技术。

（1）防火墙简介。

防火墙系统是一种网络安全部件，它可以是硬件，也可以是软件，也可能是硬件和软件的结合，这种安全部件处于被保护网络和其他网络的边界，接收进出被保护网络的数据流，并根据防火墙所配置的访问控制策略进行过滤或做出其他操作，防火墙系统不仅能够保护网络资源不受外部的侵入，而且还能够拦截从被保护网络向外传送有价值的信息。防火墙系统可以用于内部网络与 Internet 之间的隔离，也可用于内部网络不同网段的隔离，后者通常称为 Intranet 防火墙。

（2）防火墙的种类。

目前的防火墙系统根据其实现的方式大致可分为两种，即包过滤防火墙和应用层网关。包过滤防火墙的主要功能是接收被保护网络和外部网络之间的数据包，根据防火墙的访问控制策略对数据包进行过滤，只准许授权的数据包通行。

应用层网关位于 TCP/IP 协议的应用层，实现对用户身份的验证，接收被保护网络和外部网络之间的数据流并对之进行检查。在防火墙技术中，应用层网关通常由代理服务器来实现。

（3）防火墙产品。

国外防火墙包括 Check Point，Cisco，NAI，TrendMicro，NetScreen，Gauntlet，Watch-Guard，IBM，Norton 等，国内防火墙有天网、东大阿尔派、联想网御、北信源、青鸟、网眼、清华得实、清华紫光、清华顺风、KILL、中网、上海华依、东方龙马、实达朗新、中科网威、中网、中科安胜、海信等。

国内品牌以企业级硬件防火墙居多。在产品等级上，包过滤型防火墙最为普遍。国外产品类别较全，有以 CISCO 为典型的硬件型、以 Checkpoint 为典型软件型，也有以阿尔卡特为代表的软硬一体化型。同时，大多品牌包括包过滤型、应用网关型和服务代理型产品。Net-screen 的产品还覆盖企业应用型和家用型。

6. 网络安全扫描技术

网络安全扫描技术是为使系统管理员能够及时了解系统中存在的安全漏洞如在操作系统上存在的可能导致遭受缓冲区溢出攻击或者拒绝服务攻击主机系统中被安装了窃听程序，并采取相应防范措施，从而降低系统的安全风险而发展起来的一种安全技术。安全漏洞还可以检测防火墙系统是否存在安全漏洞和配置错误。

（1）安全扫描的策略。

安全扫描通常采用两种策略，第一种是被动式策略，第二种是主动式策略。所谓被动式策略就是基于主机之上，对系统中不合适的设置、脆弱的密码以及其他同安全规则抵触的对象进行检查；而主动式策略是基于网络的，它通过执行一些脚本文件模拟对系统进行攻击的行为并记录系统的反应，从而发现其中的漏洞。利用被动式策略扫描称为系统安全扫描，利用主动式策略扫描称为网络安全扫描。

（2）安全扫描的主要检测技术。

1）基于应用的检测技术。采用被动的、非破坏性的办法检查应用软件包的设置，发现安全漏洞。

2）基于主机的检测技术。采用被动的、非破坏性的办法对系统进行检测。通常，涉及系统的内核、文件的属性、操作系统的补丁等问题。这种技术还包括密码解密，把一些简单的密码剔除。因此，这种技术可以非常准确地定位系统的问题，发现系统的漏洞，缺点是与平台相关，升级复杂。

3）基于目标的漏洞检测技术。采用被动的、非破坏性的办法检查系统属性和文件属性，如数据库、注册号等，通过消息文摘算法对文件的加密数进行检验。这种技术的实现是运行在一个闭环上，不断地处理文件、系统目标、系统目标属性，然后产生检验数，把这些检验数同原来的检验数相比较，一旦发现改变就通知管理员。

4）基于网络的检测技术。采用积极的、非破坏性的办法来检验系统是否有可能被攻击崩溃。利用了一系列的脚本模拟对系统进行攻击的行为，然后对结果进行分析。还针对已知的网络漏洞进行检验。网络检测技术常被用来进行穿透实验和安全审计。这种技术可以发现一系列平台的漏洞，也容易安装。但是，它可能会影响网络的性能。

优秀的安全扫描产品往往综合了以上 4 种方法的优点，最大限度的增强漏洞识别的精度。

（3）安全扫描的内容。

1）网络远程安全扫描。在早期的共享网络安全扫描软件中，有很多都是针对网络的远程安全扫描，这些扫描软件能够对远程主机的安全漏洞进行检测并做一些初步的分析。但事实上，由于这些软件能够对安全漏洞进行远程的扫描，因而也是网络攻击者进行攻击的有效工具，网络攻击者利用这些扫描软件对目标主机进行扫描，检测目标主机上可以利用的安全性弱点，并以此为基础实施网络攻击。

2）防火墙系统扫描。防火墙系统是保证内部网络安全的一个很重要的安全部件，但由于防火墙系统配置复杂，很容易产生错误的配置，从而可能给内部网络留下安全漏洞。此外，防火墙系统都是运行于特定的操作系统之上，操作系统潜在的安全漏洞也可能给内部网络的安全造成威胁。为解决上述问题，防火墙安全扫描软件提供了对防火墙系统配置及其运行操作系统的安全检测，通常通过源端口、源路由、SOCKS 和 TCP 系列号来猜测攻击等潜在的防火墙安全漏洞，进行模拟测试来检查其配置的正确性，并通过模拟强力攻击、拒绝服务攻击等来测试操作系统的安全性。

3）Web 网站扫描。Web 站点上运行的 CGI 程序的安全性是网络安全的重要威胁之一，此外 Web 服务器上运行的其他一些应用程序、Web 服务器配置的错误、服务器上运行的一些相关服务以及操作系统存在的漏洞都可能是 Web 站点存在的安全风险。Web 站点安全扫描软件就是通过检测操作系统、Web 服务器的相关服务、CGI 等应用程序以及 Web 服务器的配置，报告 Web 站点中的安全漏洞并给出修补措施。Web 站点管理员可以根据这些报告对站点的安全漏洞进行修补从而提高 Web 站点的安全性。

4）系统安全扫描。系统安全扫描技术通过对目标主机的操作系统的配置进行检测，报告其安全漏洞并给出一些建议或修补措施。与远程网络安全软件从外部对目标主机的各个端口进行安全扫描不同，系统安全扫描软件从主机系统内部对操作系统各个方面进行检测，因而很多系统扫描软件都需要其运行者具有超级用户的权限。系统安全扫描软件通常能够检查潜在的操作系统漏洞、不正确的文件属性和权限设置、脆弱的用户密码、网络服务配置错误、操作系统底层非授权的更改以及攻击者攻破系统的迹象等。

（4）安全扫描技术的发展趋势。

安全扫描软件从最初的专门为 UNIX 系统编写的一些只具有简单功能的小程序，发展到现在，已经出现了多个运行在各种操作系统平台上的、具有复杂功能的商业程序。今后的发展趋势有以下几点：

1）使用插件（Plugin）或者叫做功能模块技术。每个插件都封装一个或者多个漏洞的测试手段，主扫描程序通过调用插件的方法来执行扫描。仅仅是添加新的插件就可以使软件增加新功能，扫描更多漏洞。在插件编写规范公布的情况下，用户或者第三方公司甚至可以自己编写插件来扩充软件的功能。同时这种技术使软件的升级维护都变得相对简单，并具有非常强的扩展性。

2）使用专用脚本语言。这其实就是一种更高级的插件技术，用户可以使用专用脚本语言来扩充软件功能。这些脚本语言语法通常简单易学，往往用十几行代码就可以定制一个简单的测试，为软件添加新的测试项。脚本语言的使用，简化了编写新插件的编程工作，使扩充软件功能的工作变得更加容易，也更加有趣。

3）由安全扫描程序到安全评估专家系统。最早的安全扫描程序只是简单地把各个扫描测试项的执行结果罗列出来，直接提供给测试者而不对信息进行任何分析处理。而当前较成熟的扫描系统都能够将对单个主机的扫描结果整理，形成报表，能够并对具体漏洞提出一些解决方法，但对网络的状况缺乏一个整体的评估，对网络安全没有系统的解决方案。未来的安全扫描系统，应该不但能够扫描安全漏洞，还能够智能化的协助网络信息系统管理人员评估本网络的安全状况，给出安全建议，成为一个安全评估专家系统。

（5）安全扫描产品。安全扫描产品既有专业的大公司生产的产品，也有一些专用的小型的产品。比较有名的有 ISS 的扫描软件套件 NAI 公司的 CyberCop Scanner、Norton 公司的 NetRecon、WebTrends 公司的 WSA（WebTrends Security Analyer）、俄罗斯黑客组织制作的 Shadow Security Scanner、Retina 公司的 The Network Security Scanner。国产的天镜漏洞扫描软件也是一款优秀的漏洞扫描分析和安全评估系统。

7. 网络入侵检测技术（Intrusion Detection System，IDS）

随着网络技术的发展，网络环境变得越来越复杂，对于网络安全来说，单纯的防火墙技术暴露出明显的不足和弱点，如无法解决安全后门问题；不能阻止网络内部攻击（调查发现，50%以上的攻击都来自内部）；不能提供实时入侵检测能力；对于病毒等束手无策等。因此很多组织致力于提出更多更强大的主动策略和方案来增强网络的安全性，其中一个有效的解决途径就是入侵检测。入侵检测系统可以弥补防火墙的不足，为网络安全提供实时的入侵检测及采取相应的防护手段，如记录证据、跟踪入侵、恢复或断开网络链接等。

（1）入侵检测系统的概念。

入侵行为主要是指对系统资源的非授权使用，可以造成系统数据的丢失和破坏、系统拒绝服务等危害。对于入侵检测而言的网络攻击可以分为 4 类。

1）检查单 IP 包（包括 TCP、UDP）首部即可发觉的攻击，如 winNuke，ping of death，land.c，部分 OS detection，source routing 等。

2）检查单 IP 包，但同时要检查数据段信息才能发觉的攻击，如利用 CGI 漏洞，缓存溢出攻击等。

3）通过检测发生频率才能发觉的攻击，如端口扫描、SYNFlood，smurf 攻击等。

4）利用分片进行的攻击，如 teadrop，nestea，jolt 等。此类攻击利用了分片组装算法的种种漏洞。若要检查此类攻击，必须提前（在 IP 层接受或转发时，而不是在向上层发送时）进行组装尝试。分片不仅可用来攻击，还可用来逃避未对分片进行组装尝试的入侵检测系统的检测。

入侵检测通过对计算机网络或计算机系统中的若干关键点收集信息并进行分析，从中发现网络或系统中是否有违反安全策略的行为和被攻击的迹象。进行入侵检测的软件与硬件的组合就是入侵检测系统。

入侵检测系统执行的主要任务包括：监视、分析用户及系统活动；审计系统构造和弱点；识别、反映已知进攻的活动模式，向相关人士报警；统计分析异常行为模式；评估重要系统和数据文件的完整性；审计、跟踪管理操作系统，识别用户违反安全策略的行为。

入侵检测一般分为 3 个步骤，依次为信息收集、数据分析、响应（被动响应和主动响应）。

（2）入侵检测系统技术。

采用概率统计方法、专家系统、神经网络、模式匹配、行为分析等来实现入侵检测系统的检测机制，以分析事件的审计记录、识别特定的模式、生成检测报告和最终的分析结果。

入侵检测一般采用如下两项技术：一是异常发现技术，假定所有入侵行为都是与正常行为不同的；二是模式发现技术，它是假定所有入侵行为和手段（及其变种）都能够表达为一种模式或特征，所有已知的入侵方法都可以用匹配的方法发现。模式发现技术的关键是如何表达入侵的模式，以正确区分真正的入侵与正常行为。

（3）入侵检测系统的分类。

通常，入侵检测系统按其输入数据的来源分为 3 种：

1）基于主机的入侵检测系统，其输入数据来源于系统的审计日志，一般只能检测该主机上发生的入侵。

2）基于网络的入侵检测系统，其输入数据来源于网络的信息流，能够检测该网段上发生的网络入侵。

3）分布式入侵检测系统，能够同时分析来自主机系统审计日志和网络数据流的入侵检测系统，系统由多个部件组成，采用分布式结构。

另外，入侵检测系统还有其他一些分类方法。如根据布控物理位置可分为基于网络边界（防火墙、路由器）的监控系统、基于网络的流量监控系统以及基于主机的审计追踪监控系统；根据建模方法可分为基于异常检测的系统、基于行为检测的系统、基于分布式免疫的系统；根据时间分析可分为实时入侵检测系统、离线入侵检测系统。

（4）入侵检测系统面临的主要问题及发展趋势。

入侵检测系统面临的主要问题第一是误报，攻击者可以利用包结构伪造无威胁"正常"假警报，以诱使网络管理人员把入侵检测系统关掉。第二是精巧及有组织的攻击，特别是一群人组织策划且技术高超的攻击，攻击者花费很长时间准备，并发动全球性攻击。另外，高速网络技术，尤其是交换技术以及加密信道技术的发展，使得通过共享网段侦听的网络数据采集方法显得不足，而巨大的通信量对数据分析也提出了新的要求。

目前，许多学者在研究新的检测方法，如采用自动代理的主动防御方法，将免疫学原理应用到入侵检测的方法等。其主要发展方向可以概括为：

1）分布式入侵检测与公共入侵检测框架（Common Intrusion Detection Framework，CIDF）。传统的入侵检测系统一般局限于单一的主机或网络架构，对异构系统及大规模网络的检测明显不足，同时不同的入侵检测系统之间不能协同工作。为此，需要分布式入侵检测技术与 CIDF。

2）应用层入侵检测。许多入侵的语义只有在应用层才能理解，而目前的入侵检测系统仅能检测 Web 之类的通用协议，不能处理如 Lotus Notes 数据库系统等其他的应用系统。许多基于客户机/服务器结构、中间件技术及对象技术的大型应用，需要应用层的入侵检测保护。

3）智能入侵检测。目前，入侵方法越来越多样化与综合化，尽管已经有智能体系、神经网络与遗传算法应用在入侵检测领域，但这些只是一些尝试性的研究工作，需要对智能化的入侵检测系统进行进一步研究，以解决其自学与自适应能力。

4）与网络安全技术相结合。结合防火墙、安全电子交易等网络安全与电子商务技术，提供完整的网络安全保障。

5）建立入侵检测系统评价体系。

（5）入侵检测产品。

网络安全公司一般都同时生产漏洞检测和入侵检测产品，入侵检测产品以硬件居多，也有部分软件产品，国产的入侵检测产品因为界面友好，日常使用的要多一些。常见的 IDS 产品有 ISS 的 RealSecure、CA 公司的 eTrust、Symantec 的 NetProwler、启明星辰公司的天阗、上海金诺的网安、东软的网眼等。

8. 黑客诱骗技术

黑客诱骗技术是近期发展起来的一种网络安全技术，通过一个由网络安全专家精心设置的特殊系统来引诱黑客，并对黑客进行跟踪和记录。这种黑客诱骗系统通常也称为蜜罐（Honeypot）系统，其最重要的功能是特殊设置的对于系统中所有操作的监视和记录，网络安全专家通过精心的伪装使得黑客在进入到目标系统后，仍不知晓自己所有的行为已处于系统的监视之中。为了吸引黑客，网络安全专家通常还在蜜罐系统上故意留下一些安全后门来吸引黑客上钩，或者放置一些网络攻击者希望得到的敏感信息，当然这些信息都是虚假信息。

这样，当黑客在目标系统中的所有行为，包括输入的字符、执行的操作都已经为蜜罐系统所记录。有些蜜罐系统甚至可以对黑客网上聊天的内容进行记录。蜜罐系统管理人员通过研究和分析这些记录，可以知道黑客采用的攻击工具、攻击手段、攻击目的和攻击水平，通过分析黑客的网上聊天内容还可以获得黑客的活动范围以及下一步的攻击目标，根据这些信息，管理人员可以提前对系统进行保护。同时在蜜罐系统中记录下的信息还可以作为对黑客进行起诉的证据。

9. 物理隔离

物理隔离就是内部网不直接或间接地链接公共网，用于军事、政府部门、金融、安全机构等部门的专用网络。物理安全的目的是保护路由器、工作站、网络服务器等硬件实体和通信链路免受自然灾害、人为破坏和搭线窃听攻击。只有使内部网和公共网物理隔离，才能真正保证党、政机关的内部信息网络不受来自互联网的黑客攻击。此外，物理隔离也为政府内部网划定了明确的安全边界，使网络的可控性增强，便于内部管理。

（1）物理隔离和互联网信息的交流。物理隔离并不是将网络完全隔开，这与互联网信息互连、互通的宗旨相违背。

实施物理隔离的目的是让使用者在确保安全的前提下，充分享受互联网所带来的一切优点。在物理隔离系统中会包含对外网内容进行采集转播的系统，这样可以使安全的信息迅捷地在内外网之间流转，完全实现互联网互连、互通的宗旨。特别是第三代单硬盘物理隔离技术以及国内正在研发的第四代、第五代物理隔离技术，使信息充分互连互通，但同时又达到物理隔断的目的。

（2）物理隔离的方案。在同一时间、同一空间，单个用户是不可能同时使用两个系统的。所以，总有一个系统处于"空闲"状态。只要使两个系统在空间上物理隔离，在不同的时间运行，就可以得到两个完全物理隔离的系统，即一个区链接外部网，一个区链接内部网。

在具体实施物理隔离措施的过程当中，为了避免使用两套独立的计算机网络系统，做到物理隔离和使用方便相结合，实行物理隔离采用网络隔离卡是一种简单易行的方法。将一台工作站或 PC 的单个硬盘物理分割为两个分区，即公共区（Public）和安全区（Secure）。这些分区容量可以由用户指定，因此使一台 PC 能链接两个网络。通过公共区链接外部网，如 Internet，主机只能使用硬盘的公共区与外部网链接，而此时与内部网是断开的，且硬盘安全区也是被封闭的。而安全区则链接内部网，主机只能使用硬盘的安全区与内部网链接，而此时与外部网（如 Internet）链接是断开的，且硬盘的公共区的通道是封闭的。两个分区分别安装各自的操作系统，是两个完全独立的环境，操作者一次只能进入其中一个系统，从而实现内外网的完全隔离。

随着需求的不断增加，许多新的物理隔离思路应运而生，如服务器端的物理隔离，这是一个崭新的领域，它能让用户在实现内外网安全隔离的同时，以较高的速度完成数据的安全传输。第四代物理隔离产品是一种动态的隔断，内、外网自动切换 1s 内达到 1000 次，操作者根本感觉不到有任何延迟。第五代物理隔离产品是通过反射的原理代替切换开关来进行内外网的物理隔离，并且能对内、外网的信息进行筛选。这些新一代的物理隔离产品的问世，将更好地为我国的信息安全事业服务。

10. VPN

随着跨区域大中型企业的蓬勃发展以及企业信息化进程的加快，企业急需将位于不同地区甚至不同国家的分支机构纳入到总部的局域网之中，实现安全的资源共享。通常的做法是租用专线建立互联，但是这种方案的费用非常高；而如果直接借助公用网进行连接，明文的传输使得信息安全得不到保障。

VPN（Virtual Private Network，虚拟专用网络）是指在公共网络基础设施特别是 Internet 上建设成的专用数据通信网络。数据通过安全的加密隧道在公共网络中传播，从而保证通信的保密性。

VPN 与一般网络互联的关键区别在于用户的数据通过网络服务商在公共网络中建立逻辑隧道进行传输，数据包经过加密后，按隧道协议进行封装、传送，并通过相应的认证技术来实现网络数据的专有性。

IPSec 是 IETF 提出的 IP 安全标准。它在 IP 层对数据包进行高强度的加密和验证，能提供数据源的验证、无链接数据完整性、数据机密性、抗重播和有限业务流机密性等安全服务：同时该标准使安全服务独立于各种应用程序，能很好地解决各种 IPSec 实现的互操作性，所提供的安全服务共享程度高，可扩展性强。各种应用程序可以享用 IP 层提供的安全服务和密钥管理，而不必设计和实现自己的安全机制，也减少了密钥协商的开销，降低了产生安全漏洞的可能性。IPSec 可连续或递归应用，是 VPN 常用的安全隧道技术。

另外，由于 VPN 技术是用于不同的远程局域网或拨号网络之间的通信，而不同局域网网络环境以及拨号方式上存在较大的差异性，因此 VPN 产品必须能兼容不同的操作平台、协议以及接入方式。同时，由于用户的多样性，公司的网络管理员还应该设置特定的访问控制表，根据访问者的身份、网络地址等参数来确定他所相应的访问权限，开放部分资源而非全部资源给外联网的用户，因此 VPN 技术还经常和防火墙紧密结合在一起。

(三) 数据备份和数据容灾

1. 系统可用性

系统可用性是指保证信息的完整性和可获取性。完整性是指网络程序，如数据、安全、设备和连接的健全性。为了保证网络的完整性，应该使它远离任何其他可能会导致其发生故障的东西。系统的可获取性是指它是如何能被获得授权的所有人员连续且可靠地访问。例如，如果一台服务器使公司员工登录并且使用其程序和数据的成功率是 99.99%，那么它就被认为是具有很高的可获取性了。为了保证可获取性，不仅要很好地规划和配置网络，而且还要进行数据备份，安装冗余设备，以及保护它不让那些可能会导致网络不能正常工作的入侵者登录进入网络。

为保证系统的可用性，在设计和管理一个网络时都要考虑到诸如容错、容灾、备份、恢复等问题。

2. 容错

容错就是系统在不知道硬件或软件错误的情况下也能够继续运行的能力。具有容错性的系统的目标就是要停止错误继续发展成故障。

容错性在实现的程度上是不同的，这是因为系统最优的容错性取决于系统服务和文件工作时所要求的严格程度的缘故。在具有最高级别容错性系统中，系统可以不受电源失败等严重问题的干扰，例如，不间断电源（Uninterrupted Power System，UPS）或大功率发电机在全市的供电发生故障时仍然能向服务器供电，从而提供了很高的容错性。

除了使用备用电源外，容错性还可以通过镜像发挥作用。当两个服务器相互镜像时，如果其中有一台失败就可以很快切换到另一台服务器。这种一个部件能够立即担负起另外的同样部件责任的过程就是所谓的自动失败转移。例如，即使一台服务器的网络端口卡失败了，失败转移功能保证另外一台服务器能够自动切换以担负起前面那一台服务器的责任。在具有高容错性的网络中，用户甚至不会感觉到曾经发生过问题。

为了使系统具有容错性，最好的办法就是为关键部件提供备份或冗余部件来补偿错误。

可以为服务器、线缆、路由器、集线器、网关、网络端口卡、硬盘、电源和其他部件提供冗余设备。硬盘冗余（Redundant Array of Inexpensive Disk，RAID），代表了一种在几个物理硬磁盘驱动器上动态复制数据的复杂方法。

（1）环境。

在考虑服务器、路由器和广域网连接所采用的复杂的容错技术时，一定要分析设备所处的物理环境。数据保护计划中的一部分包括：保护网络所处的环境不能过热或过潮，不能受到损坏，以及免受自然灾害。防止自然灾害最好的方法就是把数据备份存放在服务器摆放位置以外的地方。

另外，还应该保证在放置电信机柜和设备的房间里安装空调并保持恒定的温度。可以安装上温度和湿度监视器以确保在温度和湿度超过某一设定的极限值时报警。这些监视器是非常有用的，这是因为在一个堆满设备的房间里温度升高得过快就会导致设备因过热而出故障。

（2）供电。

不管在什么地方，可能都发生彻底断电或电力不足的情况。此时使用备用电源，如 UPS 或发电机，这样就能够弥补这些缺陷。

1）UPS：保证网络设备不断电最常用的方法就是安装 UPS。UPS 是一种利用电池供电的设备，它可以直接连接一台或多台设备和电源，从而能够防止由于电源输出口输出的交流电不理想而损坏设备或中断其服务。

2）发电机：如果计算机服务不能出现的任何断电现象，应该配备一台发电机。

（3）拓扑结构。

拓扑结构有：星型、环型、总线型、网状以及层次型。其中每一种拓扑结构本身都具有固有的优缺点。

网状结构的容错性最高。网状结构的网络中的各个节点之间通过几条路径直接或间接连接。在网状拓扑结构中，数据从任何一个节点传递到另一个节点可以沿着多条路径传输。一个能提供多条冗余连接的全网状网络要比一个具有单条冗余连接的网络具有更高的容错性了。

使网络具有冗余能力的好处是：减少了功能失常的风险，并且可以防止网络出现故障。

（4）连接。

连接 LAN 或 WAN 的设备或线路在系统也可能出现故障。如何才能使连接设备和 LAN 或 WAN 的连接容错能力得到根本性的提高？在路由器或交换等较关键的部件中，要想使其具备较高的容错能力，就要使用冗余的电源、冷却风扇、端口以及 I/O 模块，而且这些设备都应该能够热切换。如果路由器的一个处理器出了故障，那么，另一个冗余的处理器就自动切换以负责数据处理任务。另外连接线路也要有冗余能力。

（5）服务器。

和其他设备一样，可以为服务器配备冗余部件以使其具备更高的容错能力。关键服务器通常都配备了下面的冗余部件：网络端口卡、处理器和硬盘。这些冗余部件可以保证在其中一个部件失败时整个系统还能继续正常工作；同时，它们也能够实现负载平衡功能。

例如，一台带有两个 100Mbit/s 传输速率网络端口卡的服务器，在系统繁忙时就可以提供 64Mbit/s 的传输速率。如果再使用由网络端口卡制造商或第三方提供的附加软件，冗余的网络端口卡就可以分担数据传输任务，一块网络端口卡就可以传输将近一半的数据量，另一块就可以传输另一半数据量。这种办法就提高了用户访问服务器的响应速度。如果一块网络端口卡失败了，冗余的另一块网络端口卡就会自动担负起发往服务器以及从服务器传回数据。

下面介绍使服务器具备冗余能力所采用的更复杂方法：

1）廉价冗余磁盘阵列。一组硬盘就叫做磁盘阵列（或驱动器）。在 RAID 配置下的共同工作的磁盘集合是指"RAID 驱动器"。对于系统而言，RAID 驱动器里的多个磁盘就好像单个的逻辑驱动器一样。使用 RAID 的好处就是不会导致损失惨重的数据丢失。

2）服务器镜像。服务器镜像是一项容错技术，一台服务器对另一台的事务和数据存贮制作副本，这些服务器必须是使用相同组件的相同计算机。正如所预料的一样，镜像要求服务器之间有一个连接。它也需要软件在两台服务器上运行以使它们在行动上保持同步，以及在发生故障的时候，允许一台服务器接管另外一台。

3）服务器聚族。服务器聚族是一种将多台服务器连在一起作为单台服务器使用的容错技术。在这种配置下，聚族的服务器共同承担处理任务，对用户而言就像是一台单一的服务器。如果聚族中的一台服务器失效了，聚族中的其他服务器将自动接管它的数据处理和存贮责任。由于多台服务器能够独立于其他服务器提供服务以及确保容错，所以聚族技术比镜像技术具有更高的性价比。

3. 数据备份

备份是出于存档或者安全保存的目的对数据或程序文件进行复制。

（1）备份方式。

传统的方式有远程磁带库、光盘库备份。这些过程比较不简捷，而且成本比较高。现在是云时代了，多备份就很好，采用云备份，操作起来也简单便捷，可以省下很多人力物力。

（2）备份策略。

在选择了为服务器的数据备份的合适工具以后，应当制订一个备份策略来指导备份，以提供最大程度的数据保护。这个策略应当在一个公共区域列出（如在网站上），并且至少要包括下列这些问题：备份要依照什么样的备份循环？备份在白天或夜间的何时进行？怎样验证备份的准确性？备份介质放在何处？谁来承担确保备份实施的责任？要将备份保存多久？备份和恢复的文件资料存放在哪里？

一旦确定了备份循环方案，就要确保备份活动按备份日志进行。备份日志中包括的信息有备份日期、磁带标志（每周的日期或类型）、备份数据的类型（如会计部的差价）、备份类型（完全备份、增量备份或差分备份）、已备份的文件以及磁带存贮的站点。在发生了服务器失效以后，这些信息将极大地简化数据恢复过程。

4. 数据恢复

（1）数据恢复的定义。

数据恢复就是从损坏的数据载体和损坏或被删除的文件的集合中获得有用数据的过程。数据载体包括：磁盘、光盘、半导体存储器等。还有一个相关的术语叫"灾难恢复"，它通常是指从一个好的数据备份中恢复丢失的数据。

（2）数据恢复分类。

数据恢复可分为硬恢复、软恢复和独立磁盘冗余阵列恢复（RAID）（Redundant Array of

Independent Disks，独立磁盘冗余阵列）。所谓硬恢复就是从损坏的介质里提取原始数据（物理数据恢复），即硬盘出现物理性损伤，比如有盘体坏道、电路板芯片烧毁、盘体异响等故障，出现类似故障时用户不容易取出里面数据，需要先将它修好，保留里面的数据或者待以后恢复里面的数据，这些都叫数据恢复；所谓软恢复，就是硬盘本身没有物理损伤，而是由于人为或者病毒破坏所造成的数据丢失（比如误格式化，误分区），那么这样的数据恢复就叫软恢复。因为硬恢复还需要购买一些工具设备，如 PC3000、电烙铁、各种芯片、电路板等，而且还需要精通电路维修技术和丰富的维修实践。一般数据恢复主要是软恢复。

独立磁盘冗余阵列（RAID，redundant array of independent disks）是把相同的数据存储在多个硬盘的不同的地方（因此，冗余地）的方法。通过把数据放在多个硬盘上，输入输出操作能以平衡的方式交叠，改良性能。因为多个硬盘增加了平均故障间隔时间，储存冗余数据也增加了容错。

重要提示：数据恢复的前提是数据不能被二次破坏、覆盖！

（3）数据的可恢复性。

数据随时都可能丢失，最重要的问题是：数据还有可能恢复吗？这个问题的答案依赖于实际发生的情况：是选择数据恢复，还是选择重建丢失的数据。

应该说明的是本章所提到的"数据可恢复性"的概念，不是指技术理论上的，而是指在"经济上可以承受的数据恢复"。例如当硬盘数据被覆盖一次后，在技术上数据是可以恢复的，但从经济价格上看通常是不可恢复的。

一个文件能够使用数据恢复软件进行恢复的几个必要条件：

1）不是在 C 盘删除的：因为系统会对 C 盘里的系统文件进行不断的读写操作，即使刚删除的文件就会被迅速覆盖，不容易恢复。

2）如果不是在 C 盘删除的，请在误删文件过后立即停止对文件所在分区的所有读写操作。如文件是在 D 盘被误删除，请在误删过后立即关闭系统内所有正在运行的软件（防止软件对 D 盘继续进行读写操作，关闭杀毒软件、防火墙，立刻断开网络连接）。

（4）数据恢复的成功率。

数据恢复通常必须考虑需要恢复的数据类型。假设待恢复的文件是图片，10 幅图片恢复了 9 幅，则可以认为这些文件的恢复成功率是 90%。但是，如果这些文件是数据库中的表格，如果表格数据不完整，假如缺少了 10%，则整个数据库可能变得毫无价值，因为这些数据相互关联，彼此依赖。许多数据都是相互依赖的，即使是很少一部分数据丢失，也可能引起一次大的数据毁坏。还有一个重要的因素决定了数据"90% 恢复"的实际意义。这个重要的因素就是"时间尺度"：一次数据恢复的价值，通常随着恢复时间的增加在不断地减少。

在一些数据恢复公司的网站上经常宣称自己的成功率超过了 90%。没有任何独立的权威机构证明这些宣传的真实性。事实上，90% 的成功率可能只是对某一特定型号的硬盘，或仅是经过选择的一些特定类型的数据恢复，并不是所有的数据类型都能恢复，可能对于一些特定型号的硬盘，其恢复成功率接近于零。物理恢复不可能 100% 成功恢复全部数据。

5. 数据容灾

灾难，通常指关键业务的信息服务中断，且中断的时间让人不能忍受。灾难可分成下面几个类型：自然灾难（洪水、飓风、地震）、外在事件（电力或通信中断）、技术失灵（计算机宕机或网络受损）及设备受损（火灾）等。

从广义上讲，任何提高系统可用性的努力，都可称之为容灾。本地容灾，就是主机集群，当某台主机出现故障，不能正常工作时，其他的主机可以替代该主机，继续进行正常的工作。平时讲到的容灾，尤其是值得重视的容灾，一般都是远程容灾。

容灾的方式有很多，但需要根据容灾风险，在业务重要性与灾备成本之间进行慎重考虑。

远程容灾具体表现为数据容灾和应用容灾。数据容灾就是对数据进行保护；应用容灾是指当灾难发生时，应用可以很快地在异地切换。二者不能截然分开，后者应当以前者为基础。

数据容灾的技术思路分为以下两种：

（1）基于主机系统的数据复制。

这是通过软件形式实现的数据容灾方法。目前各大数据库厂商都在通过这种方法，实现对数据库中数据的备份。数据安全性方面的公司，比如 IBM 就推出了一系列的跨平台存储管理软件的解决方案。

（2）基于智能存储系统的远程镜像。

这种方法对主机的资源占用很小，能保证业务正常运行下的 I/O 响应。但问题是：会受通信链路的通信条件的影响。当带宽不够的时候，只能做远程的异步复制。

由于基于智能存储的远程复制是通过硬件实现复制，从复制效率、实现机制上来说，要好于基于主机的复制。但是，存储复制中也存在着问题。在复制过程中，多少存在数据丢失，复制效果差于基于软件的复制。只是这种数据丢失，不会造成数据库的瘫痪。在企业的一些中低端应用中，当成本预算较紧，主机资源又不是瓶颈的情况下，可以考虑选用基于主机系统的通过软件实现复制的方法；而对于企业中的一些关键应用，如银行业务、电信计费、大型企业业务以及政府的办公系统数据等，由于可靠性要求高，业务不能中断，需要选用针对企业的高端应用的容灾解决方案。如表 4-1 所示给出了各类容灾方式的综合评价。

表 4-1   **各类容灾方式综合评价表**

灾备方式	投资概算	实现程度	可维护性	可靠性	恢复时间	数据丢失情况	应用	灾备状态
热备份	巨大	较难	容易	高	短	几乎没有	少	
温备份	较大	较易	较容易	较高	较短	少	较多	
冷备份	少	容易	较容易	低	长	多	多	
分散方式	可利用空闲场地和设备，投资较少	企业内部容易，外部难	较难	较低	看灾备状态	看灾备状态	少	温备份冷备份
互备备份	少	企业内部容易，外部难	企业内部容易，外部难	企业内部容易，外部难	看灾备状态	看灾备状态	较多	温备份冷备份
专用备份	大	较难	容易	高	看灾备状态	看灾备状态	少	热备份温备份冷备份
共用备份	少	企业内部容易，外部难	企业内部容易，外部难	较低	看灾备状态	看灾备状态	较多	温备份冷备份

问题思考

（1）针对系统的网络安全，可以采取哪些有效措施？

（2）如何有效进行数据备份和数据容灾？

（3）容错包括哪几个方面？容灾与容错有何区别？

任务 2　虚 拟 专 用 网

任务目标

（1）掌握虚拟专用网 VPN 概念及关键要素。

（2）掌握点到点隧道协议。

任务实施

学生按照项目化方式分组学习，教师做好相关的指导和辅导工作，并在整个项目实施过程中认真关注、及时给出意见和建议，随时注意学生是否完全掌握了 VPN 的要素。

知识链接

一、虚拟专用网 VPN 概述

VPN 是一种通过共享网络或者公共网络（如 Internet）建立连接的专用网络的扩展。VPN 能够使用户模拟点到点专用链路的特性，通过共享互联网或者公共互联网在两台计算机之间发送数据。配置与创建 VPN 的过程就是所谓的 VPN 构建过程。

为了模拟点到点链路，必须对数据进行封装，并为这些数据添加能够提供通过共享或者公共互联网到达其端点的路由信息作为数据头。为了保证数据传输的安全性，必须对数据进行加密。对于那些在共享或者公共互联网上被截取的报文，如果没有加密密钥，那么这些报文将无法打开。专用数据被封装与加密的链路，就是所谓的 VPN 连接。VPN 逻辑连接如图 4-1 所示。

VPN 连接允许用户利用公共互联网所提供的基本设备，在家里或者在路上就可以获取到达公司服务器中的一个远程访问连接。从用户的角度看，VPN 就是一个在计算机、VPN 客户、机构服务器以及 VPN 服务器之间所建立的一个点到点连接。在这里，共享网络或者公共网络的具体结构是无关紧要的，因为在用户看来数据似乎是通过一个专用链路进行传输的。

VPN 连接能够为公司在保持通信安全性的前提下提供到达地理位置上分散的办公室或者其他公司的已路由连接通过公共互联网，如 Internet。一个 Internet 上的已路由 VPN 连接在逻辑操作上与专用 WAN 链路相同。

利用远程访问连接与路由连接，VPN 连接允许公司使用长途拨号、本地拨号租用链路以及到达 Internet 服务提供者（Internet Service Provider, ISP）的租用链路。

1. VPN 连接的要素

如图 4-2 所示中描述了 VPN 连接中所包含的组件。

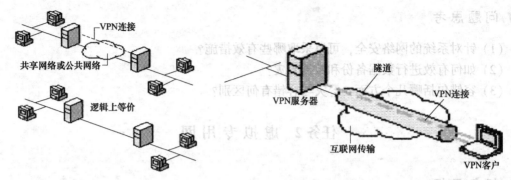

图 4-1　虚拟专用网 VPN　　　　　　图 4-2　VPN 连接中所包含的组件

（1）VPN 服务器：它是能够接受来自 VPN 客户的 VPN 连接企图的计算机。VPN 服务器能够提供远程访问 VPN 连接或者路由器到路由器 VPN 连接。

（2）VPN 客户：它是向 VPN 服务器发送 VPN 连接企图的计算机。VPN 客户可以是用来获取远程访问 VPN 连接的单独计算机，或者是用来获取路由器到路由器 VPN 连接的一个路由器。

（3）隧道：用户数据被封装的连接部分。

（4）VPN 连接：用户数据被加密的连接部分。对于安全的 VPN 连接，数据是在连接的相同部分进行加密与封装的。

（5）隧道协议：用来管理隧道与封装专用数据的通信标准（在隧道上发送的数据必须被加密，才能够成为 VPN 连接）。包括 PPTP 隧道协议与 L2TP 隧道协议。

（6）隧道数据：在专用点到点链路上所发送的数据。

（7）传输互联网：封装后的数据所通过的共享互联网或公共互联网。传输互联网可以使用 Internet 或者基于 IP 的专用内部网。

2. VPN 连接

创建 VPN 连接的过程和利用拨号网络与请求拨号路由过程建立点到点连接的方法十分相似。有两种类型的 VPN 连接：远程访问 VPN 连接与路由器到路由器 VPN 连接。

远程访问 VPN 连接是由远程访问客户或者单个用户计算机所建立的，用来连接到专用网络上。VPN 服务器能够提供对 VPN 服务器的资源或者对 VPN 服务器所在的整个网络资源进行访问的能力。在 VPN 连接上所发送的报文首先来自远程访问客户。

远程访问客户（VPN 客户）首先向远程访问服务器（VPN 服务器）对自己进行验证，然后，VPN 服务器再向 VPN 客户对自己进行验证（对于双向验证的情况）。

路由器到路由器 VPN 连接是由路由器所创建的，用来将专用网络的两个部分进行连接。VPN 服务器提供一条到达 VPN 服务器所在网络的已路由连接。在路由器到路由器 VPN 连接方式下，通过 VPN 连接在两个路由器之间所发送的报文通常并不是来自其中一个路由器。

呼叫方路由器（VPN 客户）首先向应答方路由器（VPN 服务器）验证自己，然后，应答方路由器再向呼叫方路由器验证自己（对于双向验证的情况）。

3. VPN 连接属性

使用点到点隧道协议（Point-to-Point Tunneling Protocol，PPTP）与 IPSecL2TP 的 VPN

连接具有封装、验证、数据加密、地址分配与名服务器分配等属性。

（1）封装。

VPN 技术提供利用允许数据在传输网络上流动的报文头对专用数据进行封装的一种方法。

（2）验证。

VPN 连接的验证有两种形式：

1）用户验证：对于将要被建立的 VPN 连接，VPN 服务器首先要有验证企图建立连接的 VPN 客户身份，并且检查 VPN 客户是否具有适当的权限。如果使用的是双向验证方法，VPN 客户也要验证 VPN 服务器的身份，从而提供对假冒 VPN 服务器的防护功能。

2）数据验证与数据完整性：为了检查在 VPN 连接上所发送的数据是否来自连接的另一端，并且在传输过程中没有被修改，在数据中可以包含基于只有发送方与接收方知道的加密关键字的校验和。

（3）数据加密。

为了保证数据在共享网络与公共网络上传输安全性，数据必须被发送方加密然后在接收方被解密。对数据加密与解密的过程取决于数据发送方与数据接收方所共知的加密关键字。

那些在传输网络中通过 VPN 连接被截取的报文，在没有公共加密关键字的情况下，其内容是不容易被知道的。加密关键字的长度是一种重要的安全传输。计算技术的发展可以决定加密关键字的长度。加密关键字的长度越长，所需要的计算能力以及计算时间也就越长。因此，在可能的情况下应该使用尽可能长的加密关键字。

此外，利用相同的加密关键字所加密的信息越多，那么这些数就越容易被解密。在有些加密技术中，用户可以自己设定连接过程中改变加密关键字的频率。

（4）地址分配与名服务器分配。

配置 VPN 服务器之后，它将创建一个虚拟端口，用来代表所有的 VPN 连接被使用时的公共端口。VPN 客户创建 VPN 连接时，在 VPN 客户上也将创建一个虚拟端口，用来代表连接到 VPN 服务器上的公共端口。VPN 客户上的虚拟端口被连接到创建点到点 VPN 连接的 VPN 服务器虚拟端口上。

VPN 客户与 VPN 服务器上的虚拟端口必须被分配 IP 地址。这些地址的分配过程是由 VPN 服务器来进行的。默认情况下，VPN 服务器直接为自己建立 IP 地址，而通过使用 DHCP 来为 VPN 客户建立 IP 地址。用户也可以配置通过 IP 网络 ID 与子网掩码所定义的静态 IP 地址。

服务器设置也就是 DNS 与 WINS 的设置，也在 VPN 连接的建立过程中发生。VPN 客户从 VPN 服务器所在的网络获取 DNS 服务器与 WINS 服务器的 IP 地址。

二、点到点隧道协议

PPTP 能够将 PPP 帧封装成 IP 数据报，以便能够在基于 IP 的互联网（例如，Internet 或者专用内部网）上进行传输。RFC2637 说明了 PPTP。

PPTP 使用 TCP 连接（也就是通常所说的 PPTP 控制连接）的创建、维护与终止隧道，并使用 GRE（通用路由封装）将 PPP 帧封装成隧道数据。被封装后的 PPP 帧的有效载荷可以被加密或者压缩或者同时被加密与压缩。

对于基于 Internet 的 PPTP 服务器，PPTP 服务器是一个端口在 Internet 上另一个端口在内部网上的开启了 PPTP 的 VPN 服务器。

（一）利用 PPTP 控制连接维护隧道

PPTP 控制连接使用的是 PPTP 客户（它采用动态分配的 TCP 端口）IP 地址与 PPTP 服务器（它采用的是预留 TCP 端口 1723）IP 地址之间的连接。PPTP 控制连接用来传输用于维护 PPTP 隧道的 PPTP 呼叫控制信息与管理控制信息。这些信息包括周期性的 PPTP Echo-Request 消息与 PPTP Echo-Reply 消息，用来检测 PPTP 客户与 PPTP 服务器之间的连接是否失败。PPTP 控制连接报文包括 IP 头、TCP 头以及一个 PPTP 控制消息，如图 4-3 所示。

| 数据链路头 | IP | TCP | PPTP控制信息 | 数据链路尾 |

图 4-3　PPTP 控制连接报文

（二）创建 PPTP 数据隧道

创建 PPTP 数据隧道的过程是通过多级封装来实现的。如图 4-4 所示显示了经过 PPTP 数据隧道过程之后的数据最终结构。

| 数据链路头 | IP | GRE头 | PPP头 | 加密的PPP有效载荷(IP、IPX数据报，NetBEUI帧) | 数据链路尾 |

图 4-4　PPTP 隧道数据

（三）PPTP 报文与 Windows Server 2012 网络结构

图 4-5 显示了隧道数据使用一个模拟调制解调器在远程访问 VPN 连接上从 VPN 客户通过 Windows Server 2012 网络结构时所采用的数据通路。可以用以下的步骤来说明这个过程：

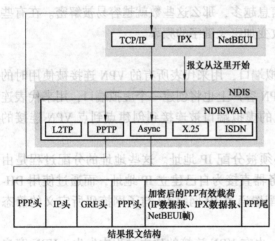

图 4-5　隧道数据通过 Windows Server
2012 网络的数据通路

（1）通过使用 NDIS（Network Driver Interface Specification，网络驱动程序端口规范），相关的协议将把 IP 数据报、IPX 数据报或者 NetBEUI 帧提交给代表 VPN 连接的虚拟端口。

（2）NDIS 再将这个报文提交给 NDIS WAN，NDIS WAN 对这个报文进行加密或者压缩或者两者都进行，并且为它提供一个仅仅包含有 PPP 协议 ID 域的 PPP 头。在这个过程中并没有添加任何标志域或者 FCS（Frame Check Sequence，帧校验序列）。这是因为已经假设了在 PPP 连接过程的 LCP（Linked Control Protocol，链路控制协议）阶段已经对地址域与控制域的压缩问题进行了协商。

（3）NDIS WAN 将数据提交给 PPTP 协议驱动器，由后者利用 GRE 头对这个 PPP 帧进行封装。在 GRE 头中，Call ID 域被设置为适当的值，用来标识隧道。

（4）PPTP 协议驱动器再将结果报文提交给 TCP/IP 协议驱动器。

（5）TCP/IP 协议驱动器对这个封装后的 PPTP 隧道数据利用 IP 头进行封装，然后将结果报文利用 NDIS 提交给代表拨号连接的端口。

（6）NDIS 将这个报文再提交给 NDIS WAN，由后者为报文提供 PPP 头与尾。

（7）NDISWAN 将结果 PPP 帧提交给代表拨号硬件的 WAN 微型端口驱动器（如调制解调器连接中的异步端口）。

（四）L2TP 与 IP 安全性问题

L2TP（Layer Two Tunneling Protocol，第 2 层隧道协议）是 PPTP 与 L2F（Layer 2 Forwarding，第 2 层转发）的一种综合，它是由 Cisco 公司所推出的一种技术。为了避免两种互相兼容的隧道协议在市场上互相竞争而使用户产生混淆，IETF 建议把这两种技术结合起来成为一种隧道协议，用来反映 PPTP 与 L2F 的各自优点。RFC2661 中说明了 L2TP。

L2TP 对需要在 IP、X.25、帧中继或者 ATM 网络上传送的 PPP 帧进行封装。目前，只有 IP 网络上的 L2TP 被定义。当 L2TP 帧在 IP 互联网上发送时，L2TP 帧被封装成 UDP 消息。L2TP 可以被用来作为 Internet 或者专用网络的隧道协议。L2TP 使用 IP 互联网 UDP 消息进行隧道维护与产生隧道数据。被封装后的 PPP 帧有效载荷可以被加密或者被压缩或者进行这两个动作。但是，Windows Server 2003 L2TP 客户并不协商 L2TP 连接上 MPPE 的使用。L2TP 连接的加密方法是由 IPSec ESP（Security Package，负载安全封装）所提供的。

L2TP 假设在 L2TP 客户（使用 L2TP 隧道协议与 IPSec 的 VPN 客户）与 L2TP 服务器（使用 L2TP 隧道协议与 IPSec 的 VPN 服务器）之间存在可用的 IP 互联网。L2TP 客户有可能已经在可以到达 L2TP 服务器的 IP 互联网上，或者，L2TP 客户必须拨号到 NAS 以便建立 IP 连接（对于拨号 Internet 用户）。

在 L2TP 隧道创建过程中所使用的验证方法必须与 PPP 连接中验证机制（如 EAP、MS-CHAP、CHAP、SPAP 和 PAP）相同。

对于基于 Internet 的 L2TP 服务器，L2TP 服务器是开启了 L2TP 的拨号服务器（这个拨号服务器的一个端口在外部网络或者 Internet 上，另一个端口在目标专用网络上）。

L2TP 隧道维护数据与隧道创建数据的报文结构相同。

1. 利用 L2TP 控制消息进行隧道维护

与 PPTP 不同，L2TP 的隧道维护过程不是在单独的 TCP 连接上进行的。L2TP 的呼叫控制流量与管理流量是作为 UDP 消息在 L2TP 客户与 L2TP 服务器之间发送的。在 Windows Server 2003 中，L2TP 客户与 L2TP 服务器都使用 UDP 端口 1701。

IPL2TP 控制消息是以 UDP 数据报的形式发送的。在 Windows Server 2003 的实现中，UDP 数据报形式的 L2TP 控制消息是按照如图 4-6 所示的 IPSec ESP 加密有效载荷形式发送的。

数据链路头	IP头	IPSec ESP头	UDP头	L2TP消息	IPSec ESP尾	IPSec ESP验证尾	数据链路尾

由IPSec加密

图 4-6　L2TP 控制消息

由于 TCP 连接没有被使用，L2TP 使用消息序列的方法来保证 L2TP 消息的传输。在 L2TP 控制消息中，Next-Received 域（类似于 TCP Acknowledgment 域）与 Next-Sent 域（类似于 TCP Sequence Number 域）用来维护控制消息这种秩序关系。那些不满足秩序关系的报文将被废弃。

Next-Sent 域与 Next-Received 域也可以被用来实现对隧道数据消息的流控制。

L2TP 为每个隧道支持多呼叫功能。在 L2TP 控制消息与隧道数据的 L2TP 头中,有一个 Tunnel ID 域用来标识隧道,另一个 Call ID 域用来标识隧道内部的一个呼叫。

2. 创建 L2TP 数据隧道

创建 L2TP 数据隧道是通过多级封装过程来实现的。图 4-7 中显示了 IPSecL2TP 隧道数据的最终结构。

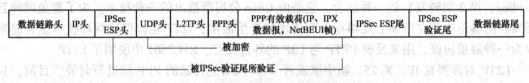

| 数据链路头 | IP头 | IPSec ESP头 | UDP头 | L2TP头 | PPP头 | PPP有效载荷(IP、IPX 数据报,NetBEUI帧) | IPSec ESP尾 | IPSec ESP 验证尾 | 数据链路尾 |

被加密
被IPSec验证尾所验证

图 4-7 L2TP 报文封装数据格式

(1) L2TP 封装:初始 PPP 有效载荷是通过 PPP 头与 L2TP 头进行封装的。

(2) UDP 封装:进行 L2TP 封装之后的报文在源端口与目标端口都被设置为 1701UDP 头时进行封装。

(3) IPSec 封装:基于 IPSec 策略,UDP 消息被 IPSec ESP 头与尾以及 IPSec Authentication 尾所封装。

(4) IP 封装:IPSec 报文被包含有到达 VPN 客户与 VPN 服务器的源 IP 地址与目标 IP 地址的最终 IP 头所封装。

(5) 数据链路层封装:为了能够使 IP 数据报在 LAN 链路或者 WAN 链路上发送,IP 数据报必须最后被外部物理端口上的数据链路层头与尾封装。例如,如果 IP 数据报在以太网端口上发送,IP 数据报就必须利用以太网头与尾进行封装。如果 IP 数据报在点到点 WAN 链路(如模拟电话线路或者 ISDN)上发送,IP 数据报就必须利用 PPP 头与尾进行封装。

3. IPSecL2TP 隧道数据的封装解包

IPSecL2TP 隧道数据被接收之后,L2TP 客户或者 L2TP 服务器就会执行以下的动作:

(1) 处理并删除数据链路层头与尾。

(2) 处理并删除 IP 头。

(3) 利用 IPSec ESP Auth 尾来验证 IP 有效载荷与 IPSec ESP 头。

(4) 利用 IPSec ESP 头来解密报文的被加密部分。

(5) 处理 UDP 头并向 L2TP 发送 L2TP 报文。

(6) L2TP 使用 L2TP 头中的 Tunnel ID 与 Call ID 来验证特定的 L2TP 隧道。

(7) 使用 PPP 头来验证 PPP 有效载荷,并将它转发给适当的协议驱动器进行进一步处理。

(五) IPSec 协议

IPSec 协议通过加密、完整性校验和身份认证可为一个 TCP/IP 网络的通信提供安全保障。由于它提供的安全性是端对端的,所以加密、解密等安全操作只在发送方和接收方进行,而转发数据的中间设备则是无需考虑。

IPSec 协议包括 3 部分:

(1) IP 认证报头(Authentication Head,AH):可提供身份认证、数据完整性和提供重放攻击保护。

（2）IP 负载安全封装（ESP）：除可提供和 AH 一样的身份认证、数据完整性和提供重放攻击保护外，还提供数据保密服务。

（3）Internet 密钥交换（Internet Key Exchange，IKE）：用于自动建立安全关联和管理密钥。

其中 AH 和 ESP 既可以单独使用，也可以将二者组合起来保护通信安全。不管是单独使用还是组合使用，IPSec 都有可以使用两种数据传输模式：普通模式和隧道模式，如图 4-8 所示。普通模式只将 IP 数据报中数据部分加密和认证，原 IP 报头保留不变；隧道模式将整个 IP 数据报（包括报头）加密和认证，并在前面添加一个新的 IP 报头。微软的 IPSec 客户端需使用 Windows 2000 以上的系统。

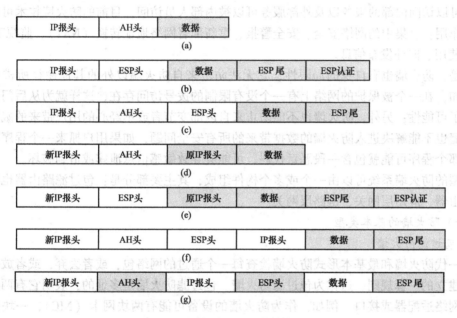

图 4-8 各种 IPSEC 传输模式

（a）普通模式的 AH；（b）普通模式的 ESP；（c）普通模式的 AH-ESP 组合；（d）隧道模式的 AH；
（e）隧道模式的 ESP；（f）隧道模式的 AH-ESP 组合；（g）隧道模式的 AH 和普通模式 ESP 的组合

🎤 问 题 思 考

（1）IPSec 协议包括了哪些内容？
（2）如何创建 VPN 连接？
（3）PPTP 和 L2TP 的区别是什么？

任务 3 防火墙软件

🌱 任务目标

掌握防火墙的概念、基本类型及应用案例。

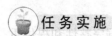

任务实施

学生按照项目化方式分组学习，了解防火墙的基本技术、类型；教师做好相关的指导和辅导工作，并在整个项目实施过程中认真关注、及时给出意见和建议，随时注意学生是否完全掌握了防火墙的参数设置。

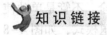

知识链接

<h1 style="text-align:center">防　火　墙</h1>

防火墙是有被保护的 Intranet 与 Internet 之间竖起的一道安全屏障，用于增强 Intranet 的安全性。Internet/Intranet 防火墙，用以确定哪些服务可以被 Internet 上的用户访问，外部的哪些人可以访问内部的服务以及外部服务可以被内部人员访问，目前的防火墙技术可以起到的安全作用：有集中的网络安全、安全警报、重新部署网络地址转换（NAT）、监视 INTERNET 的使用、向外发布信息。

但是，防火墙也有自身的局限性，它无法防范来自防火墙以外的其他途径所进行的攻击。例如，在一个被保护的网络上有一个没有限制的拨号访问存在，这样就为从后门进行攻击留下了可能性；另外，防火墙也不能防止来自内部变节者或不经心的用户带来的威胁；同时防火墙也不能解决进入防火墙的数据带来的所有安全问题，如果用户抓来一个程序在本地运行，那个程序可能就包含一段恶意代码，可能会导致敏感信息泄露或遭到破坏。

典型的防火墙系统可以由一个或多个构件组成，其主要部分是：包过滤路由器也称分组过滤路由器、应用层网关、链路层网关。

（一）防火墙的基本类型

1. 包过滤防火墙

第一代防火墙和最基本形式防火墙检查每一个通过的网络包，或者丢弃，或者放行，取决于所建立的一套规则。这称为包过滤防火墙。包过滤防火墙是多址的，表明它有两个或两个以上网络适配器或接口。例如，作为防火墙的设备可能有两块网卡（NIC），一块连到内部网络，一块连到公共的 Internet。防火墙的任务，就是作为"通信警察"，指引包和截住那些有危害的包。

包过滤防火墙检查每一个传入包，查看包中可用的基本信息（源地址和目的地址、端口号、协议等）。然后，将这些信息与设立的规则相比较。如果已经设立了阻断 telnet 连接，而包的目的端口是 23 的话，那么该包就会被丢弃。如果允许传入 Web 连接，而目的端口为 80，则包就会被放行。

多个复杂规则的组合也是可行的。如果允许 Web 连接，但只针对特定的服务器，目的端口和目的地址二者必须与规则相匹配，才可以让该包通过。

最后，可以确定当一个包到达时，如果对该包没有规则被定义，接下来将会发生什么事情了。通常，为了安全起见，与传入规则不匹配的包就被丢弃了。如果有理由让该包通过，就要建立规则来处理它。

2. 状态/动态检测防火墙

状态/动态检测防火墙，试图跟踪通过防火墙的网络连接和包，这样防火墙就可以使用一组附加的标准，以确定是否允许和拒绝通信。它是在使用了基本包过滤防火墙的通信上应用一些技术来做到这点的。

当包过滤防火墙见到一个网络包，包是孤立存在的。它没有防火墙所关心的历史或未来。允许和拒绝包的决定完全取决于包自身所包含的信息，如源地址、目的地址、端口号等。包中没有包含任何描述它在信息流中的位置的信息，则该包被认为是无状态的；它仅是存在而已。

一个有状态包检查防火墙跟踪的不仅是包中包含的信息。为了跟踪包的状态，防火墙还记录有用的信息以帮助识别包，例如已有的网络连接、数据的传出请求等。

例如，如果传入的包包含视频数据流，而防火墙可能已经记录了有关信息，是关于位于特定 IP 地址的应用程序最近向发出包的源地址请求视频信号的信息。如果传入的包是要传给发出请求的相同系统，防火墙进行匹配，包就可以被允许通过。

一个状态/动态检测防火墙可截断所有传入的通信，而允许所有传出的通信。因为防火墙跟踪内部出去的请求，所有按要求传入的数据被允许通过，直到连接被关闭为止。只有未被请求的传入通信被截断。

如果在防火墙内正运行一台服务器，配置就会变得稍微复杂一些，但状态包检查是很有力和适应性的技术。例如，可以将防火墙配置成只允许从特定端口进入的通信，只可传到特定服务器。如果正在运行 Web 服务器，防火墙只将 80 端口传入的通信发到指定的 Web 服务器。

3. 应用程序代理防火墙

应用程序代理防火墙实际上并不允许在它连接的网络之间直接通信。相反，它是接受来自内部网络特定用户应用程序的通信，然后建立于公共网络服务器单独的连接。网络内部的用户不直接与外部的服务器通信，所以服务器不能直接访问内部网的任何一部分。

另外，如果不为特定的应用程序安装代理程序代码，这种服务是不会被支持的，不能建立任何连接。这种建立方式拒绝任何没有明确配置的连接，从而提供了额外的安全性和控制性。

例如，一个用户的 Web 浏览器可能在 80 端口，但也经常可能是在 1080 端口，连接到了内部网络的 HTTP 代理防火墙。防火墙然后会接受这个连接请求，并把它转到所请求的 Web 服务器。

这种连接和转移对该用户来说是透明的，因为它完全是由代理防火墙自动处理的。

4. NAT

讨论到防火墙的主题，就一定要提到有一种路由器，尽管从技术上讲它根本不是防火墙。网络地址转换（NAT）协议将内部网络的多个 IP 地址转换到一个公共地址发到 Internet 上。

NAT 经常用于小型办公室、家庭等网络，多个用户分享单一的 IP 地址，并为 Internet 连接提供一些安全机制。

当内部用户与一个公共主机通信时，NAT 追踪是哪一个用户作的请求，修改传出的包，这样包就像是来自单一的公共 IP 地址，然后再打开连接。一旦建立了连接，在内部计算机和 Web 站点之间来回流动的通信就都是透明的了。

当从公共网络传来一个未经请求的传入连接时，NAT 有一套规则来决定如何处理它。如果没有事先定义好的规则，NAT 只是简单的丢弃所有未经请求的传入连接，就像包过滤防火墙所做的那样。

5. 个人防火墙

现在网络上流传着很多的个人防火墙软件，它是应用程序级的。个人防火墙是一种能够保护个人计算机系统安全的软件，它可以直接在用户的计算机上运行，使用与状态/动态检测防火墙相同的方式，保护一台计算机免受攻击。通常，这些防火墙是安装在计算机网络接口的较低级别上，使得它们可以监视传入传出网卡的所有网络通信。

一旦安装上个人防火墙，就可以把它设置成"学习模式"，这样的话，对遇到的每一种新的网络通信，个人防火墙都会提示用户一次，询问如何处理那种通信。然后个人防火墙便记住响应方式，并应用于以后遇到的相同那种网络通信。

例如，如果用户已经安装了一台个人 Web 服务器，个人防火墙可能将第一个传入的 Web 连接作上标志，并询问用户是否允许它通过。用户可能允许所有的 Web 连接、来自某些特定 IP 地址范围的连接等，个人防火墙然后把这条规则应用于所有传入的 Web 连接。

基本上，你可以将个人防火墙想象成在用户计算机上建立了一个虚拟网络接口。不再是计算机的操作系统直接通过网卡进行通信，而是以操作系统通过和个人防火墙对话，仔细检查网络通信，然后再通过网卡通信。

(二) 常用防火墙举例

防火墙软件可以防止外部对本机或本局域网的攻击，使用硬件防火墙可以解决局域网的攻击问题，但成本昂贵、维护技术要求高，对于小型网络和个人计算机，一般采取利用软件防火墙的方法。下面以比较常用的防火墙软件之一天网防火墙举例说明其用法。

天网版防火墙可以对应用程序数据包进行底层分析拦截功能，它可以控制应用程序发送和接收数据包的类型、通信端口，并且决定拦截还是通过。

天网防火墙安装运行后会自动缩为托盘上的一个小图标。

1. 网络通信监控

在天网个人版防火墙打开的情况下，启动的任何应用程序只要有通信数据包发送和接收存在，都会先被天网个人版防火墙先截获分析，并弹出对话框，如图 4-9 所示。

如果不选中"以后都允许"，那么天网防火墙在以后会继续截获该应用程序的数据包，并且弹出警告对话框。如果选中"以后都允许"复选框，该程序将自动加入到应用程序列表中，天网个人版防火墙将默认，不会再拦截该程序发送和接受的数据包。

2. 应用程序设置

可以通过应用程序设置来设置更为复杂的数据包过滤方式。应用程序规则的设置界面如图 4-10 所示。

图 4-9　应用程序
访问网络警告信息

单击该面板每一个程序的选项按钮即可设置应用程序的数据通过规则，如图 4-11 所示。

可以设置该应用程序禁止使用 TCP 或者 UDP 协议传输，以及设置端口过滤，让应用程序只能通过固定几个通信端口或者一个通信端口范围接收和传输数据。

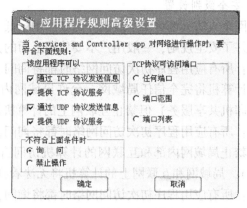

图 4-10　设置应用程序访问权限　　　图 4-11　设置应用程序的数据通过规则

3. IP 规则设置

程序规则设置是针对每一个应用程序的，而 IP 规则设置是针对整个系统的，IP 规则是针对整个系统的数据包监测，IP 规则设置的界面如图 4-12 所示。

几个主要的设置项目如下：

（1）防御 ICMP 攻击：选中时，即别人无法 Ping 到本机，但不影响使用本机 Ping 其他计算机。

（2）防御 IGMP 攻击：IGMP 是用于传播的一种协议，对于 Windws 的用户没有什么用途，建议选择此设置，不会对用户造成影响。

（3）TCP 数据包监视：选择时监视所有的 TCP 端口服务，是一种对付特洛伊木马客户端程序的有效方法。选择监视 TCP 数据包，也可以防止许多端口扫描程序的扫描。如果是提供 FTP，WWW 等服务的计算机，不能使用此功能。

（4）UDP 数据包监视：UDP 服务可能会被用来进行激活特洛伊木马的客户端程序。如果使用采用 UDP 数据包发送的 ICQ 和 OICQ，就不可以选择阻止该项目。

对于每一个规则，还可以进行更详细的设置和修改，如图 4-13 所示。

图 4-12　IP 规则设置　　　　　图 4-13　修改 IP 规则

4. 安全级别设置

天网个人防火墙将安全级别分为高、中、低 3 级，默认的安全等级为中。不同的级别已经设置好了安全规则，一般用户不要使用上面的方法设置规则。

低：所有应用程序初次访问网络时都将询问，已经被认可的程序则按照设置的相应规则运作。计算机将完全信任局域网，允许局域网内部的计算机访问自己提供的各种服务（文件、打印机共享服务）但禁止互联网上的计算机访问这些服务。

中：所有应用程序初次访问网络时都将询问，已经被认可的程序则按照设置的相应规则运作。禁止局域网内部和互联网的计算机访问自己提供的网络共享服务（文件、打印机共享服务），局域网和互联网上的计算机将无法看到本计算机。

高：所有应用程序初次访问网络时都将询问，已经被认可的程序则按照设置的相应规则运作。禁止局域网内部和互联网的计算机访问自己提供的网络共享服务（文件、打印机共享服务），局域网和互联网上的计算机将无法看到本计算机。除了是由已经被认可的程序打开的端口，系统会屏蔽掉向外部开放的所有端口。

5. 断开/接通网络

按下断开/接通网络按钮，计算机就将完全与网络断开，就好像拔下了网线一样。这是在遇到频繁攻击时最有效的应对方法。

6. 日志查看

天网个人防火墙会把所有不合规则的数据包拦截并且记录下来，如果选择了监视 TCP 和 UDP 数据包，自己发送和接受的每个数据包也将被记录一下来。每条记录从左到右分别是发送/接受时间、发送 IP 地址、数据包类型、本机通信端口、对方通信端口、标志位。安全日志可以导出和被删除。

通过分析日志可以知道有哪些计算机试图攻击本机或使用本机的服务。特别是在局域网中，如有计算机由于感染蠕虫病毒或使用黑客程序扫描网络时，可及时发现并给予警告。

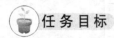 **问题思考**

（1）为何计算机系统要建立防火墙？

（2）防火墙有哪些分类方法？

（3）如何设置防火墙软件，试举例说明？

任务 4　系统安全扫描软件

任务目标

掌握网络维护中的漏洞检测、MBSA 、ScanBD、X-Scanner 、在线安全扫描等技术

任务实施

学生按照项目化方式分组学习，了解在网络维护中保证计算机系统正常工作需要采取的措施；在整个项目实施过程中，教师做好辅导工作，并认真关注、及时给出意见和建议，随时注意学生是否完全掌握了系统安全扫描软件的应用。

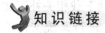 知识链接

漏 洞 检 测

漏洞检测是在网络维护中保证计算机系统正常工作的最重要的工作之一。漏洞检测的工具很多如 X-Scan，许多杀毒软件也具有漏洞检测功能，这里介绍瑞星的 ScanBD 和 Microsoft 公司的漏洞检测工具 RPC。

（一）MBSA

Microsoft 公司推出了一款名为 Microsoft Baseline Security Analyzer（MBSA），可以为 Microsoft 公司产品的常见安全性错误配置提供检测。

1. MBSA 的功能

MBSA 可以让系统管理人员直接扫描本机或多台计算机甚至整个局域网络的安全设置和系统漏洞。

可以监测的产品包括 Windows NT 4.0，Windows 2000，Windows XP，Windows Server 2003，Internet Information Server（IIS）4.0/5.0，SQL Server 7.0/2000，Internet Explorer 5.01 及其以后版本，还有 Office 2000/2002。

MBSA 还可以检测出以下软件缺少的安全更新：Windows NT 4.0，Windows 2000，Windows XP，Windows Server 2003，IIS，SQL，Exchange，IE 以及 Windows Media Player。

2. 使用 MBSA 进行漏洞检测

直接执行 mbsasetup.msi 程序，可进入安装界面，按照提示完成安装。

在左边窗格单击 Pick a Computer to Scan 扫描一台计算机，右边窗格显示计算机信息输入界面，可以输入要扫描的计算机名或 IP 地址。单击 Pick Multiple Computers to Scan 扫描多台计算机，输入要检测的域名或 IP 地址范围。

有 5 个扫描选项：Check for windows vulnerabilities（检查 WINDOWS 的系统漏洞）、Check for weak passwords（检查密码）、Check for IIS vulnerabilities（检查 IIS 的系统漏洞）、Check for SQL vulnerabilities（检查 SQL 程序的系统漏洞）、Check for hotfixes（检查 Windows 的更新补丁）。

在 Security report name 保留预设值，单击 Start Scan 开始扫描。

3. 检测报告

检测完毕后，会出现一份系统安全方面的报告，说明系统有什么安全漏洞需要修补或者设置需要更改。

（二）ScanBD

ScanBD 在安装瑞星 2003 以上的系统中会自动安装，可以扫描系统漏洞和由于系统设置产生的漏洞。

单击"开始扫描"按钮开始扫描，扫描完成后会出现扫描结果报告，显示出被扫描计算机名称、扫描时间、发现的安全漏洞数量、发现的不安全设置数量、已修复安全漏洞数量、可自动修复的安全漏洞的数量等信息。扫描结果可以导出到一个外部文件中，以便以后分析。

选择"安全漏洞"、"安全设置"可以分别查看详细的漏洞信息，漏洞扫描给出了每个漏洞信息的详细解释和漏洞的安全级别，五颗红星表示此漏洞对系统造成的危害最高。对于

每个系统漏洞信息，可以单击每条漏洞信息前的下载键，漏洞扫描可以自动下载相关补丁文件。当漏洞信息的相关补丁文件下载到本地后，可以直接运行补丁文件，进行系统文件的更新。

由于用户的设置而造成的系统的安全隐患，漏洞扫描已经给出了相应的解释，对于某些设置，漏洞扫描是可以进行自动修复的。对于无法自动修复的设置，则需要用户手动更改解决，如不安全的共享、过多的管理员、系统管理员的密码为空等。

（三）X-Scanner

X-Scanner 采用多线程方式对指定 IP 地址段（或单机）进行安全漏洞扫描，扫描内容包括：标准端口状态及端口 banner 信息、CGI 漏洞、RPC 漏洞、FTP 弱密码、NT 主机共享信息、用户信息、组信息、NT 主机弱密码用户等。扫描结果保存在/log/目录中，index. htm 为扫描结果索引文件。对于一些已知的 CGI 和 RPC 漏洞，给出了相应的漏洞描述、利用程序及解决方案。

X-Scanner 不需要安装，把压缩包中的所有文件解压到一个文件夹下就可以运行。xscan. exe 为命令行模式下的主程序，xscan_ gui. exe 为图形模式的主程序。

1. 图形模式扫描

X-Scanner 图形模式主窗口有 3 个选项卡，Output 显示正在扫描的任务，Scanresult 显示扫描结果，Threadstate 显示多线程状态。

任务栏上的按钮包含了几乎全部功能的按钮。设置扫描项目，可以设置是否进行端口扫描、密码漏洞扫描、SQL 漏洞扫描、RPC 漏洞扫描等。设置扫描参数，设置扫描的地址范围、最大线程数量、扫描的端口范围、漏洞的词典文件等。

2. 命令行模式

在命令行模式下的使用格式为：

Xscan—h [起始地址] <— [终止地址] > [扫描选项]

其中的 [扫描选项] 含义如下。

—c：扫描 CGI 漏洞；

—r：扫描 RPC 漏洞；

—p：扫描标准端口（端口列表可通过 \ dar \ config. ini 文件定制）；

—b：获取开放端口的 banner 信息，需要与—p 参数合用；

—f：尝试 FTP 默认用户登录（用户名及密码可以通过 \ dat \ config. ini 文件定制）；

—n：获取 NetBios 信息（若远程主机操作系统为 Windows 9x/NT 4. 0/2000）；

—g：尝试弱密码用户链接（若远程主机操作系统为 Windows NT 4. 0/2000）；

—a：扫描以上全部内容；

—x [代理服务器：端口]：通过代理服务器扫描 CGI 漏洞；

—t：设置线程数量；

—v：显示详细扫描进度；

—d：禁止扫描前 PING 被扫主机。

如扫描 XXX. XXX. 1. 1-XXX. XXX. 10. 255 网段内主机的所有信息：

Xscan-h XXX. XXX. l. 1-XXX. XXX. 10. 255　—a

获取 XXX. XXX. 1. 1 主机的 NetBIOS 信息，并检测 NT 弱密码用户，线程数量为 30：

Xscan-h XXX. XXX. 1. 1-n – g-t 30

扫描 XXX. XXX. 1. 1 主机的标准端口状态，通过代理服务器 129.66.58.13：80 扫描 CGI 漏洞，检测端口 banner 信息，且扫描前不通过 PING 命令检测主机状态，显示详细扫描进度：xscan-h xxx. xxx. 1. l-p-b-c-x　129.66.58.13：80-v-d

（四）在线安全扫描

很多专业网络安全公司和软件开发公司都提供在线安全扫描服务，如诺顿、瑞星在线杀毒、江民科技、天网以及 Microsoft 公司。只要数据要扫描的计算机的基本信息就可以得到扫描服务，在线扫描的漏洞数据库是随时更新的，所以扫描的范围更大，可以得到更准确的漏洞信息。

在线扫描一般需要安装客户端软件或进行注册，专业的安全公司还提供更全面的收费服务。

问题思考

（1）最常用的漏洞检测工具有哪些？
（2）X-Scanner 对系统漏洞扫描包含哪些内容？
（3）在线安全扫描软件有哪几款典型软件，试安装应用？

任务 5　网络管理工具

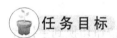

任务目标

掌握网络管理的工具 PCAnywhere、局域网辅助管理工具 LANHelper、IP 计算器的应用技术。

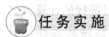

任务实施

学生按照项目化方式分组学习，安装对应软件，熟练掌握每款软件应用技巧；教师做好相关的指导和辅导工作，并在整个项目实施过程中认真关注、及时给出意见和建议，随时注意学生是否完全掌握了这几款网络管理软件的应用技巧。

知识链接

网络管理的工具软件非常多，如网络监视系统、计费系统、网络管理系统、IP 管理系统、日志分析系统等。下面介绍一个远程控制工具 PCAnywhere 和局域网辅助管理工具 LAN-Helper，还有一个 IP 计算器。

PCAnywhere

PCAnywhere 是一款非常著名的远程控制工具，使用它可以轻松实现在本地计算机上控制远程计算机，使两地的计算机协同工作。

1. 优化网络链接速率

打开 PCanywhere 管理器窗口，列出了 PCanywhere 可以使用的几种远程链接方式，单击工具栏上相应按钮可以在被控和主控模式间进行切换。

　　在开始进行远程链接之前，为了使网络链接更加安全、可靠、快捷，需要进行远程链接到优化配置。

　　选择"工具"|"性能优化向导"命令，出现"优化向导"对话框，单击"下一步"按钮，进入 ColorScale 设置对话框。在"选择主控端显示的颜色级别"列表框中选择一种合适当网络链接速度。如果使用拨号上网方式链接，选择 16 色或者 256 色；如果是宽带上网的话，就可以选择 32 位真彩色，这样可以看到更加清晰的对方计算机图形工作界面。

　　单击"下一步"按钮，弹出"分辨率同步"对话框，选中"缩小被控端桌面区域来匹配主控端"选项。

　　单击"下一步"按钮，弹出"桌面优化"对话框，选中"禁用被控端的活动桌面"，可以禁用 Windows 的活动桌面；选中"被控端桌面优化"，可以禁用被控端计算机的屏保、墙纸和电源管理选项。

　　2. 配置被控端计算机

　　在管理器窗口中，单击"被控端"按钮，系统将显示被控制端可以使用的链接项目，默认的情况下包括 Direct、Modem、Network，Cable，DSL 几个选项在这里可以根据需要双击相应的链接方式即可启动。

　　如果要自定义配置被控端计算机，可以双击"添加被控端"图标，弹出被控端设置对话框。

　　在"链接信息"选项卡中，可选择链接协议。

　　在"安全选项""会议""保护项"几个选项卡中可对系统工作及客户端进一步设置。

　　3. 建立主控计算机链接

　　在另外一台计算机上同样安装 PCAnywhere 并启动，单击"主控端"按钮切换到主控界面，单击"添加主控端"图标，并在弹出的对话框中选择链接协议方式、被控端的计算机名或地址、自动登录的用户名和密码。

　　双击新建立的主控端图标按钮，弹出被控端选择对话框，选中一个可以链接的计算机名称。在弹出的对话框中，输入用户名和密码并单击"确定"按钮，即可链接到远程计算机了。

　　在一个新弹出的对话框中显示远程计算机的 Windows 桌面。下面的操作就和操作本机一样。

　　在屏幕上方有一排控制按钮，可以进行有关操作。如果要远程传输文件，可以单击"文件传输"按钮，并在弹出的"文件传输"对话框左侧列表中选择传输的文件名，然后单击"传输"按钮即可将选定的文件远程传输到被控端计算机了。

　　（一）IP 计算器

　　在网络管理和维护的过程中，经常遇到计算 IP 地址范围、相应的子网掩码的问题，手工计算经常出错。IP 计算器是一个 IP 地址计算软件，可以很方便地进行与 IP 地址有关的计算。

　　IP 计算器的界面共有 7 个选项卡，每个选项卡完成一个计算功能。

　　（1）Class 选项卡可查询 A、B、C 类网络的地址范围。

　　（2）Address info 选项卡中输入 IP 地址和子网位数，可计算出本地址所在网络的类型、子网掩码、网络地址、广播地址，还可以计算出本地址所在的网络的地址范围。

（3）Conversion 选项卡中可以显示 IP 地址以及它的十进制、十六进制、二进制表示值，还可以进行相互间的转换。

（4）Mask 选项卡中可输入本网络的开始和结束 IP 地址，计算子网掩码。也可以输入子网掩码和 IP 地址，测试配置是否正确。

（5）Gateway 选项卡中输入 IP 地址和子网掩码，可计算出网关地址。还可以输入两个 IP 地址，测试两个 IP 地址之间的通信是否需要通过网关。

（6）Subnets 选项卡计算子网的大小，输入一个 IP 地址和子网位数，可计算出子网数量、每个子网中的主机数量、IP 地址范围、广播地址等。

（7）Subnets Test 选项卡可输入两个子网的配置信息，测试这两个子网是否可以正常通信。

（二）LANHelper

局域网助手 LanHelper 是 Windows 平台上强大的局域网管理和应用工具。LanHelper 独特的强力网络扫描引擎可以扫描到所需要的信息，使用可扩展和开放的 XML 管理扫描数据，具有远程网络唤醒、远程关机、远程重启、远程执行、发送消息、侦测计算机是否在线、IP 地址或者计算机名称是否更改等功能。

1. 网络扫描

LanHelper 的强力扫描引擎，可以快速扫描网络上计算机的计算机名、工作组名、IP 地址、MAC 地址、备注、共享文件夹，隐藏共享、共享打印机、共享文件夹属性（是否可写、只读或者密码保护等）、共享备注、操作系统类型、服务器类型等信息。

扫描方式灵活，有"扫描局域网""扫描工作组"和"扫描 IP"，还可以通过"添加项目"手工逐个添加计算机。

2. 远程网络唤醒

"远程唤醒"（Wake-On-Lan，WOL）发送唤醒命令到支持 WOL 的目标计算机并使其自动加电启动。

使用该特性，可以遥控打开局域网、广域网或者因特网上的计算机，然后在其上执行系统管理或者传送文件及其他的相关任务。

如果目的计算机最后一次关机为非正常关机或者使用了休眠远程唤醒会失败。

3. 远程关机或重新启动

远程关机功能可以关闭或者重新启动本地网络中的本地或远程计算机。可以立即重新启动，计划到稍后的时间才重新启动，或者只是关机。

要关闭的计算机操作系统必须是 Windows XP。Windows server2000 的计算机被远程关机时不能自动断电。

4. 远程执行

远程执行可以在本地或者远程计算机上执行计划任务。对于每个计划任务，可以指定要执行的命令、运行时间和其他的选项。

5. 发送消息

使用发送消息，可以和在其他位置的别人交流。此功能支持各种批量操作，不需要在远程计算机上安装其他程序或者客户端。

使用 Windows XP 时，发送消息的本地计算机和目标计算机的 Messenger 信使服务必须启动。

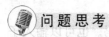 **问题思考**

(1) 最常用的网络管理的工具有哪些?

(2) 在网络管理和维护的过程中, IP 计算器具体包含哪些内容?

任务6　邮件加密系统

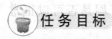 **任务目标**

信息安全传输的核心技术是对信息进行加密。掌握有名的邮件加密系统 PGP 的应用技术。

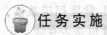 **任务实施**

学生下载分别安装按 PGP, 熟练掌握软件加密方法及应用技巧; 教师做好相关的指导工作。

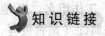 **知识链接**

PGP 的使用

使用加密技术是保证网络信息安全传输的核心技术, 网络上传输的最多的私有信息就是电子邮件, 这里介绍一种十分有名的邮件加密系统 PGP (Pretty Good Privacy)。

(一) PGP 的主要特征

PGP 是一个基于 RSA 公钥加密体系的加密软件, 使用了公共钥匙或不对称文件加密和数字签名, 创始人是美国的 PhilZimmermann。他的创造性在于他把 RSA 公钥体系的方便和传统加密体系的高速结合起来, 并且在数字签名和密钥认证管理机制上有巧妙的设计, 因此 PGP 成为目前几乎最流行的公钥加密软件包。

PGP 可以对邮件、实时聊天等通过网络传输的内容加密和附加上数字签名, 也可以单独对某一个文件或文件夹加密。

PGP 还可以只签名而不加密, 这适用于公开发表声明时, 声明人为了证实自己的身份 (在网络上只能如此), 可以用自己的私钥签名。这样就可以让收件人能确认发信人的身份。这一点在商业领域有很大的应用前途, 它可以防止发信人抵赖和信件被途中篡改。

(二) PGP 的使用

这里以美国网络联盟公司 NAI 的 PGP7.0.3 为例介绍 PGP 的使用。PGP 可以和 Windows 下系统的很多邮件客户端软件集成在一起使用, 如 OutLook, ICQ 等。

1. 安装

在使用 PGP 前需要让程序给生成一个新的密钥对。

安装时选择新用户, 会出现姓名和邮件地址提示窗口, 然后输入自己的密码, 如图 4-14 所示, 密码的长度要大于 8 个字符, 可以使用较长的句子, 这样就可以防止词典攻击。

安装完成重新启动计算机后任务栏托盘中会出现 PGP 的小图标。

2. 创建新的密钥

如果需要 PGP 创建新的密钥。单击托盘上的图标，选择 PGPkeys 可打开密钥管理窗口，如图 4-15 所示，在单击最左边的 Generate new keypair 按钮可按照向导创建一个新的密钥对。

需要自己输入私钥，PGP 自动通过运算得出属于自己的公钥。生成密钥后，可以选择是否立即将新的公开密钥发送到 Internet 密钥服务器上，这样希望与自己通信的用户可以直接到密钥服务器中下载专用密钥。通过密钥服务器可以实现密钥的上载与下载，还能方便地与

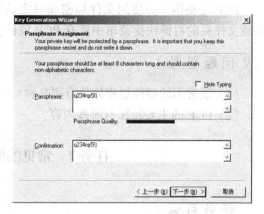

图 4-14　PGP 生成密钥对

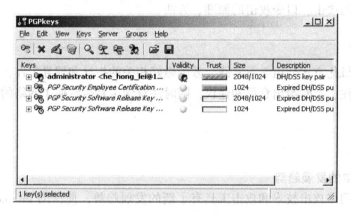

图 4-15　密钥管理窗口

他人交换公钥。

3. 导出和使用公钥

在密钥管理窗口选择 Keys | Export 命令可将自己的公钥导出到一个 asc 文件，将此文件传递给接收文件或邮件的人。

对方也需要安装 PGP 才能进行解密，同样在密钥管理窗口选择 Keys→Import 命令导入接受到的公钥。

此时当发送邮件时，收件方首先看到的是一堆乱码，只有使用 PGP 解密才能看到原文。

4. 加密文件

单击托盘上的图标，选择 PGPTools，可打开 PGP 工具栏。在工具栏上单击 Encrypt 按钮，选择要加密文件的对话框，然后选择可以使用次加密文件的用户和加密后的输出格式，根据邮件及文件重要性的不同，可选择合适的输出格式。单击 OK 按钮就可以完成加密了。

解密是加密的反过程。单击 Decrypt/Verify 按钮，弹出选择文件对话框，选择所要解密的文件之后，输入加密时使用的密码，经过计算，再次选择输出文件名，解密就完成了。

使用工具栏上的工具可以进行文件的加密、解密，增加数字签名、验证数字签名。单击 Wipe 按钮可以彻底清除磁盘上的文件，防止破解磁盘获得文件内容。

PGP 还提供了方便的文件加密和解密功能，打开 Windows 的资源管理器，在选中的文件或文件夹的右键快捷菜单中就有 PGP 项目，可以直接进行文件的加密和解密。

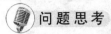

（1）最常用的邮件加密软件有哪几种？
（2）PGP 的主要特征有哪些内容？

任务 7　常见的网络黑客攻击技术

任务目标

（1）掌握网络攻击的发展趋势、常见的网络攻击方式。
（2）掌握密码攻击、口令攻击的原理、方法。

任务实施

学生按照项目化方式分组学习实践，教师做好相关的指导和辅导工作，并在整个项目实施过程中认真关注、及时给出意见和建议，随时注意学生是否掌握了网络的攻击方式手段及应对措施。

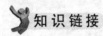

一、网络攻击的发展趋势

近几年里，网络攻击技术和攻击工具有了新的发展趋势，使借助 Internet 运行业务的机构面临着前所未有的风险。主要表现为 5 个方面：一是可自动化程度和攻击速度提高，二是攻击工具越来越复杂，三是发现安全漏洞越来越快，四是防火墙渗透率越来越高，五是基础设施攻击越来越大。

（一）常见的网络攻击方式

常见的网络攻击方式主要分为 4 类。第一类是服务拒绝攻击（Denial of Service Attacks，DoS），包括死亡之 ping（ping of death）、泪滴（teardrop）、UDP 洪水（UDP flood）、SYN 洪水（SYN flood）、Land 攻击、Smurf 攻击、Fraggle 攻击、电子邮件炸弹、畸形消息攻击等；第二类是利用型攻击，包括密码猜测、特洛伊木马、缓冲区溢出；第三类是信息收集型攻击，包括地址扫描、端口扫描、反响映射、慢速扫描、体系结构探测、DNS 域转换、Finger 服务、LDAP 服务等；第四类是假消息攻击，主要包括：DNS 高速缓存污染、伪造电子邮件等。

（二）缓冲区溢出攻击

缓冲区溢出会出现在和用户输入相关缓冲区内，在一般情况下，这已经变成了现代计算机和网络方面最大的安全隐患之一。这是因为在程序的基础上很容易出现这种问题，但是这对于不了解或是无法获得源代码的使用者来说是不可能的，很多的类似问题就会被利用。

缓冲区溢出的攻击原理是覆盖不能重写随机输入和在进程中执行代码的内存。要了解在什么地方和怎么发生的溢出，就让我们来看下内存是如何组织的。页是使用和它相关地址的内存的一个部分，这就意味着内核的进程内存的初始化，这就没有必要知道在 RAM 中分配的物理地址。进程内存由下面三个部分组成：

代码段，在这一段代码中的数据是通过处理器中执行的汇编指令。该代码的执行是非线性的，它可以跳过代码，跳跃，在某种特定情况下调用函数。以此，我们使用 EIP 指针，或是指针指令。其中 EIP 指向的地址总是包含下一个执行代码。

数据段，变量空间和动态缓冲器。

堆栈段，这是用来给函数传递变量的和为函数变量提供空间。栈的底部位于每一页的虚拟内存的末端，同时向下运动。汇编命令 PUSHL 会增加栈的顶部，POPL 会从栈的顶部移除项目并且把它们放到寄存器中。为了直接访问栈寄存器，在栈的顶部有栈顶指针 ESP。

（三）网络监听攻击（Sniffer）

网络监听是主机的一种工作模式，在这种模式下，主机可以接收到本网段在同一条物理通道上传输的所有信息，而不管这些信息的发送方和接受方是谁。此时，如果两台主机进行通信的信息没有加密，只要使用某些网络监听工具，例如 NetXray for windows 95/98/nt，sniffit for linux 、solaries 等就可以轻而易举地截取包括口令和账号在内的信息资料。虽然网络监听获得的用户账号和口令具有一定的局限性，但监听者往往能够获得其所在网段的所有用户账号及口令。

（四）IP 欺骗攻击

IP 地址欺骗是指行动产生的 IP 数据包为伪造的源 IP 地址，以便冒充其他系统或发件人的身份。这是一种黑客的攻击形式。IP 地址是由互联网服务提供商提供的，你可以理解为你办理宽带的地方，比如，电信之类，这个地址就像身份证，在你浏览网站，以及发送一些信息的时候，通过这个地址可以确定你在某一个时间段的具体位置。

IP 欺骗呢，则隐藏你的 IP 地址，方法是通过创建伪造的 IP 地址包，这样当你发送信息的时候，对方就无法确定你的真实 IP 了，该技术很普遍，通常被垃圾邮件制造者以及黑客用来误导追踪者到错误的信息来源处。

那么，IP 欺骗是如何工作的呢？IP 地址被用来在网络和计算机之间发送以及接收信息，因此，每个信息包里都包含了 IP 地址，这样，双方才能发送到正确的对方，对方也才能知道来源是正确的。当 IP 欺骗被使用的时候，包里面的就不再是真实的 IP 了，取而代之的是伪造的 IP 地址，这样，看上去包就是由那个 IP 发出的，如果对方回复这个信息，那么数据将会被发送到伪造的 IP 上，除非黑客决定重定向该信息到一个真实的 IP 上。

（五）端口扫描

1. 端口扫描

一个端口就是一个潜在的通信通道，也就是一个入侵通道。对目标计算机进行端口扫描，能得到许多有用的信息，从而发现系统的安全漏洞。

进行扫描的方法很多，可以是手工进行扫描，也可以用端口扫描软件进行。在手工进行扫描时，需要熟悉各种命令。对命令执行后的输出进行分析。用扫描软件进行扫描时，许多扫描器软件都有分析数据的功能。现在网上的黑客工具属于扫描工具的有很多，而且功能越来越强，如 Superscan，IP Scanner，Fluxay（流光）等。很多的扫描工具都是支持多进程、多线程的，可以同时扫描整个的 B 类或 C 类网段。

扫描并不是一个直接的攻击网络漏洞的程序，它仅仅能帮助我们发现目标机的某些内在的弱点。一个好的扫描器能对它得到的数据进行分析，帮助我们查找目标主机的漏洞。

扫描大致可分为端口扫描、系统信息扫描、漏洞扫描几种。

2. 端口扫描的防范

防范端口扫描的方法有两个：

（1）关闭闲置和有潜在危险的端口。在 Windows NT 核心系统（Windows 2000/XP/2003）中要关闭掉一些闲置端口是比较方便的。计算机的一些网络服务会有系统分配默认的端口，将一些闲置的服务关闭掉，其对应的端口也会被关闭了。也可以利用系统的"TCP/IP 筛选"功能实现，设置的时候，"只允许"系统的一些基本网络通信需要的端口即可。

（2）通过防火墙或其他安全系统检查各端口，有端口扫描的症状时，立即屏蔽该端口。

（六）口令攻击

1. 攻击原理

这种方法的前提是必须先得到该主机上的某个合法用户的账号，然后再进行合法用户口令的破译。获得普通用户账号的方法很多，如：

利用目标主机的 Finger 功能：当用 Finger 命令查询时，主机系统会将保存的用户资料（如用户名、登录时间等）显示在终端或计算机上；

利用目标主机的 X.500 服务：有些主机没有关闭 X.500 的目录查询服务，也给攻击者提供了获得信息的一条简易途径；

从电子邮件地址中收集：有些用户电子邮件地址常会透露其在目标主机上的账号；查看主机是否有习惯性的账号：有经验的用户都知道，很多系统会使用一些习惯性的账号，造成账号的泄露。

2. 攻击方法

攻击方法一般有三种：

（1）是通过网络监听非法得到用户口令，这类方法有一定的局限性，但危害性极大。监听者往往采用中途截击的方法也是获取用户账户和密码的一条有效途径。当前，很多协议根本就没有采用任何加密或身份认证技术，如在 Telnet、FTP、HTTP、SMTP 等传输协议中，用户账户和密码信息都是以明文格式传输的，此时若攻击者利用数据包截取工具便可很容易收集到你的账户和密码。还有一种中途截击攻击方法，它在你同服务器端完成"三次握手"建立连接之后，在通信过程中扮演"第三者"的角色，假冒服务器身份欺骗你，再假冒你向服务器发出恶意请求，其造成的后果不堪设想。另外，攻击者有时还会利用软件和硬件工具时刻监视系统主机的工作，等待记录用户登录信息，从而取得用户密码；或者编制有缓冲区溢出错误的 SUID 程序来获得超级用户权限。

（2）是在知道用户的账号后（如电子邮件@前面的部分）利用一些专门软件强行破解用户口令，这种方法不受网段限制，但攻击者要有足够的耐心和时间。如：采用字典穷举法（或称暴力法）来破解用户的密码。攻击者可以通过一些工具程序，自动地从电脑字典中取出一个单词，作为用户的口令，再输入给远端的主机，申请进入系统；若口令错误，就按序取出下一个单词，进行下一个尝试，并一直循环下去，直到找到正确的口令或字典的单词试完为止。由于这个破译过程由计算机程序来自动完成，因而几个小时就可以把上十万条记录的字典里所有单词都尝试一遍。

（3）是利用系统管理员的失误。在现代的 Unix 操作系统中，用户的基本信息存放在 passwd 文件中，而所有的口令则经过 DES 加密方法加密后专门存放在一个叫 shadow 的文件中。黑客们获取口令文件后，就会使用专门的破解 DES 加密法的程序来解口令。同时，由于为数不少的操作系统都存在许多安全漏洞、Bug 或一些其他设计缺陷，这些缺陷一旦被找出，黑客就可以长驱直入。利用了 Windows 的基本设计缺陷，放置特洛伊木马程序。特洛伊木马程序可以直接侵入用户的电脑并进行破坏，它常被伪装成工具程序或者游戏等诱使用户打开带有特洛伊木马程序的邮件附件或从网上直接下载，一旦用户打开了这些邮件的附件或者执行了这些程序之后，它们就会像古特洛伊人在敌人城外留下的藏满士兵的木马一样留在自己的电脑中，并在自己的计算机系统中隐藏一个可以在 windows 启动时悄悄执行的程序。当您连接到因特网上时，这个程序就会通知攻击者，来报告您的 IP 地址以及预先设定的端口。攻击者在收到这些信息后，再利用这个潜伏在其中的程序，就可以任意地修改你的计算机的参数设定、复制文件、窥视你整个硬盘中的内容等，从而达到控制你的计算机的目的。

（七）密码攻击

密码攻击是黑客最喜欢采用的入侵网络的方法。黑客通过获取系统管理员或其他特殊用户的密码，获得系统的管理权，窃取系统信息、磁盘中的文件甚至对系统进行破坏。

1. 密码攻击的方法

密码攻击一般有 3 种方法：

（1）通过网络监听非法得到用户密码：这类方法有一定的局限性，但危害性极大，监听者往往能够获得其所在网段的所有用户账号和密码，对局域网安全威胁巨大。

（2）在知道用户的账号后利用一些专门软件强行破解用户密码：这种方法不受网段限制，但黑客要有足够的耐心和时间。常常采用逐个试密码直到成功为止，一般把这种方法叫作"字典攻击"，就是黑客用专门的破解软件对系统的用户名和密码进行猜测性的攻击，一般的弱密码（长度太短或有一定规律）可以很快地被破解。

（3）在获得一个服务器上的用户密码文件（此文件成为 Shadow 文件）后，用暴力破解程序破解用户密码：该方法的使用前提是黑客获得密码的 Shadow 文件。此方法在所有方法中危害最大。

2. 防范密码攻击

防范密码攻击最根本的方法是用户做好保护密码的工作，如密码要没有规律并定期更换，采用加密的方式保存和传输密码，登录失败时要查清原因并记录等。以下密码是不建议使用的。

（1）密码和用户名相同。

（2）密码为用户名中的某几个邻近的数字或字母。如：用户名为 test001，密码为 test。

（3）密码为连续或相同的字母或数字。如 123456789，1111111，abcdef，JJJJJJ 等。几乎所有黑客软件，都会从连续或相同的数字或字母开始试密码。

（4）将用户名颠倒或加前后缀作为密码。如用户名为 test，密码为 testl23、aaatest 等。

（5）使用姓氏的拼音或单位名称的缩写作为密码。

（6）使用自己或亲友的生日作为密码。

（7）使用常用英文单词作为密码。

（8）密码长度小于 6 位数。

二、计算机病毒

随着数字技术及 Internet 技术的日益发展，病毒技术也在不断发展提高。它们的传播途径越来越广，传播速度越来越快，造成的危害越来越大，几乎到了令人防不胜防的地步。

1. 网络环境下计算机病毒的特点

在网络环境中，网络病毒除了具有可传播性、可执行性、破坏性、可触发性等计算机病毒的共性外，还具有一些新的特点：

（1）感染速度快。在单机环境下，病毒只能通过软盘从一台计算机带到另一台，而在网络中则可以通过网络通信机制进行迅速扩散。

（2）扩散面广。由于病毒在网络中扩散非常快，扩散范围很大，不但能迅速感染局域网内所有计算机，还能在瞬间通过远程工作站将病毒传播到千里之外。

（3）传播的形式复杂多样。计算机病毒在网络上一般是通过"工作站—服务器—工作站"的途径进行传播的，但传播的形式复杂多样。

（4）难于彻底清除。单机上的计算机病毒有时可通过删除带毒文件、低级格式化硬盘等措施将病毒彻底清除。而企业网络中，只要有一台工作站未能消毒干净，就可能使整个网络重新被病毒感染，甚至刚刚完成清除工作的一台工作站就有可能被网上另一台带毒工作站所感染。

（5）破坏性大。网络上病毒将直接影响网络的工作，轻则降低速度，影响工作效率，重则使网络崩溃，破坏服务器信息，使多年的工作毁于一旦。

2. 新病毒的主要技术趋势

新的计算机病毒每天都在增加，这些病毒的主要技术趋势是：

（1）利用漏洞的病毒开始增多。如"SQL 蠕虫王"病毒就是利用了 SQL Server 2000 的最新漏洞进行传播，"冲击波"病毒利用了 Windows 系统的漏洞。预防漏洞型病毒最好的办法，就是及时为自己的操作系统打上补丁、关闭不常用的服务、对系统进行必要的设置。

（2）病毒向多元化、混合化发展。新发作的病毒中混合型病毒越来越多，它们集合了蠕虫、后门等功能，利用多种途径传播，危害极大。比如"爱情后门"就是一个混合型病毒，它虽然属于蠕虫类病毒，但不仅会通过邮件、网络进行传播，还会给系统开后门对用户计算机进行远程控制。针对混合型病毒增多的趋势，未来的杀毒软件将是整体防御的全面解决方案。

（3）有网络特性的病毒增多。像蠕虫、木马（黑客）、脚本等类型的病毒，都通过网络进行传播。其中，对个人计算机和企事业单位影响最大的是蠕虫和木马病毒，像求职信、大无极就是属此类病毒。这类病毒会通过网络或邮件漏洞进行传播，从而阻塞网络、使服务器瘫痪。多用途实时监控，是应对网络病毒泛滥的最佳措施。

（4）针对即时通信软件的病毒大量涌现。随着上网聊天人数的增多，那些专门针对 QQ、MSN 等即时通信软件的病毒极速增加，占普通病毒的 10% 以上。如影响比较大的专门偷盗 QQ 用户密码的病毒 QQ 传送者和 QQ 木马。在这种情况下，用户要提高自己的安全意识，比如对于即时通信软件上的好友发送过来的网址和文件，一定要小心。

（一）特洛伊木马

特洛伊木马的攻击手段，就是将一些"后门"、"特殊通道"程序隐藏在某个软件里，使用该软件的人无意识地中圈套，致使计算机成为被攻击、被控制的对象。现在这种木马程

序越来越并入 "病毒" 的概念，大部分杀毒软件具有检查和清除 "木马" 的功能。

由于木马是客户端服务器程序，所以黑客一般是利用别的途径如邮件、共享将木马安放到被攻击的计算机中。木马的服务器程序文件一般位置是在 c：\ windows 和 c：\ windows \ system 中，因为 Windows 的一些系统文件在这两个位置，误删了文件系统可能崩溃。

典型的木马程序有 BO、流光等。

BO

BO 是软件 Back Orifice 的简称，是由 Cult Dead Cow 小组制作的远程管理系统，是一个客户机/服务器应用程序，通过 BO 客户机程序可以监视、管理和使用其他在网络中运行的安装有 BO 服务器程序的网络资源。

BO 是一个典型的黑客软件，它采用 "特洛伊木马" 技术，通过在计算机系统中隐藏一个会在 Windows 启动时悄悄执行的 BO 服务器程序，并用 BO 客户机程序来操纵你的计算机系统。

识别与清除 BO 的方法。BO 黑客软件的关键在于隐藏了一个会在 Windows 启动时悄悄执行的服务端程序，可以说这是大多数在 Internet 上出现的黑客软件的共同之处。

清除这类黑客软件的最简便、有效的方法，就是将自动执行的黑客程序从 Windows 的启动配置中删除掉。

1) BO 服务器安装后，将在 Windows 的 SYSTEM 子目录下生成 WINDLL. DLL 文件，可以直接删除 WINDLL. DLL 文件。

2) 在 C：\ WINDOWS \ SYSTEM 子目录下有一个标着 ". EXE"（空格 . EXE）且没有任何图标的小程序，或者连 EXE 都没有（如果不显示文件扩展名），只是一个空行。由于这时 ". EXE" 程序在后台运行，所以不能在 Windows 系统中直接删除它。清除的方法是，重新启动计算机系统，让它在 DOS 方式下运行。然后，进入 SYSTEM 子目录，将 BO 服务器程序（在 DOS 下显示为 EXE~1）的属性改为非隐含，这样就可以删除它。

3) BO 服务器程序能够在 Windows 启动时自动执行，是在注册表的 HKEY_ LOCAL_ MACHINE \ Software \ Microsoft \ Windows \ CurrentVersion \ Run 或 HKEY_ LOCAL_ MA-CHINE \ Software \ Microsoft \ Windows \ CurrentVersion \ RunServices 增加了一个程序 ". EXE_"，可以直接删除。

4) 大多数杀毒软件和防黑客软件也可以有效清除 BO 服务器程序。

（二）冰河软件

（1）冰河软件的主要文件。

1) G_ Server. exe 是被监控端后台监控程序，运行一次即自动安装，可任意改名。在安装前可以先通过 G_ Client 的配置本地服务器程序功能进行一些特殊配置，例如是否将动态 IP 发送到指定信箱、改变监听端口、设置访问密码等。

2) G_ Client. exe 是监控端执行程序，用于监控远程计算机和配置服务器程序。

（2）冰河软件的远程监控功能。

1) 自动跟踪目标机屏幕变化。

2) 鼠标和键盘输入的完全模拟。

3) 记录各种密码信息：包括开机密码、屏保密码、各种共享资源密码及绝大多数在对话框中出现过的密码信息，同时提供击键记录功能。

4）获取系统信息：包括注册公司、当前用户、系统路径、当前显示分辨率、物理及逻辑磁盘信息等多项系统数据。

5）限制系统功能：包括远程关机、远程重启计算机、锁定鼠标、锁定注册表、禁止自动拨号等多项功能限制。

6）远程文件操作：包括上传、下载、复制、移动、压缩文件，创建、删除文件或目录、快速浏览文本、远程打开文件（提供了4种不同的打开方式——正常方式、最大化、最小化和隐藏方式）等多项文件操作功能。

7）注册表操作：包括对主键的浏览、增删、复制、重命名和对键值的读写等所有注册表操作功能。

8）发送信息：以4种图标及6种提示按钮向目标机发送简短信息。

9）点对点通信：以聊天室形式同被监控端进行交谈。

（三）网页攻击

网页攻击指一些恶意网页利用软件或系统操作平台等的安全漏洞，通过执行嵌入在网页HTML 超文本标记语言内的 JavaApplet 小应用程序、Javascript 脚本语言程序、ActiveX 软件部件交互技术支持可自动执行的代码程序，强行修改用户操作系统的注册表及系统实用配置程序，从而达到非法控制系统资源、破坏数据、格式化硬盘、感染木马程序的目的。

常见的网页攻击现象有 IE 标题栏被修改、IE 默认首页被修改并且锁定设置项、IE 右键菜单被修改或禁用、系统启动直接开启 IE 并打开莫名其妙的网页、将网址添加到桌面和开始菜单，删除后开机又恢复、禁止使用注册表编辑器、在系统时间前面加上网页广告、更改"我的计算机"下的系统文件夹名称、禁止"关闭系统"、禁止"运行"、禁止 DOS、隐藏 C盘令 C 盘从系统中"消失"等。

防范网页攻击可使用设定安全级别、过滤指定网页、卸载或升级 WSH、禁用远程注册表服务等方法。

最好的方法还是安装防火墙和杀毒软件，并启动实时监控功能。有些杀毒软件可以对网页浏览时注册表发生的改变提出警告。

🎤 问题思考

（1）最常用网络攻击手段有哪些？

（2）如何有效应对网络攻击？

【项目实训1】 天网防火墙安装、配置与管理

1. 实训目的

熟练掌握天网防火墙安装、基本设置及高级设置。

2. 实训器材

PC 机 3 台，天网防火墙安装包。

3. 实训要求

通过正确安装和设置天网防火墙，实现基于地址、协议和端口的过滤。

4. 知识背景

防火墙是一种保护计算机网络安全的技术性措施，它是一个用以阻止网络中的黑客访问

某个机构网络的屏障，也可称之为控制进/出两个方向通信的门槛。在网络边界上通过建立起来的相应网络通信监控系统来隔离内部和外部网络，以阻挡外部网络的侵入。目前的防火墙主要类型有包过滤防火墙、代理防火墙。天网防火墙属于包过滤防火墙。

　　包过滤防火墙设置在网络层，可以在路由器上实现包过滤。首先应建立一定数量的信息过滤表，信息过滤表是以其收到的数据包头信息为基础而建成的。信息包头含有数据包源 IP 地址、目的 IP 地址、传输协议类型（TCP、UDP、ICMP 等）、协议源端口号、协议目的端口号、连接请求方向、ICMP 报文类型等。当一个数据包满足过滤表中的规则时，则允许数据包通过，否则禁止通过。这种防火墙可以用于禁止外部不合法用户对内部的访问，也可以用来禁止访问某些服务类型。

　　5. 实训步骤

　　（1）防火墙安装。

　　1）双击已经下载好的安装程序，出现安装界面。

　　2）在出现的授权协议后，选择"我接受此协议"，并单击"下一步"继续安装。

　　3）继续单击"下一步"出现的选择"开始"菜单文件夹，用于程序的快捷方式。

　　4）单击"下一步"按钮出现正在复制文件的界面，此时是软件正在安装，请耐心等待。

　　5）文件复制基本完成后，系统会自动弹出"设置向导"。

　　6）单击"下一步"按钮出现"安全级别设置"。选择"中等安全级别"，可以选择自定义级别。

　　7）单击"下一步"按钮可以看见如图 4-16 所示的"局域网信息设置"，软件将会自动检测 IP 地址，并记录下来，同时选中"开机的时候自动启动防火墙"复选框。

　　8）单击"下一步"按钮进入"常用应用程序设置"，可以使用默认选项。

　　9）单击"下一步"按钮，至此天网防火墙的基本设置已经完成，单击"结束"完成安装过程。

　　10）保存好正在进行的其他工作，单击"完成"，计算机将重新启动使防火墙生效。

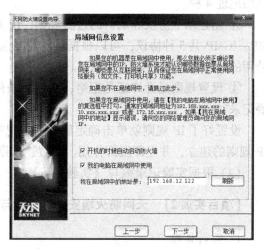

图 4-16　局域网信息设置

　　（2）防火墙的设置。

　　1）系统设置。在防火墙的控制面板中单击"系统设置"按钮即可展开防火墙系统设置面板。天网个人版防火墙系统设置界面如图 4-17 所示。

　　2）IP 规则设置。

　　3）应用程序规划设置。

　　4）查看日志：日志里记录了程序访问网络的记录，局域网，和网上被 IP 扫描端口的情况，供参考以便采取相应的对策。

5）新建 IP 规则：新建 IP 规则，开放相应的端口。在自定义 IP 规则里双击进行新规则设置，单击"增加规则"后出现如图 4-18 所示的界面。

图 4-17　防火墙系统设置界面　　　　　图 4-18　IP 规则修改界面

① 新建 IP 规则的说明部分，输入名字，如"打开 FTP20-21 端口"，选择数据包方向的，分为接收、发送、接收和发送 3 种，可以根据具体情况决定。

② 创建基于 IP 地址的过滤规则，可以分为任何地址、局域网内地址、指定地址、指定网络地址 4 种。

③ 创建基于协议和端口的过滤规则，IP 规则使用的各种协议，有 IP、TCP、UDP、ICMP、IGMP 共 5 种协议，可以根据具体情况选用并设置。端口根据具体情况设置，例如 FTP 使用的是 TCP 的 20 和 21 号端口。

④ 设置规则是允许还是拒绝，在满足条件时是通行还是拦截还是继续下一规则，要不要记录。

设置好了 IP 规则就单击确定后保存并把规则上移到该协议组的置顶，这就完成了新的 IP 规则的建立，并立即发挥作用。设置新规则后，把规则上移到该协议组的置顶，并保存。

（3）根据实验记录编写《实验报告》。

【项目实训 2】　天网防火墙安装、配置与管理

1. 实训目的
熟练掌握远程访问 VPN 的安装和基本设置。

2. 实训器材
PC 机 4 台，交换机 3 台。

3. 实训要求
通过 PKI 的部署和 Windows server 2012 的 RAS 设置实现远程访问 VPN 和分支机构 VPN。

4. 知识背景
VPN 通过身份认证、数据加密和完整性检测等手段来保障关键数据在通信过程中的安

全性，是目前比较流行的网络安全技术之一。

VPN 的种类比较多，一般来讲可以按应用方式将 VPN 分为远程访问 VPN、分支机构 VPN 和外部网 VPN。另外，还可以按 VPN 实现方式来划分，例如：有以 PPTP 或 L2TP 等在链路层实现的 VPN；有以 IPSEC 在网络层实现的 VPN；有在传输层以 SSL、SOCKES、TLS 实现的 VPN；以及在高层使用 Kerberos、S-MIME 实现的 VPN。

目前有很多不同的厂商生产支持 VPN 的产品，如 Cisco、IBM 和 Microsoft 等。这些 VPN 设备所采用的标准并不完全相同，因此也就不能完全兼容。

Microsoft 的 Windows server 2012 操作系统提供了 3 种不同的方式实现 VPN：PPTP、L2TP/IPSec、IPSec。这 3 种方式各有特点：

（1）点对点隧道协议（PPTP）。在 PPTP 数据包中，数据（IP、IPX、NetBEUI）被依次封装在 PPP、GRE、IP 中，并利用 PPP 和 Microsoft 点对点加密（MPPE）来进行用户身份验证、数据加密，实现从远程计算机到专用服务器的安全数据传输。

PPTP 是一种易于部署且较安全的 VPN 技术，可使用多种身份认证技术，还可以穿越网络地址转换器（NAT）。

（2）第 2 层隧道协议（L2TP）。在 L2TP 的数据包中，数据首先被封装到 PPP 帧中，然后再依次被封装到 L2TP、UDP 和 IP 数据报中。UDP 标头和 IPSec 尾端间的所有数据均被加密。

L2TP 仅能利用 PPP 进行用户身份验证而不能加密数据，所以单独使用 L2TP 不能保证数据的安全通信，L2TP 必须和 IPSec 组合起来实现对数据认证和加密。这种组合称为 L2TP/IPSec。

（3）IPSec。IPSec 提供的安全性是端对端的，所以加密、解密等安全操作只在发送方和接收方进行，而转发数据的中间设备则是无需考虑。

IPSec 包括 3 部分：认证报头（AH），负载安全封装（ESP），因特网密钥交换（IKE 即 ISAKMP/Oakley）。其中 AH 和 ESP 既可以单独使用，也可以将二者组合起来保护通信安全。不管是单独使用还是组合使用，IPSEC 都有可以使用两种数据传输模式：普通模式和隧道模式。

5. 实训步骤

（1）使用证书服务。

当使用 L2TP/IPSEC 或单独使用 IPSEC 创建 VPN 时，都需要使用计算机证书来验证身份，所以要给计算机安装证书。要给计算机安装证书，就需要有证书权威机构（CA）并为计算机申请、安装和管理证书。

1）安装、管理 CA。在创建 VPN 之前先要将一台计算机配置为 CA，也就是在该计算机上安装证书服务。考虑到开放性和可扩展性，可以将计算机配置为"独立根 CA"，并且需要先安装 WWW 服务，以便于用户申请证书。

安装完成后，管理员还需要"证书颁发机构"来管理 CA，如图 4-19 所示。包括：设置证书颁发策略、查看申请、颁发、吊销证书等。

2）申请和管理证书。

安装好 CA 后，用户便可以申请和管理证书。要申请证书，步骤如下：

① 在浏览器的地址栏输入地址：http：//CA 服务器名（或 IP 地址）/CertSrv 进入证书

申请页面，如图 4-20 所示。

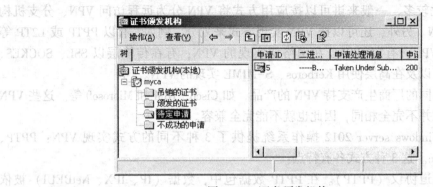

图 4-19　证书颁发机构

② 选择申请类型：用户或高级。VPN 使用的计算机证书，应选择"高级申请"。

③ 在后面的页面中输入姓名（即证书主体）和选择证书的意图，并设定其他信息。最后提交申请。

④ 根据 CA 的证书颁发策略，有两种可能：

a) 如果是"始终颁发证书"策略，则立即返回"证书已发布"页面，并可以直接安装证书。

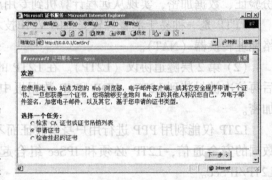

图 4-20　证书申请

b) 如果 CA 使用的是"由管理员专门颁发证书"策略，则需要必须等待管理员发布申请的证书。并过一段时间回到该 Web 站点以检索、安装证书。

要查看和管理证书，可以使用管理控制台来完成：选择"开始"→"运行"，对话框中输入"MMC"命令，打开管理控制台，将"证书管理单元"添加进来并保存。以后运行该控制台即可管理证书。

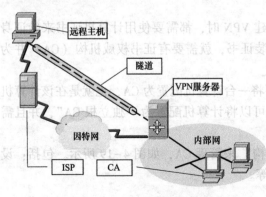

图 4-21　主机到网络的隧道

（2）构建远程访问 VPN。

1）主机到网络的隧道。一般来讲远程访问 VPN 只建立在远程主机到网络的边界处，如图 4-21 所示。VPN 的建立方法如下：

① 为 VPN 服务器和远程主机申请和安装证书。如果使用 IPSEC 或 L2TP/IPSEC 协议创建 VPN，首先应为 VPN 服务器和远程主机申请和安装证书。VPN 服务器可以直接从 CA 申请，远程主机由于不在企业网内，可以先在企业网内用其他计算机申请证

书并导出到磁盘上，并通过磁盘将证书安装到远程主机。

② 安装、配置 VPN 服务器（使用 PPTP 和 L2TP/IPSEC）。

a）打开"路由和远程访问"管理单元，启动"配置并启动路由和远程访问"。随后选择配置类型，可以有两种选择："虚拟专用网络（VPN）服务器"或"手动配置服务器"。

如果选择"手动配置服务器"，则 VPN 服务器既支持 VPN 连接也支持非 VPN 连接。并创建 5 个 PPTP 和 5 个 L2TP 端口。

如果选择"虚拟专用网络（VPN）服务器"，将导致 VPN 服务器只支持 PPTP 和 L2TP（各有 128 个端口）。如果要想支持其他连接，需在配置好服务器后。手动添加筛选规则。

b）如果企业网安装了防火墙，为确保允许 VPN 客户端通过防火墙访问 VPN 服务器，需设置防火墙允许使用 PPTP（即允许 TCP 端口 1723 和 IP 协议 ID47 通过防火墙）和 L2TP（即允许 UDP 端口 500、协议 ID50 和协议 ID51 通过防火墙）。

c）分配相应的拨入权限给 VPN 用户。这可以通过在"远程访问策略"中授予用户远程访问权限来实现，也可以通过在"计算机管理"中基于每用户配置拨入权限来实现。

③ 配置 VPN 客户端。

a）如果使用 WINXP 作为客户端，首先在"网络属性"对话框中添加"Microsoft 虚拟专用网络适配器"和"拨号适配器"，如图 4-22 所示。然后在"拨号网络"文件夹中双击"新建连接"图标，输入连接名并使用"Microsoft VPN Adapter"设备，输入 VPN 服务器的 IP 地址。

b）如果使用 Windows 7 作为客户端，配置 VPN 连接方法如下：在"网络和拨号连接"中双击"新建连接"图标，选择"通过 Internet 连接到专用网"，输入 VPN 服务器的 IP 地址。

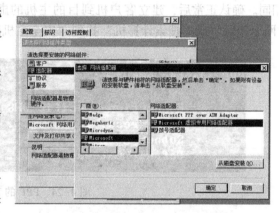

图 4-22　添加"Microsoft 虚拟专用网络适配器"和"拨号适配器"

如果 VPN 服务器类型是 PPTP，最好在"虚拟连接"的属性中，选择 PPTP 代替默认的"自动"选项作为连接类型。因为，如果选择了"自动"设置，客户端将首先尝试使用 L2TP/IPSEC 和服务器建立连接。当连接被拒绝后，再尝试使用 PPTP。而这一过程可能需要等待很长时间。

（3）主机—网络—主机的隧道。

要求将 VPN 延伸到网络的内部直达安全主机，如图 4-23 所示，需要使用两层隧道，里面的隧道建立在远程主机和内部网的安全主机之间，安全主机可以使用私用地址。外层隧道建立在远程主机和 VPN 服务器之间，可以保护内层隧道在因特网的这一段，并屏蔽内层隧道使用的私用地址。配置方法如下。

1）服务端。

① 首先配置 VPN 服务器，将连接因特网的网卡配置为 VPN 接口，地址池可以使用私用地址（例如：172.16.0.100~172.16.0.110）但不要和内部网地址冲突。分配给远程用户拨入权限。

② 配置"安全主机"提供 VPN 服务，分配给远程用户拨入权限。

2）客户端。

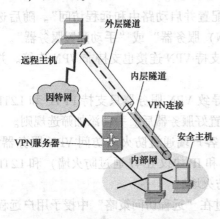

图 4-23　主机—网络—主机的隧道

① 在 Windows XP 的"网络和拨号连接"窗口中，先建立客户机到 VPN 服务器的虚拟连接图标（如：名为"VPN 网关"）。VPN 服务器使用的地址需为公用地址。客户端可不设默认网关。

② 建立客户机到"安全主机"的虚拟连接图标（如名为"内部安全主机"），"安全主机"可使用私用地址如 192.168.0.66。

3）接入 VPN。

当远程主机需要和企业网内的"安全主机"通信时，先建立客户机到 VPN 服务器的虚拟连接，并在 DOS 方式下查看 PPP 的 TCP/IP 配置，如图 4-24 所示。PPP adapter 的 IP 地址和默认网关应相同。确认正常后，建立客户机到目的主机的虚拟连接。此后便可安全通信。例如，通过"网上邻居"或"搜索计算机"找到"安全主机"来使用共享数据。

```
PPP adapter vpn网关:

        Connection-specific DNS Suffix  . :
        IP Address. . . . . . . . . . . . : 172.16.0.103
        Subnet Mask . . . . . . . . . . . : 255.255.255.255
        Default Gateway . . . . . . . . . : 172.16.0.103
```

图 4-24　PPP 的 TCP/IP 配置

（4）构建分支机构 VPN。

分支机构 VPN，即通过认证、加密等技术将企业分布在不同地区的内部网通过 Internet 互连起来，形成一个安全的、逻辑上的虚拟网络。这是 VPN 最常见的应用形式，如图 4-25 所示。

创建分支机构 VPN 的方法如下。

1）安装计算机证书。如果使用 L2TP/IPSEC 创建 VPN，需要为两个 VPN 服务器安装计算机证书；如果使用 PPTP，可以不安装。

2）配置 VPN 服务器。通过 Windows 7 的"路由和远程访问"管理单元，将两个服务器配置成 VPN 服务器。

3）配置请求拨号接口。

① 在"VPN 服务器 1"的"路由和

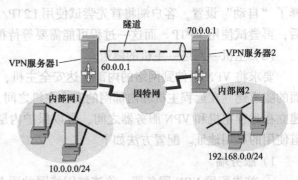

图 4-25　内部网 VPN

远程访问"管理单元中，新建通向"VPN 服务器 2"的路由接口。方法如下：

右击"路由接口"，选择"新的请求拨号接口"命令，输入接口名称（"VPN 服务器 2"），选择连接类型〔"使用虚拟专用网络（VPN）连接"〕，选择 VPN 类型（PPTP 或 L2TP），输入目标地址（70.0.0.1），输入拨出凭据（用户名、密码）。

② 在"VPN 服务器 2"的"路由和远程访问"管理单元中，新建通向"VPN 服务器 1"的路由接口。

4）添加静态路由。

① 在"VPN 服务器 1"的"路由和远程访问"管理单元中，添加到"内部网 2"的静态路由。

方法是，展开"IP 路由选择"，选择"静态路由"，右击选择"静态路由"命令，选择"接口"（VPN 服务器 2），输入目标（192.168.0.0）和掩码（255.255.255.0），如图 4-26所示。

② 在"VPN 服务器 2"的"路由和远程访问"管理单元中，添加到"内部网 1"的静态路由。

方法是，展开"IP 路由选择"，选择"静态路由"，右击选择"静态路由"，选择"接口"（VPN 服务器 1），输入目标（10.0.0.0）和掩码（255.255.255.0）。

配置完成后，当两个内部网中的主机需要相互通信时，VPN 服务器会根据路由表选择"请求拨号接口"自动在两个 VPN 服务器之间建立虚拟连接。主机间的通信就通过此"虚拟连接"转发并被保护。

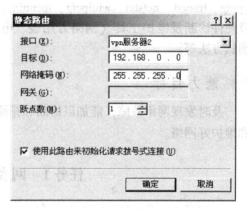

图 4-26　添加到"内部网 2"的静态路由

第5部分　常用网络故障诊断与维护工具

项目1　学会使用常用网络故障诊断与维护工具

学习目标

了解网络故障的分类（物理故障和逻辑故障）及分层检查方式，掌握TCP/IP网络故障的软件诊断工具（设备管理器、系统文件检查器、事件查看器、系统监视器）和排除工具（ping、tracert、netstat、winipcfg、ipconfig、route、arp、pathping、nslookup、NBTSTAT），以及硬件诊断及维护工具（网络万用表、电缆测试仪、网络测试仪、协议分析仪）的功能、测试方法等。

能力目标

及时发现网络故障，能加以诊断和排除，尽快恢复网络的正常功能，能作为网管员管理和维护好网络。

任务1　网络故障诊断概述

任务目标

了解网络故障的分类（物理故障和逻辑故障）及分层检查方式。

任务实施

学生按照项目化方式分组学习实践，教师做好相关的指导和辅导工作，并在整个项目实施过程中认真关注、及时给出意见和建议，随时注意学生的网络故障诊断能力以及组织协调能力的培养。

知识链接

一、网络故障的分类

在网络中可能出现的故障多种多样，最重要的是快速隔离或排除故障。网络维护人员要解决一个复杂的网络故障需要广泛的网络知识与丰富的工作经验。网络故障根据故障性质来分类包括物理故障和逻辑故障，它们的解决方法不尽相同。

1. 物理故障

物理故障是指设备或线路引起的故障，包括网络设备或线路损坏、端口插头松动或线路受到严重的电磁干扰等。

物理故障又可分为网络链路故障和网络设备故障。

网络链路故障包括：①网络介质故障，例如 5 类线 Cat5 运行千兆位以太网、光缆连接器进水或光纤铺设中挖断，受潮导致链路传输故障、模型选择不当导致 6 类链路故障；②网络物理安全故障，如交换机端口状态故障、劣质的电缆跳线、光纤转换器中的不匹配状态；③网络干扰故障，如电源受扰、链路的近端串扰等；④网络拓扑故障。

网络设备故障包括：交换机故障、路由器故障、工作站故障、服务器故障和其他网络设备故障。

2. 逻辑故障

逻辑故障是指设备的配置等软件引起的故障，包括路由器端口参数设置有误，或者路由器由配置错误以至于路由循环或找不到远端地址，或者是子网掩码设置错误等。

二、网络故障的分层检查

网络故障诊断是以网络原理、网络配置和网络运行的知识为基础，从故障现象出发，以网络诊断工具为手段获取诊断信息、确定网络故障点、查找问题的根源、排除故障、恢复网络正常运行的软件或硬件。

现在的网络为了增加易用性和兼容性，都设计成了层次结构。在网络故障诊断过程中，充分利用网络分层的特点，可以快速准确地定位并排除网络故障，提高故障诊断的效率。

由于 OSI 各层在逻辑上相对独立，所以一般按照逐层分析的方法对网络故障进行诊断。但在实际工作中，一般采用的诊断顺序是：首先从网络层开始诊断，以测试网络的连通性；如果网络不能连通，就对物理层（测试线路）进行检测；如果网络能够连通，就对应用层（测试应用程序本身）进行诊断。

网络故障在 OSI 的每一层，都有相应的检测诊断工具或措施：物理层，使用专门的线缆测试仪；数据链路层，使用 ARP 命令来检查 MAC 地址和 IP 地址之间的对应关系；网络层，出现问题的可能性比较大，除使用 ping 命令测试连通性和 route 命令查看路由配置外，还需要使用网络检测分析软件对网络层和传输层的数据通信进行检测分析；应用层，检测应用程序配置是否正确，对应用程序自身进行测试。OSI 分层和 TCP/IP 分层的对应诊断方法如表 5-1 所示。

表 5-1　　　　　　　　OSI 分层和 TCP/IP 分层的对应诊断方法

OSI 层次	TCP/IP 层次	对应故障诊断方法
应用层	应用层	检测应用程序配置、对应用程序进行测试
表示层		
会话层		
传输层	传输层	使用网络检测分析对其传输过程进行跟踪
网络层	互联网层	连通性、路由配置、对数据包进行跟踪
数据链路层	网络接入层	使用 ARP 命令检查 IP 与 MAC 的关系
物理层		使用线缆测试仪检查物理上的连通性

1. 物理层及其诊断

物理层是 OSI 分层结构体系中最基础的一层，它建立在通信媒体的基础上，实现系统和通信媒体的物理端口，为数据链路实体之间进行透明传输，为建立、保持和拆除计算机和网络之间的物理连接提供服务。

物理层的故障主要表现在设备的物理连接方式是否恰当；连接电缆是否正确；Modem 等设备的配置及操作是否正确。确定路由器端口物理连接是否完好的最佳方法是使用 show interface 命令，检查每个端口的状态，解释屏幕输出信息，查看端口状态、协议建立状态和 EIA 状态。

2. 数据链路层及其诊断

数据链路层的主要任务是使网络层无需了解物理层的特征而获得可靠的传输。数据链路层为通过本层的数据进行打包和解包、差错检测和一定的校正能力，并协调共享介质。在数据链路层交换数据之前，协议关注的是形成帧和同步设备。

查找和排除数据链路层的故障，需要查看路由器的配置，检查连接端口共享同一数据链路层的封装情况。每对端口要和与其通信的其他设备有相同的封装。通过查看路由器的配置检查其封装，或者使用 show 命令查看相应端口的封装情况。

3. 网络层及其诊断

网络层提供建立、保持和释放网络层连接的手段，包括路由选择、流量控制、传输确认、中断、差错及故障恢复等。

排除网络层故障的基本方法是：沿着从源到目标的路径，查看路由器路由表，同时检查路由器端口的 IP 地址。如果路由没有在路由表中出现，应该通过检查来确定是否已经输入适当的静态路由、默认路由或者动态路由。然后手工配置一些丢失的路由，或者排除一些动态路由选择过程的故障，包括 RIP 或者 IGRP 路由协议出现的故障。例如，IGRP 路由选择信息只在同一自治系统号的系统之间交换数据，查看路由器配置的自治系统号的匹配情况。

 问题思考

如何形象地理解网络协议各层的功能以及数据包的格式和传输规定？

【项目实训 1】 Packet Tracer 思科模拟器"模拟模式"的实现

1. 实训目的

形象地理解网络协议各层的功能以及数据包的格式和传输规定。

2. 实训器材

安装有 Cisco Packet Tracer 模拟器的计算机。

3. 实训要求

掌握 Packet Tracer 思科模拟器"模拟模式"的实现。

4. 知识背景

Packet Tracer 是由思科公司官方发布的一款辅助学习工具，学生通过该软件可以去设计、配置、排除网络故障提供了网络模拟环境。

5. 实训步骤

1）打开 Cisco Packet Tracer，注意到软件界面的右下角有两个按钮，分别是 Realtime mode（实时模式）和 Simulation mode（模拟模式）的切换按钮，如图 5-1 所示。

2）点击按钮，切换到模拟模式，这时在界面右边会出现一个操作框，如图 5-2 所示。

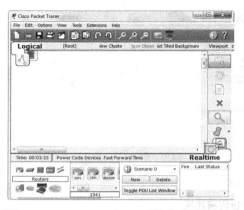

图 5-1　Cisco Packet Tracer，注意到软件界面

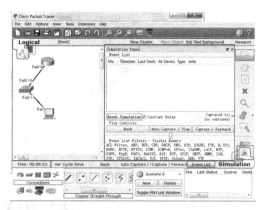

图 5-2　模拟模式

3) 打开 pc1 的 cmd 命令窗口，输入 ping 192.168.0.254，ping 所在网段的路由器。这时候，ping 包会停止不动。需要在操作窗口点击 Auto Capture /Play（自动捕获），如图 5-3 所示。

4) 现在，会看到在拓扑图上有一个信封样子的数据包，以动画的形式传输，如图 5-4 所示。图中，1 中的眼睛表示在图中运动的数据包，2 中表示所用时间，3 中表示数据包路过的上一个设备，4 表示数据包现所在的设备，5 中表示数据包类型，6 中表示图中数据包的颜色。

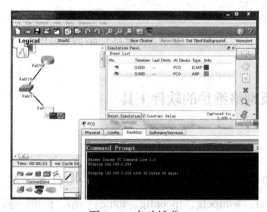

图 5-3　自动捕获

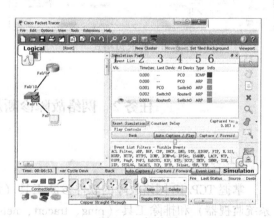

图 5-4　拓扑图

5) 图 5-5 中用红色圈圈住的滑块，可以调节数据包传输的快慢。设置速度快点不用等。

6) 双击动画中的数据包，将会弹出一个对话框，如图 5-6 所示。可以清楚地看到数据包的详细格式，包括源地址，目的地址等详细内容。

7) 点击 Edit Filters（编辑过滤器），如果只是在动画中想看到 icmp 的数据包，那么只需要勾上 icmp，就不会看到其他混淆视线的数据包了，如图 5-7 所示。

通过观察直观的模拟动画，能更好地理解网路中数据包的路由走向。为排错打好坚实的基础。

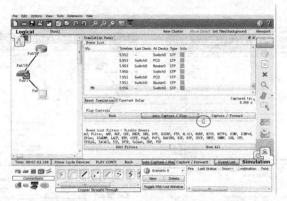

图 5-5　调节数据包传输速度

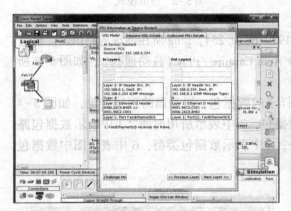

图 5-6　数据包格式

图 5-7　在动画中观察 icmp 的数据包

任务 2　网络故障诊断及网络维护的软件工具

 任务目标

掌握 TCP/IP 网络故障的软件诊断工具（设备管理器、系统文件检查器、事件查看器、系统监视器）和排除工具（ping、tracert、netstat、winipcfg、ipconfig、route、arp、pathping、nslookup、NBTSTAT）。

 任务实施

学生按照项目化方式分组学习实践，教师做好相关的指导和辅导工作，并在整个项目实施过程中认真关注、及时给出意见和建议，随时注意学生的 TCP/IP 网络故障的软件诊断工具使用能力以及组织协调能力的培养。

 知识链接

一、TCP/IP 故障排除工具

了解和掌握下面几个命令将会有助于网络管理人员更快地检测到网络故障所在，从而节省时间，提高效率。

1. ping

ping 命令是测试网络连接状况以及信息包发送和接收状况非常有用的工具，是网络测试最常用的命令。ping 向目标主机（地址）发送一个回送请求数据包，要求目标主机收到请求后给予答复，从而判断网络的响应时间和本机是否与目标主机（地址）联通。

命令格式：

ping IP 地址或主机名［–t］［–a］［–n count］［–l size］

参数含义：

–t 不停地向目标主机发送数据。

–a 以 IP 地址格式来显示目标主机的网络地址。

–n count 指定要 ping 多少次，具体次数由 count 来指定。

–l size 指定发送到目标主机的数据包的大小。

2. tracert

tracert 命令用来显示数据包到达目标主机所经过的路径，并显示到达每个节点的时间。命令功能同 ping 类似，但它所获得的信息要比 ping 命令详细得多，它把数据包所走的全部路径、节点的 IP 以及花费的时间都显示出来。该命令比较适用于大型网络。

命令格式：

tracert IP 地址或主机名［–d］［–h maximumhops］［–j host_ list］［–w timeout］

参数含义：

–d 不解析目标主机的名字。

–h maximum_ hops 指定搜索到目标地址的最大跳跃数。

–j host_ list 按照主机列表中的地址释放源路由。

–w timeout 指定超时时间间隔，程序默认的时间单位是毫秒（ms）。

3. netstat

netstat 命令可以帮助网络管理员了解网络的整体使用情况。它可以显示当前正在活动的网络连接的详细信息，例如显示网络连接、路由表和网络端口信息，可以统计目前总共有哪些网络连接正在运行。

利用命令参数，命令可以显示所有协议的使用状态，这些协议包括 TCP 协议、UDP 协议及 IP 协议等，另外还可以选择特定的协议并查看其具体信息，还能显示所有主机的端口号以及当前主机的详细路由信息。

命令格式：

netstat［–r］［–s］［–n］［–a］

参数含义：

–r 显示本机路由表的内容。

–s 显示每个协议的使用状态（包括 TCP 协议、UDP 协议、IP 协议）。

–n 以数字表格形式显示地址和端口。

–a 显示所有主机的端口号。

4. winipcfg

winipcfg 命令以窗口的形式显示 IP 协议的具体配置信息，该命令可以显示网络适配器的物理地址、主机的 IP 地址、子网掩码以及默认网关等，还可以查看主机名、DNS 服务器和节点类型等相关信息。其中网络适配器的物理地址在检测网络错误时非常有用。

命令格式：

winipcfg［/?］［/all］

参数含义：

/all 显示所有的有关 IP 地址的配置信息。

/batch［file］将命令结果写入指定文件。

/renew_ all 重试所有网络适配器。

/release_ all 释放所有网络适配器。

/renew N 复位网络适配器 N。

/release N 释放网络适配器 N。

5. ipconfig

ipconfig 显示所有当前的 TCP/IP 网络配置值，刷新 DHCP 和 DNS 设置。使用不带参数的 ipconfig 可以显示所有适配器的 IP 地址、子网掩码、默认网关。

命令格式：

ipconfig［/all］［/renew［Adapter］］［/release［Adapter］］［/flushdns］［/displaydns］［/registerdns］［/showclassid Adapter］［/setclassid Adapter［ClassID］］

参数含义：

/all 显示所有适配器的完整 TCP/IP 配置信息。在没有该参数的情况下 ipconfig 只显示 IP 地址、子网掩码和各个适配器的默认网关值。适配器可以代表物理端口（如安装的网络适配器）或逻辑端口（如拨号连接）。图 5-8 所示为运行 ipconfig /all 命令的结果窗口。

/renew［adapter］ 更新所有适配器（如果未指定适配器）或特定适配器（如果包含了 Adapter 参数）的 DHCP 配置。该参数仅在具有配置为自动获取 IP 地址的网卡的计算机上可用。要指定适配器名称，请输入使用不带参数的 ipconfig 命令显示的适配器名称。

/release［adapter］ 发送 DHCP Release 消息到 DHCP 服务器，以释放所有适配器（如果未指定适配器）或特定适配器（如果包含了 Adapter 参数）的当前 DHCP 配置并丢弃 IP 地址配置。该参数可以禁用配置为自动获取 IP 地址的适配器的 TCP/IP。要指

图 5-8　ipconfig/all 命令测试结果

定适配器名称，请输入使用不带参数的 ipconfig 命令显示的适配器名称。

/flushdns 清理并重设 DNS 客户解析器缓存的内容。如有必要，在 DNS 疑难解答期间，可以使用本过程从缓存中丢弃否定性缓存记录和任何其他动态添加的记录。

/displaydns 显示 DNS 客户解析器缓存的内容，包括从本地主机文件预装载的记录以及由计算机解析的名称查询而最近获得的任何资源记录。DNS 客户服务在查询配置的 DNS 服务器之前使用这些信息快速解析被频繁查询的名称。

/registerdns　初始化计算机上配置的 DNS 名称和 IP 地址的手工动态注册。可以使用该参数对失败的 DNS 名称注册进行疑难解答或解决客户和 DNS 服务器之间的动态更新问题，而不必重新启动客户计算机。TCP/IP 协议高级属性中的 DNS 设置可以确定 DNS 中注册了哪些名称。

/showclassid adapter　显示指定适配器的 DHCP 类别 ID。要查看所有适配器的 DHCP 类别 ID，可以使用星号（＊）通配符代替 Adapter。该参数仅在具有配置为自动获取 IP 地址的网卡的计算机上可用。

/setclassid Adapter［ClassID］　配置特定适配器的 DHCP 类别 ID。要设置所有适配器的 DHCP 类别 ID，可以使用星号（＊）通配符代替 Adapter。该参数仅在具有配置为自动获取 IP 地址的网卡的计算机上可用。如果未指定 DHCP 类别 ID，则会删除当前类别 ID。

/?　在命令提示符显示帮助。

6. route

当网络上拥有两个或多个路由器时，用户可能想让某些远程 IP 地址通过某个特定的路由器来传递，而其他的远程 IP 则通过另一个路由器来传递。在这种情况下，需要相应的路由信息，这些信息储存在路由表中，每个主机和每个路由器都配有自己独一无二的路由表。大多数路由器使用专门的路由协议来交换和动态更新路由器之间的路由表。但在有些情况下，必须人工将项目添加到路由器和主机上的路由表中。route 就是用来显示、人工添加和修改路由表项目的。

命令格式：

route［/print］［/add］］［/change］［/delete］

参数含义：

/print　用于显示路由表中的当前项目。图 5-9 所示为运行 route/print 命令的结果窗口。

/add　可以将信路由项目添加给路由表。例如，如果要设置一个到目的网络 209.98.32.33 的路由，其间要经过 5 个路由器网段，首先要经过本地网络上的一个路由器，IP 地址为 202.96.123.5，子网掩码为 255.255.255.224，那么应该输入以下命令：

route　add　209.98.32.33　mask　255.255.255.224 202.96.123.5 metric 5

/change 可以修改数据的传输路由，但不能改变数据的目的地。下面这个例子可以将数据的路由改到另一个路由器，它采用一条包含 3 个网段的更直的路径：

route　add　209.98.32.33　mask　255.255.255.224 202.96.123.250 metric 3

图 5-9　route/print 命令测试结果

/delete 使用本命令可以从路由表中删除路由。例如：route delete 209.98.32.33。

7. arp

地址解析协议 ARP 允许主机查找同一物理网络上的主机的媒体访问控制地址，如果给出后者的 IP 地址。为使 ARP 更加有效，每个计算机缓存 IP 到媒体访问控制地址映射消除重复的 ARP 广播请求。

可以使用 arp 命令查看和修改本地计算机上的 ARP 表项。arp 命令对于查看 ARP 缓存和解决地址解析问题非常有用。

命令格式：

arp-s inet_ addr eth_ addr [if_ addr]

arp-d inet_ addr [if_ addr]

arp-a [inet_ addr] [-N if_ addr]

参数含义：

inet_ addr IP 地址。

eth_ addr 以太网卡地址。

-a 显示某个 IP 地址的网卡地址（不加 IP 地址，显示所有已激活的 IP 地址的网卡地址）（使用前应先 ping 通 IP 地址）。

-d 删除指定 IP 地址的主机。

-s 增加主机和与 IP 地址相对应的以太网卡地址。

8. pathping

pathping 命令是一个路由跟踪工具，它将 ping 和 tracert 命令的功能和这两个工具所不提供的其他信息结合起来。pathping 命令在一段时间内将数据包发送到到达最终目标的路径上的每个路由器，然后基于数据包的计算机结果从每个跃点返回。由于命令显示数据包在任何给定路由器或链接上丢失的程度，因此可以很容易地确定可能导致网络问题的路由器或链接。

命令格式：

pathping [-n] [-h maximum_ hops] [-g host-list] [-p period] [-q num_ queries] [-w timeout] [-T] [-R] target_ name

参数含义：

-n 不将地址解析为主机名。

-h maximum_ hops 指定搜索目标的最大跃点数。默认值为 30 个跃点。

-g host-list 允许沿着 host-list 将一系列计算机按中间网关（松散的源路由）分隔开来。

-p period 指定两个连续的探测（ping）之间的时间间隔（以毫秒为单位）。默认值为 250ms（1/4s）。

-q num_ queries 指定对路由所经过的每个计算机的查询次数。默认值为 100。

-w timeout 指定等待应答的时间（以毫秒为单位）。默认值为 3000ms（3s）。

-T 在向路由所经过的每个网络设备发送的探测数据包上附加一个 2 级优先级标记（例如 802，1p）。这有助于标识没有配置 2 级优先级的网络设备。该参数必须大写。

-R 查看路由所经过的网络设备是否支持"资源预留设置协议"（RSVP），该协议允许主机计算机为某一数据流保留一定数量的带宽。该参数必须大写。

target_ name 指定目的端，可以是 IP 地址，也可以是主机名。

9. nslookup

nslookup 命令的功能是查询一台计算机的 IP 地址和其对应的域名。它通常需要一台域名服务器来提供域名服务。如果用户已经设置好域名服务器，就可以用这个命令查看不同主机的 IP 地址对应的域名。

命令格式：

nslookup［IP 地址/域名］

例如在本地机上使用 nslookup 命令。

$ nslookup/＊输入命令

Default Server：name. tlc. com. cn/＊显示本机域名

Address：192. 168. 1. 99/＊显示本机 IP 地址

>

在符号">"后面输入要查询的 IP 地址或域名并回车即可。

如果要退出该命令，输入 exit 并回车即可。

10. NBTSTAT

TCP/IP 上的 NetBIOS（NetBT）将 NetBIOS 名称解析成 IP 地址。TCP/IP 为 NetBIOS 名称解析提供了很多选项，包括本地缓存搜索、WINS 服务器查询、广播、DNS 服务器查询以及 Lmhosts 和主机文件搜索。

命令格式：

NBTSTAT［［-a RemoteName］［-A IP address］［-c］［-n］［-r］［-R］［-RR］［-s］［-S］［interval］］

参数含义：

-n 显示由服务器或重定向器之类的程序在系统上本地注册的名称。

-c 显示 NetBIOS 名称缓存，包含其他计算机的名称对地址映射。

-R 清除名称缓存，然后从 Lmhosts 文件重新加载。

-RR 释放在 WINS 服务器上注册的 NetBIOS 名称，然后刷新它们的注册。

-a name 对 name 指定的计算机执行 NetBIOS 适配器状态命令。适配器状态命令将返回计算机的本地 NetBIOS 名称表，以及适配器的媒体访问控制地址。

-S 列出当前的 NetBIOS 会话及其状态（包括统计），如下所示：

NetBIOS connection table

Local name State In/out Remote Host Input Output

CORP1 <00> Connected Out CORPSUP1 <20> 6MB 5MB

CORP1 <00> Connected Out CORPPRINT <20> 108KB 116KB

CORP1 <00> Connected Out CORPSRC1 <20> 299KB 19KB

CORP1 <00> Connected Out CORPEMAIL1 <20> 324KB 19KB

CORP1 <03> Listening

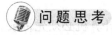 问 题 思 考

如何使用 TCP/IP 网络故障的软件诊断工具检查出网络故障？

【项目实训 2】　使用 TCP/IP 网络故障的软件诊断工具检查出网络故障

1. 实训目的

使用 TCP/IP 网络故障的软件诊断工具检查出网络故障。

2. 实训器材

运行操作系统的计算机。

3. 实训要求

能使用 TCP/IP 网络故障的软件诊断工具检查出网络故障。

4. 知识背景

了解和掌握下面常用的 TCP/IP 网络故障的软件诊断工具将会有助于网络管理人员更快地检测到网络故障所在，从而节省时间，提高效率。

5. 实训步骤

(1) ping 命令使用举例。

例如当计算机不能访问 Internet，首先想确认是否是本地局域网的故障。假定局域网的代理服务器 IP 地址为 210.43.16.17，可以使用 ping 210.43.16.17 命令查看本机是否和代理服务器联通。如联通，出现如图 5-10 所示结果。

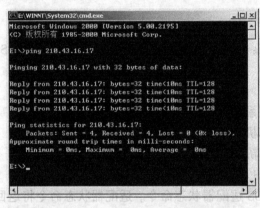

图 5-10   ping 210.43.16.17 命令联通界面

一般情况下，用户可以通过使用一系列 ping 命令来查找问题出在什么地方，或检验网络运行的情况。

1) ping 127.0.0.1：如果测试成功，表明网卡、TCP/IP 协议的安装、IP 地址、子网掩码的设置正常。如果测试不成功，就表示 TCP/IP 的安装或运行存在某些最基本的问题。

2) ping 本机 IP：如果测试不成功，则表示本地配置或安装存在问题，应当对网络设备和通信介质进行测试、检查并排除。

3) ping 局域网内其他 IP：如果测试成功，表明本地网络中的网卡和载体运行正常。但如果收到 0 个回送应答，那么表示子网掩码不正确或网卡配置错误或电缆系统有问题。

4) ping 网关 IP：这个命令如果应答正确，表示局域网中的网关路由器正在运行并能够做出应答。

5) ping 远程 IP：如果收到正确应答，表示成功使用了默认网关。对于拨号上网用户则表示能够成功的访问 Internet。

6) ping local host：local host 是系统的网络保留名，它是 127.0.0.1 的别名，每台计算机都应该能够将该名字转换成该地址。如果没有做到这一带内，则表示主机文件 (/Windows/host) 中存在问题。

7) ping www.yahoo.com (一个网站域名)：对此域名执行 ping 命令，计算机必须先将域名转换成 IP 地址，通常是通过 DNS 服务器。如果这里出现故障，则表示本机 DNS 服务器的 IP 地址配置不正确，或 DNS 服务器有故障。

(2) tracert 命令使用举例。

例如想要了解自己的计算机与目标主机 www.sohu.com 之间详细的传输路径信息，可以在 MS-DOS 方式下输入 tracert www.sohu.com，结果如图 5-11 所示。

如果在 tracert 命令后面加上一些参数，还可以检测到其他更详细的信息。例如，使用参数-d，可以指定程序在跟踪主机的路径信息时，同时也解析目标主机的域名。

（3）netstat 命令使用举例。

例如用 netstat - s 命令查看当前计算机在网络上存在哪些连接，以及数据包发送和接收的详细情况等。结果如图 5-12 所示。

图 5-11　tracert 命令　　　　　　　　　图 5-12　netstat 命令

二、Windows Server 2012 诊断工具

在基于 Windows Server 2012 服务器平台的网络中，除了应用上述几个网络命令来检测和排除故障外，还可以使用设备管理器、系统文件检查器、事件查看器、系统监视器等诊断工具解决大量的网络难题。

1. 设备管理器

Windows Server 2012 设备管理器的主要功能是对硬件资源进行管理。Windows Server 2012 的设备管理器把可进行的一些操作全部囊括在"操作"菜单中，选择要进行操作的硬件设备，然后在"操作"菜单中选择相应的操作，如卸载、删除、扫描驱动程序、更改驱动程序、停用等。而且针对不同的硬件设备有不同的操作命令，诸如可能由网卡驱动、调制解调器驱动、各种系统设备等造成的网络故障，可以利用设备管理器来简单诊断。

选择"开始"|"运行"命令，在对话框中输入"Devmgmt. msc"可进入设备管理器界面，如图 5-13 所示。

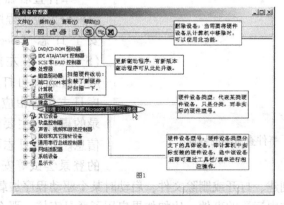

图 5-13　设备管理器界面

2. 系统文件检查器

Windows Server 2012 中带有一个"系统卫士"，系统文件检查器 SFC，用于修复系统的异常故障。虽然它的功能相对于专门的工具软件微弱了一点，可是对于一些小故障还是绰绰有余的。

命令格式：

SFC[/scannow][/scanonce][/scanboot][/cancel][/enable][/purgecache][/cachesize =x][/quiet]

参数含义：

/scannow 立即扫描所有受保护的系统文件。

/scanonce 扫描一次所有受保护的系统文件。

/scanboot 每一次启动扫描所有受保护的系统文件。

/cancel 取消扫描所有暂停的受保护的系统文件。

/enable 正常操作后用 Windows 文件保护。

/purgecache 清除缓存并扫描受保护的系统文件。

/cachesize=x 设置文件缓存大小。

/quiet 不提示用户而替换所有不正确的版本。

例如，选择"开始"|"运行"命令，在对话框中输入"SFC /scannow"，单击"确定"按钮后，系统文件器就会对系统文件进行扫描并修复。

3. 事件查看器

Windows 系统的事件查看器是 Windows Server 2012 提供的一个系统安全监视工具，如图 5-14 所示。在事件查看器中，可以通过使用事件日志，收集有关硬件、软件、系统问题方面的信息，并监视 Windows 系统安全。它不但可以查看系统运行日志文件，而且还可以查看事件类型，使用事件日志来解决系统故障。

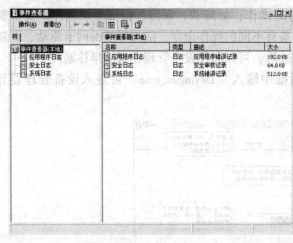

图 5-14　事件查看器的界面

启动 Windows Server 2012 系统的同时，事件日志服务会自动启动，所有用户都可以查看应用程序日志和系统日志，但只有管理员才能访问安全日志。

事件查看器根据来源将日志记录事件分为应用程序日志（Application）、安全日志（Security）和系统日志（System）。在左侧窗格中分别单击相应的日志即可打开进入浏览。应用程序日志包含由应用程序或一般程序记录的事件，主要记载程序运行方面的信息。安全日志可以记录有效和无效的登录尝试等安全事件以及与资源使用有关的事件，例如创建、打开或删除文件，启动时某个驱动程序加载失败。同时，管理员还可以指定在安全日志中记录的事件，比如如果启用了登录审核，那么系统登录尝试就记录在安全日志中。系统日志包含由 Windows 系统组件记录的事件。比如在系统日志中记录启动期间要加载的驱动程序或其他系统组件的故障。

另外，事件查看器还按照类型将记录的事件划分为错误、警告和信息、成功审核、失败审核等 5 种类型。

（1）错误：重要的问题，如数据丢失或功能丧失。例如在启动期间系统服务加载失败、磁盘检测错误等，这时系统就会自动记录错误。这种情况下必须要检查系统。

（2）警告：不是非常重要但将来可能出现问题的事件，如磁盘剩余空间较小，或者未找到安装打印机等，都会记录一个警告。这种情况下应该检查问题所在。

（3）信息：用于描述应用程序、驱动程序或服务成功操作的事件，例如加载网络驱动程序、成功地建立了一个网络连接等。

（4）成功审核：成功的审核安全访问尝试。例如，用户试图登录系统成功会被作为成功审核事件记录下来。

（5）失败审核：失败的审核安全登录尝试。例如，如果用户试图访问网络驱动器并失败了，则该尝试将会作为失败审核事件记录下来。

在默认情况下，安全日志是关闭的。可以使用组策略来启用安全日志。管理员也可在注册表中设置审核策略，以便当安全日志满出时使系统停止响应。

4. 系统监视器

（1）任务管理器。管理员对系统性能进行监视的工作根据实际情况具有不同的需求，仅需要获知有关 CPU 和内存的实时数据时，使用任务管理器进行简单性能监视是个不错的选择。任务管理器的性能监视功能虽然不够强大，但它灵活易用，对系统影响很小。任务管理器所提供的 CPU 利用率，内存使用率等数据对于判断系统当前状态，初步了解系统繁忙程度等任务都是非常有用的。

启动任务管理器的方法有两种：按下 Ctrl+Alt+Del 组合键，打开安全性对话框并单击"任务管理器"；或者右击任务栏空白处，选择"任务管理器"，均可打开如图 5-15 所示的"Windows 任务管理器"窗口，打开"性能"选项卡即可进行监视。

任务管理器提供了 CPU 使用和内存使用两个主要的实时图形窗口，以曲线的形式显示当前的 CPU 使用率和内存占用数量。在任务管理器的下部，分别列出内存使用的详细信息，包括：系统进程/线程总数、物理内存、认可用量以及核心内存使用情况。这些数据为排错和性能分析提供了可靠依据，例如 CPU 或内存使用率经常性的居高不下意味着需要升级服务器，过多的进程意味着应当优化 Web 应用程序。

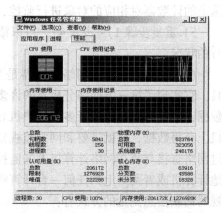

图 5-15　"Windows 任务管理器"窗口

（2）网络性能监视器。任务管理器所提供的性能监视工具虽然简便，但是其功能太弱，对于复杂、系统的服务器性能监视工作，还需借助于系统监视器进行。在 Windows Server 2012 中系统监视器属于核心管理工具之一，其功能强大，可以用来监视服务器活动或监视所选时间段内服务器的性能。系统监视器即可以以实时图表或报告中显示性能数据，又可以在文件中收集数据或在关键事件发生时生成警告。

　　系统监视器监视的单位是"对象"，对象是指特定的控制服务器资源的服务或机制，例如处理器对象，内存对象、Web 对象等。每一对象的不同方面的属性称为"计数器"，系统监视器真正记录的是这些计数器的值，例如处理器对象的 Processer Time 计数器，内存对象的 Pages Fault/Sec 计数器等。

　　用户可以按如下步骤启用"性能监视器"监控系统的性能。

　　1）选择"开始"｜"程序"｜"管理工具"｜"性能"命令后，系统将打开"性能"窗口，如图 5-16 所示。

　　2）在"性能"窗口的工具栏中单击"+"按钮或在右侧子窗口中鼠标右键单击后，系统打开"添加计数器"对话框，如图 5-17 所示。

图 5-16　网络性能监视器窗口

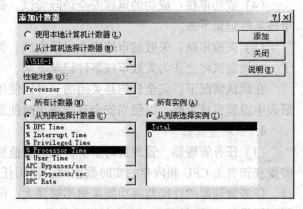

图 5-17　添加计数器

　　3）在"添加计数器"对话框中，用户首先需要选择希望监控的计算机，以及属于该对象的计数器，单击"添加"按钮即可。

　　4）单击"关闭"按钮后，系统将返回到"性能"窗口，这时用户便可看到系统开始用选定的计数器对相应的对象进行监控，绘出计数器统计数值的图形，如图 7-9 所示。

　　5）重复步骤 1）~步骤 4），可以添加多个计数器，从不同子系统的不同角度监视系统运行的状况。

　　（3）网络监视器。网络监视器是 Windows Server 2012 服务器所包括的一个网络诊断工具，它实现了第三方网络分析器的许多相同功能，它易于操作、可被快速配置和设置以捕获数据，可运行在一台或者多台客户机和服务器上。网络监视器必须能够通过网络从网络计算机上获得数据，这就需要和网络监视器连接的任一台计算机上装入网络监视器代理，它会通过网络直接与装在网络计算机上的监控代理打交道。网络监视器和网络代理交互作用，在本地计算机或者网络上的任何一台计算机上进行监控，达到捕获网络信息流量的目的。网络监视器捕获信息流量的方式有：

　　1）捕获所有网络数据并用显示筛选器显示出有意义的数据包。

　　2）限制捕获，只捕获筛选器定义的数据。

　　3）通过创建定制的捕获触发器在指定事件出现后停止数据捕获。

　　网络监视器的主屏幕主要由 4 个平铺窗口组成，分别为：网络图表窗口、会话统计窗

口、网站统计窗口、汇总统计窗口。选择"开始"|"程序"|"管理工具"|"网络监视器"命令，打开"Microsoft 网络监视器"窗口，如图 5-18 所示。

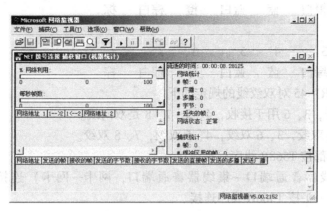

图 5-18 网络监视器窗口

任务 3 网络故障诊断及网络维护的硬件工具

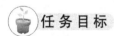

掌握 TCP/IP 网络故障的硬件诊断及维护工具（网络万用表、电缆测试仪、网络测试仪、协议分析仪）的功能、测试方法等。

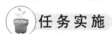

学生按照项目化方式分组学习实践，教师做好相关的指导和辅导工作，并在整个项目实施过程中认真关注、及时给出意见和建议，随时注意学生的 TCP/IP 网络故障的硬件诊断及维护工具能力以及组织协调能力的培养。

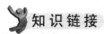

一、网络测试标准

网络测试标准主要依据的是 TIA/EIA-568A/B 标准中规定的指标。

1. 双绞线测试参数和技术指标

（1）连接正确性。在测试的前期工作中，测试的连接图表示出每条线缆的 8 条布线与接线端口的连接实际状态。

1）水平子系统。

① 配线架一端正确的连接方式为：第一对：白/蓝，第二对：白/橙，第三对：白/绿，第四对：白/棕。

② 直通（集线器 UPLINK 口—集线器普通端口，集线器普通端口—网卡）连接方式为：双绞线与水晶头的接法有两种标准，EIA/TIA 568A 和 EIA/TIA 568B，若将水晶头的尾巴向下（即平的一面向上），从左至右，分别定为 1 2 3 4 5 6 7 8，则各口线的分布为：

T568A 线序：

1	2	3	4	5	6	7	8
绿白	绿	橙白	蓝	蓝白	橙	棕白	棕

T568B 线序：

1	2	3	4	5	6	7	8
橙白	橙	绿白	蓝	蓝白	绿	棕白	棕

100BASE-T4 RJ-45 对双绞线的规定如下：

1、2 用于发送，3、6 用于接收，4、5、7、8 是双向线。

1、2 线必须是双绞，3、6 双绞，4、5 双绞，7、8 双绞。

直通线：两头都按 T568B 线序标准连接。

③ 交叉（集线器普通端口—集线器普通端口，网卡—网卡）连接方式为：一头按 T568A 线序连接，一头按 T568B 线序连接。

2）垂直子系统。缆线的连接正确性由色码得到保证，色码编排如下：

线对号	端部颁标准	环箍
1—5	白（W）	蓝（BL）
6—10	红（R）	橙（O）
11—15	黑（BK）	绿（G）
16—20	黄（Y）	棕（BR）
21—25	紫（V）	灰（S）

按排序组合，如 1—5 线对有：白蓝为第一对线；白橙为第二对线；白绿为第三对线；白棕为第四对线；白灰为第五对线。其他依此类推，安装时按顺序按此色标进行，方可保证连接的正确性。

（2）线缆链路长度。

（3）特性阻抗。

（4）直流环路电阻。

（5）衰减。

（6）近端串扰损耗（NEXT）。

（7）远方近端串扰损耗（RNEXT）。

（8）相邻线对综合近端串扰（PS NEXT）。

（9）近端串扰与衰减差（ACR）。

（10）等效远端串扰损耗（ELFEXT）。

（11）远端等效串扰总和（PS ELFEXT）。

（12）传播时延 T。

（13）线对间传播时延差。

（14）回波损耗（RL）。

（15）链路脉冲噪声电平。

（16）背景杂讯噪声。

（17）综合布线接地系统安全检验。

2. 光缆传输链路

（1）多模光纤。楼宇内布线一般使用多模光纤，其主要技术参数为：衰减、带宽。62.5/125μm 光纤工作在 850μm，1300μm 双波长窗口。

在 850μm 下满足工作带宽 160MHz；在 1300μm 下满足工作带宽 550MHz。

楼宇内光纤长度不超过 500m 时衰减应为：850μm 下衰减量≤3.5dB，1300μm 下衰减量≤2.2dB。

（2）单模光缆。1310μm 下衰减量 ≤ 0.3 ~ 0.4dB/km；传输千兆位网络衰减量 < 4.7dB/km。

🎙 问题思考

如何使用 TCP/IP 网络故障的硬件诊断工具检查出网络故障？

【项目实训 3】 使用 TCP/IP 网络故障的硬件诊断工具检查出网络故障

1. 实训目的

使用 TCP/IP 网络故障的硬件诊断工具检查出网络故障。

2. 实训器材

网络万用表、电缆测试仪、网络测试仪、协议分析仪。

3. 实训要求

能使用 TCP/IP 网络故障的硬件诊断工具检查出网络故障。

4. 知识背景

网络硬件设备虽然比较昂贵，难于操作，但是效率高，且一些场合只能通过硬件诊断工具才能分析检测出网络故障。

5. 实训步骤

二、网络万用表

网络万用表的功能有以下几种：

（1）在线检测：连接两个网络设备，监听它们之间的流量。

（2）自动 Ping 关键设备：验证至路由器、服务器和打印机的连接（只有增强型支持）。

（3）识别可用的网络资源：查看由运行着的服务器、路由器、打印机提供的 MAC 地址、IP 地址、子网及服务。

（4）生成网络资源报告：下载测试结果，进行网络性能文档备案（只有增强型支持）。

（5）识别 PC 所在网络：检查 PC 所配置的服务列表。

（6）电缆验证：测试电缆长度、短路、串绕或开路，包括点到点的接线图。

三、电缆测试仪

1. DSP-4100 电缆测试仪简介

DSP4100 是美国 Fluke 网络公司生产的新一代电缆测试仪，能快速识别和定位在电缆链路中的开路、断开、短接和其他异常。只需按一下 FAULT-INFO 键，它就自动诊断电缆错误并图形化显示链路和错误的位置。利用增强的高精度时域串扰和高精度时域反射技术，DSP4100 能够准确发现链路在任何位置的串扰问题，并在仪器上通过英尺或米显示出来。这些高精度的诊断功能，使 DSP4100 成为业界上第一台能够在整个链路上定位串扰和回波损耗的测试仪。

2. DSP-4100 电缆测试仪功能

（1）测试双绞线网络。

所有提供6类解决方案的布线商都使测试变成一种挑战，因为这需要使用同一制造商的插头和插座才能适配。DSP-4100利用特制的连接头解决了这些问题，并且保证了足够的测试精度。

（2）测试光缆网络。

1）同时在两个波长测试两条光缆，自动存储测试结果。

2）进行双向测试并将结果保存在一个记录中。

3）使用 Fluke 网络公司的电缆管理软件 Cable Manager 进行全面的报告生成和管理。

4）自动测试长度，传输时延和损耗。

5）验证光缆连通性，确定光缆和配线架连接器的匹配性。

6）通过光缆和远端进行通信。

7）跟踪测试过程中的最大和最小功率输出。

8）能够承受测试中的掉落和其他意外情况。

9）通过 DSP-FTA430S 进行单模光缆测试。

3. 网络测试的标准、浏览和打印测试结果

（1）网络测试的标准。

1）TIA TSB 67 标准 Cat 3 和 Cat 5：基本链路和通道。

2）TIA Cat 5（New）和 5E：基本链路和通道。

3）ISO/IEC 11801 和 EN 50173 Class C 和 Class D：链路。

4）ISO/IEC 11801 和 EN 50173 Class C 和 Class D（New）：永久链路和通道。

5）Aus/NZ Class C 和 Class D：基本链路或通道。

6）IEEE 802.3 10BASE5，10BASE2：同轴电缆以太网。

7）IEEE 802.3 10BASE-T，100BASE-TX，1000BASE-T：双绞线以太网。

8）IEEE 802.5：令牌环 4Mbit/s 或 16Mbit/s。

（2）浏览和打印测试结果。

1）通过存储卡，快速转存测试结果。

2）具有生成带有你公司标记的彩色测试报告能力。

3）自动按顺序生成测试链路名称，节省你在现场输入的时间。

4）通过存储卡读卡机将测试结果传送到你的 PC，从而释放了 DSP4100 测试器。

5）包含强大的数据管理软件。

四、网络测试仪

1. NetTool 网络万用仪概述

美国 Fluke 网络公司推出了世界第一台网络万用仪（NetTool），它结束了依靠猜测来解决 PC 至网络连通性问题的办法，它将电缆测试、网络测试、PC 设置测试集成在一个手掌大小的工具中。

NetTool 能够迅速验证和诊断 PC 和网络的连通性问题；迅速判定插口的类型，如以太网、电话、令牌环或者是没有开通的插口；解决复杂的 PC 至网络连通设置问题，如 IP 地址、默认网关、Emial 和 Web 服务器；迅速显示 PC 所使用的网络关键设备，如服务器、路由器和打印机；检查连接脉冲、网络速度、通信方式（半双工或全双工）、电平以及接收线对；连续记录所发现的 PC 和网络问题，与 IP 地址相关的问题，Email 和 Web 问题；同时监测全双工网络的健康问题（发送的帧、利用率、广播、错误、碰撞）；对 PC 和网络通信的每个帧进行计数；显示 PC 和网络之间不匹配的问题，识别那些浪费网络带宽的不需要的协议。NetTool 的技术指标如表 5-2 所示。

表 5-2　　　　　　　　　　　　　NetTool 的技术指标

访问介质	10BASE-T，100BASE-TX
可识别	10BASE-T，100BASE-TX（全双工或半双工），令牌环（4/16Mbit/s），电话（tip and ring pins）
电缆测试	接线图，电缆长度，开路，短路
精度	五类线为±10%
端口	屏蔽 Hub/NIC 连端口（RJ-45）
串行口	专用 2.5mm "stereo" 输入端口
操作界面	菜单图标显示的按键操作
电源	可更换碱性电池，可选充电 NiMH 电池（选件）或可选外接稳压电源（选件），4 节碱性电池大约可连续使用 20h
外形尺寸	12.5cm×7.8cm×4.3cm
重量	210g
保修期	1 年（可购延长保修期）
LED 指示（4）	每侧 2 个（链路，利用率，碰撞和错误）
显示屏	带背景灯，液晶显示

注　测试仪可以检测到电话信号，但其不是为公用电话网络测试所设计使用的。

2. NetTool 网络万用仪测试模式

（1）单端测试模式。将 RJ-45 电缆插入网络端口或网络设备，如集线器、PC、服务器或者打印机。将电缆的另一端插入 NetTool 的一侧，然后按选择（Select）按钮，选择自动测试（Auto Test），如图 5-19 所示。NetTool 屏幕会显示 NetTool 本身及其他设备。用此模式快速验证网络端口或网络设备是否处于工作状态中，确定其速率及双工配置，确定传送帧的完好性，并检查网络的连接状况（当接入集线器或交换机时）。

（2）在线测试模式。将 NetTool 同时插入两个设备（如 PC 和网络）之间，进行在线测试。在线功能可以减少故障诊断时间和故障诊断时的困惑，让使用者监听 PC 和 Hub 间的复杂连接脉冲协商过程，从而不必依靠难懂的 PC 和交换机设置屏幕来解决链路连接问题，网络万用仪显示网络设计速度、双工能力、链路设置等，如图 5-20 所示。网络万用仪完成链路分析后，在 PC 访问网络设备的同时报告 PC 至网络的通信，显示 PC 是如何设置的：MAC 和 IP 地址，服务器（DHCP，Email，HTTP，DNS），以及使用的路由器和打印机。

（3）健康（Health）测试模式。当测试仪连接到 Hub/Switch 端口后，可对网络端口的连接设置，健康状况及网段信息进行测试，并给出结果。

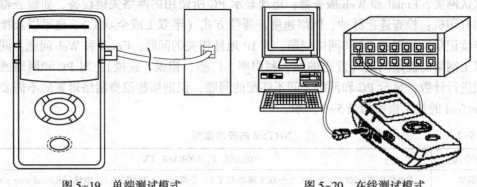

图 5-19　单端测试模式　　　　　　　　　图 5-20　在线测试模式

1) 网络端连接配置（Link Configuration）测试。网络端连接配置测试（见图 5-21）提供以下与 NetTool 连接网络设备有关的重要连接脉冲信息：收线对 [Receive（Rx）Pair]、设计速率（Advertised Speed）、实际速率（Actual Speed）、电平（Level）、极性（Polarity）、设计双工（Advertised Duplex）、实际双工（Actual Duplex）。

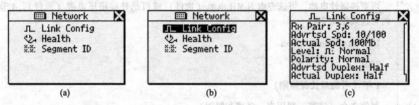

图 5-21　健康测试模式—网络端连接配置测试
(a) 网络端测试主菜单；(b) 连接设置测试；(c) 连接设置测试结果

2) 网络端健康状况测试。网络端健康状况测试功能可用来检查网络端发出去的帧的完好性，并可隔离与网络相关的问题。健康状况显示有两种：一种显示自最后一次自动测试之后的情况，另一种显示现在正在进行的情况。换言之，从与设备相关的菜单中看到的统计资料是累积的，而您从主菜单中看到的统计资料只是指定设备目前情况的一幅"快照"。

网络端健康状况测试可以提供的信息有：帧（Frames）、广播（Broadcasts）、错误（Errors）、帧检测序列 FCS（Frame Check Sum）、短帧（Short Frames）、长帧（Jabbers）、碰撞（Collisions）。

3) 网段 ID（Segment ID）测试。若有多个以太网端口，网段测试会告知使用哪个插口进行正确配置，如图 5-22 所示。

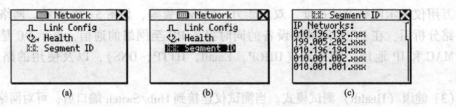

图 5-22　健康测试模式—网段 ID 测试
(a) 网络端测试主菜单；(b) 网段 ID 测试；(c) 网段 ID 测试结果

4）工作站端健康测试。当测试仪连接到工作站网卡端口后，可对工作站网卡端口的连接设置、健康状况、所用地址情况及所用服务器情况进行测试，并给出结果。

① 工作站端连接配置测试。工作站端连接配置测试提供以下与 NetTool 连接工作站有关的重要连接脉冲信息：接收线对［Receive（Rx）Pair］、设计速率（Advertised Speed）、实际速率（Actual Speed）、电平（Level）、极性（Polarity）、设计双工（Advertised Duplex）、实际双工（Actual Duplex）。

② 工作站端健康状况测试。工作站端健康状况测试（见图 5-23）功能可用来检查网络端发出去的帧的完好性，并可隔离与工作站相关的问题。健康状况显示有两种。

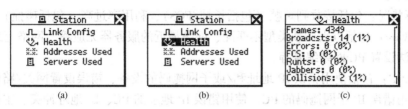

图 5-23　健康测试模式—工作站端健康状况测试
（a）工作站端测试主菜单；（b）健康状况测试；（c）健康状况测试结果

a）工作站端所用地址（Addresses Used）测试。NetTool 显示 PC 上最易识别的名称以及 PC 的 IP、IPX 和 MAC 地址。

b）工作站端所用服务器（Servers Used）检测。显示 PC 正在使用的网络资源，包括 HTTP、SMTP、POP、WINS、Nearest NetWare、DHCP 和 DNS 服务器，以及路由器网关。

工作站端健康状况测试可以提供的信息有：帧（Frames）、广播（Broadcasts）、错误（Errors）、帧检测序列 FCS（Frame Check Sum）、短帧（Short Frames）、长帧（Jabbers）、碰撞（Collisions）。

5）网络实时健康测试。网络实时健康测试（如图 5-24 所示）可以用来分割问题，可以查看帧的健康状况，同时可实时检查完好的帧每一侧的连接情况，可显示来自网络或来自 PC 的利用率、广播流量、碰撞率及错误率，以及查看以"每秒"（流量、帧广播、错误等）或以百分比来表示的信息。

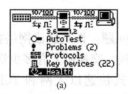 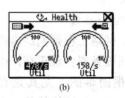

图 5-24　健康测试模式—网络实时健康测试
（a）NetTool 主菜单健康测试结果；（b）显示两侧的利用率

（4）网络问题测试。网络问题测试（见图 5-25）功能提供了检测到的所有问题的列表，从物理层到应用层问题。可以把此问题归类为两种问题，连通性或网络问题。连通性问题主要是指电缆和相关问题。网络问题是指那些涉及 PC/网络设定或者 PC 与服务器交互之类的问题。

1）连通性问题：包括速度不匹配、线对不匹配、双工不匹配、极性相反、电平不足、

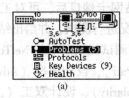
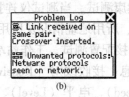

图 5-25　网络问题测试

(a) NetTool 主菜单；(b) 网络问题测试结果

发送线对开路等。

2）健康状况：包括接收到短帧（包括长帧/FCS）、利用率过高（包括碰撞）等。

3）NetWare：包括以太网帧类型不匹配、网络最近的服务器无应答、网络上未发现第一应答者、无法设置 PC 网络编号等。

4）TCP/IP：包括使用错误 IP 地址和/或子网掩码的设备、错误设置网关/路由器的主机或设备、使用错误 IP 子网掩码的 PC、使用错误 IP 地址的 PC、IP 地址冲突、主机设置、未找到 DHCP 服务器、DHCP 服务器分配的 IP 地址冲突等。

5）名称解析：包括在网络上未找到解析域名的 DNS 服务器、PC DNS 服务器不正确、无法解析 NetBIOS 名称、设置了不正确的 WINS 服务器、在网络上未找到解析名称的 WINS 服务器、主机无法在网络上找到 WINS 服务器、PC WINS 不正确、设置了不正确的 DNS 服务器等。

6）NetBIOS：包括在 PC 上设置了不正确的工作组或域、无法找到主域控制器或备份域控制器、重复 NetBIOS 名称、主浏览器选择重复发生等。

7）Web：包括无法连接 HTTP 代理服务器等。

8）电子邮件：包括无法连接邮件服务器、无法连接 SMTP 服务器、无法连接 POP2 服务器、无法连接 POP3 服务器、无法连接 IMAP 服务器等。

9）打印机：包括无法连接 IP 打印机服务器、无法连接 IP 打印后台程序库等。

10）不需要的协议（打开后）：包括检测到 NetBEUI、检测到 WINS、检测到 NetWare、参与主浏览器选择的 PC 等。

五、协议分析仪

1. OneTouch 网络一点通

（1）功能概述。网络工程师们经常面对这样的问题：谁是造成网络拥塞的最多发送者？为什么用户不能访问服务器？谁正在产生大量的错误？交换机上有多少端口在使用中？想解决这些问题可能是很困难的，尤其是在当今交换式快速以太网和 TCP/IP 环境中。美国 Fluke 网络公司的 OneTouch 网络故障一点通为维护人员提供了快速解决网络故障的能力。它具有 3 种型号：验证到服务器，交换机和路由器等的连通性；测试网卡，集线器甚至是电缆；测量 10Mbit/s 以太网的利用率，碰撞或错误。另外，维修人员还可以将测试仪放在故障现场，通过网页浏览器来处理问题。

全新的 OneTouch 局域网测试包将 OneTouch 网络故障一点通和监测控制台软件组合在一起，监测控制台软件以 24/7h 监测网络，当出现问题时通过呼机或 E-mail 通知，这时就可以使用 OneTouch 来解决问题。

（2）交换机测试。网络故障一点通通过 SNMP 查询来获取所发现的交换机的信息，包括交换机名称、描述和开机时间等。另外，OneTouch 还能通过列表报告交换机端口，端口类型以及每个端口的状态。站点到交换机端口的功能使技术人员能够了解设备接到了交换机哪个端口，如图 5-26、图 5-27 所示。技术人员通过选择站点列表中一个已发现的站点，就可以知道该站点所接入的交换机端口。屏幕会显示交换机的名称、地址和端口号。该功能在连通性测试下也可以通过站点定位来调用。无论技术人员输入的是 MAC 地址还是 IP 地址，一点通都将显示与该设备相连的交换机端口号。

图 5-26　绘制站点到交换机端口主菜单

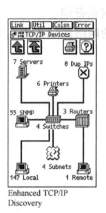

图 5-27　绘制站点到交换机端口示意图

（3）网卡与集线器测试。网络故障一点通能够测试诸如网卡和集线器端口等网络元件，如图 5-28 所示。当 OneTouch 运行自动测试时，它能测试集线器端口并报告连接脉冲的接收电平、信号极性、接收信号的线对、集线器端口的能力及双工状态（半双工或是全双工）。OneTouch 将验证数据包能通过该端口进行传输。当 OneTouch 测试网卡时，它报告该网卡的连接脉冲接收电平、MAC 及网络地址。

（4）电缆与光缆测试。OneTouch II 系列增强型网络故障一点通具有内部接线端接功能，这样维修人员就可以快速地对可疑电缆进行接线图测试，如图 5-29 所示。OneTouch 也具有电缆自动测试功能，根据设置运行有关的电缆测试。网络故障一点通测量电缆的长度，判定串绕、开路和短路。配合光缆测试选件，技术人员还可以测试光缆的功率和损耗。

图 5-28　网卡测试图

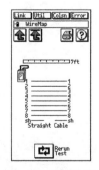

图 5-29　电缆与光缆测试

2. OptiView 网络综合协议分析仪

美国 Fluke 公司的综合协议分析仪的功能特点如下：

(1) 全面的 7 层测试。

(2) 集成几乎所有的网络测试工具。

(3) 以太网全面支持。

(4) 操作简单，易学易用。

(5) 强大的在线缆测试功能。

(6) 网络设备搜寻。

(7) 常见问题查询。

(8) 优良的网络测试报告能力。

图 5-26　监测源网交换机端口和源网端口示意图

(3) 网卡与集线器测试。网络故障第一点通常被测到在临近网卡和集线器端口等网络元件。如图 5-28 所示，当 OneTouch 运行自动测试时，它能判断出连接端口并报告在连续性的接收电平，信号极性，被收信号的级别，连接器端口的通断以及双工状态（半双工或者全双工）。OneTouch 将常见的问题通过文字进行提示，当 OneTouch 检测到网卡的连接电缆故障电平，MAC 及网络地址。

(4) 电缆与光缆测试。OneTouch II 系列的通道网络故障第一点通过具有的网络接收端接故障。这样技术人员就可以快速地对可靠电缆进行检查图测试，如图 5-29 所示，OneTouch 由具有电缆自动测试功能，根据长度若干有关的电缆信息，网络标准一点通道测量电缆的长度，判定串接，开路和短路。借合光缆测试软件，技术人员还可以测试光缆的功率和损耗。

图 5-29　电缆与光缆测试

图 5-28　网卡测试图

2. OptiView 网络综合分析仪

美国 Fluke 公司的职务仪技术分析仪的功能特点如下：

项目2　学会常见的网络故障及其解决方法

学习目标

通过大量对系统和网络故障的了解，掌握故障排除的方法和步骤。解决网络和系统故障。

能力目标

学习巩固扎实的理论，积累网络故障排除的经验，提高网络故障诊断和排除的能力和水平。

任务1　排除网络故障的一般方法

任务目标

掌握排除网络故障诊断和排除的一般方法。

任务实施

学生按照项目化方式分组学习实践，教师做好相关的指导和辅导工作，并在整个项目实施过程中认真关注、及时给出意见和建议，随时注意学生的排除网络故障能力以及组织协调能力的培养。

知识链接

网络故障诊断是以网络原理、网络配置和网络运行的知识为基础，从故障现象出发，以网络诊断工具为手段获取诊断信息、确定网络故障点、查找问题的根源、排除故障、恢复网络正常运行的软件或者硬件。网络故障通常有以下几种可能：

（1）物理层中物理设备相互连接失败或者硬件及线路本身的问题。

（2）数据链路层的网络设备的端口配置问题。

（3）网络层网络协议配置或操作错误。

（4）传输层的设备性能或通信拥塞问题。

（5）上三层或网络应用程序错误。

因此网络故障的诊断过程应该沿着 OSI 七层模型从物理层开始向上进行，首先检查物理层，然后检查数据链路层，以此类推，设法确定通信失败的故障点，直到系统通信正常为止。

一、概述

1. 网络故障排除的一般步骤

（1）当分析网络故障时，首先要清楚故障现象。应该详细说明故障的症状和潜在的原因。为此，要确定故障的具体现象，然后确定造成这种故障现象的原因的类型。

（2）收集需要的用于帮助隔离可能故障原因的信息。向用户、网络管理员、管理者和其他关键人物提一些和故障有关的问题。广泛地从网络管理系统、协议分析跟踪、路由器诊断命令的输出报告或软件说明书中收集有用的信息。

（3）根据收集到的情况考虑可能的故障原因。可以根据有关情况排除某些故障原因。例如，根据某些资料可以排除硬件故障，把注意力放到软件原因上。对于任何机会都应该设法减少可能的故障原因，以至于尽快地策划出有效的故障诊断计划。

（4）根据最后的可能的故障原因，建立一个诊断计划。开始仅用一个最可能的故障原因进行诊断活动，这样容易恢复到故障的原始状态。如果一次同时考虑一个以上的故障原因，试图返回故障原始状态就困难得多了。

（5）选择诊断计划，认真做好每一步测试和观察，直到故障症状消失。

（6）每改变一个参数都要确认其结果。分析结果确定问题是否解决，如果没有解决，就继续下去，直到解决。

2. 网络故障排除的一般方法

（1）逐层排查方式。OSI 的层次结构为管理员分析和排查故障提供了非常好的组织方式。由于各层相对独立，按层排查能够有效地发现和隔离故障，因而一般使用逐层分析和排查的方法。

通常有两种逐层排查方式，一种是从低层开始排查，适用于物理网络不够成熟稳定的情况，如组建新的网络、重新调整网络线缆、增加新的网络设备；另一种是从高层开始排查，适用于物理网络相对成熟稳定的情况，如硬件设备没有变动。

在实际应用中往往采用折中的方式，凡是涉及网络通信的应用出了问题，直接从位于中间的网络层开始排查，首先测试网络连通性，如果网络不能连通，再从物理层（测试线路）开始排查；如果网络能够连通，再从应用层（测试应用程序本身）开始排查。

每个网络层次都有相应的检测排查工具和措施。在最底层的物理层，专业人员往往采用专门的线缆测试仪，没有测试仪的可通过网络设备（网卡、交换机等）信号灯进行目测。数据链路层的问题不多，对于 TCP/IP 网络，可以使用简单的 arp 命令来检查 MAC 地址（物理地址）和 IP 地址之间的映射问题。网络层出现问题的可能性大一些，路由配置容易出现错误，可通过 route 命令来测试路由路径是否正确，也可使用 ping 命令来测试连通性。协议分析器（如 Microsofte 公司提供的网络监视器）具有很强的检测和排查能力，能够分析链路层及其以上层次的数据通信，当然包括传输层。至于应用层，可使用应用程序本身进行测试。

（2）二分法。大多数网络故障缘于硬件，如电缆、中继器、Hub、Switch 和网卡等。一般来说，可以用二分法隔离、划分故障在一个小的功能段上，排除最大的简单段，然后再从一个方便的、靠近问题的点入手确定、排除故障。

在测试网络前首先要排除单机故障的可能。在查找过程中，一定要沿网段多做几次测试。如果故障现象随测试点的不同还保持一样的话，就可以依照测试结果去排除故障。如果故障现象在一些或所有的测试点都不相同，就要把查找故障的方向定在物理故障，例如，坏电缆、噪声、接地循环等。

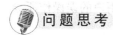 问 题 思 考

如何在具体网络环境中排除网络故障？

【项目实训 4】　在具体网络环境中排除网络故障

1. 实训目的

故障诊断、验证用户权限、限定问题的范围、重现故障、验证物理连接、验证逻辑连接、参考最近网络设备的变化、实施一个解决方案、检验解决方案。

2. 实训器材

实际网络环境。

3. 实训要求

在实际网络环境中进行故障诊断、验证用户权限、限定问题的范围、重现故障、验证物理连接、验证逻辑连接、参考最近网络设备的变化、实施一个解决方案、检验解决方案。

4. 知识背景

网络故障诊断是以网络原理、网络配置和网络运行的知识为基础，从故障现象出发，以网络诊断工具为手段，按照一定的步骤获取诊断信息、确定网络故障点、查找问题的根源、排除故障、恢复网络正常运行的软件或者硬件。

5. 实训步骤

二、网络故障排除的步骤

1. 故障诊断

在局域网和 Internet 网络的管理和维护过程中，会经常遇到各种各样的硬件或者软件故障，准确地分析这些故障和快速解决故障对于网络的维护和管理非常重要。当局域网出现故障时，应该充分地与用户进行交流，及时了解故障现象，并尽可能地保存全程的故障信息。然后对故障现象进行分析，根据分析得出的结果定位故障范围，排除故障。

2. 验证用户权限

为了充分利用网络资源，以便合理、安全地使用，往往为用户建立相应的使用权限。在处理网络故障前，首先应想到是否是人为因素引起的，如果能够将问题局限在这里，与诊断文件服务器、路由器等操作相比较，将会节省大量的时间和精力。

最常用的权限设置就是为合法用户设置用户名和密码。

3. 限定问题的范围

在明确故障现象并排除了用户错误之后，就需要限定问题的范围，以便在一定的范围内解决问题。问题的范围一般包括全局性问题和局部性问题。

（1）用户数。查明是所有用户都出现的问题，还是只发生在网络上某几个用户、某一部门、某一地理区域、某一特定的工作组、整个局域网。

（2）时间段。查明是全天都出现的问题，还是某一特定的时间段、某几个特定的时间段、随机的时间等。

（3）应用。查明是所有应用软件出现的问题，还是只有个别应用出现的问题。

4. 重现故障

故障重现就是对网络中出现的故障现象重新演示一次，以便获取故障的初步信息。如果

不能重现故障，也许可以假设问题是一闪即过的不会再发生，或者是由于用户的误操作所导致的。

　　为了能可靠地重现一个故障，应该仔细询问用户在故障之前对计算机进行的操作。例如，用户说当他正在从其他的用户计算机复制文件的时候，网络突然中断，网络管理员应该在发生故障的计算机上进行故障重现。另外，还要查清在用户的计算机上运行着的其他进程，再从用户所复制文件的计算机上查找原因。

　　重现故障时需要注意的是，管理员应该严格按照发现问题的用户的操作步骤进行，也可以请用户亲自演示。毕竟在网络中，许多计算机的功能可以用不同的方式来实现。如进行文件传输时，既可以利用菜单存储文件，也可以单击工具栏中的保存按钮进行，这两种方法的结果是一样的。同样地，在登录窗口时，可以用命令行的方式登录，也可以在客户软件提供的窗口中登录。如果试图用不同于用户的操作方式重现故障，也影响用户所描述的故障现象，也就容易错过排除该故障的有力线索。

　　重现故障的时候还要注意一个问题。故障是偶然重现还是每次操作都重现，以及故障重现的环境等。

　　5. 验证物理连接

　　重现故障后，应该检查网络连接中最直接的潜在的缺陷——物理连接。物理连接包括从服务器或工作站到数据端口的电缆线，从数据端口到信息插座模块，从信息插座模块到信息插头模块，从信息插头模块到集线器或交换机的各条连接。它可能包括设备的正确物理安装（如网络端口卡、集线器、路由器、服务器和交换机）。如前所述，先检查显而易见的设备会节省大量时间。物理连接问题很容易发现并且修复起来也相当容易。

　　物理连接即硬件故障本身大致有下面几种情况。

　　（1）网线：网线接头制作不良；网线接头部位或中间线路部位有断线。

　　（2）网卡：网卡质量不良或有故障；网卡和主板 PCI 插槽没有插牢从而导致网卡和网线的端口存在问题。

　　（3）集线器：集线器质量不良；集线器供电不良；集线器和网线的端口接触不良。

　　（4）交换机：交换机质量不良；交换机和网线接触不良；交换机供电不良。

　　设备之间发生中断请求和 I/O 地址冲突也是引起网络不通的一大原因，大致有网卡和网卡、网卡和显卡、网卡和声卡等之间的故障。这些故障中出现最多的是网线制作方法不当或网线接头处制作不良。

　　与硬件故障对应的，经常反映出来是硬件故障而实际上是软件安装或设置不当引起网络故障方面的情况。

　　（1）设备驱动程序方面。

　　1）驱动程序和操作系统不兼容。

　　2）驱动程序之间的资源冲突。

　　3）驱动程序和主板 BIOS 程序不兼容。

　　4）设备驱动程序没有安装好引起设备不能够正常工作。

　　（2）网络协议方面。

　　1）没有安装相关网络协议。

　　2）网络协议和网卡绑定不当。

3）网络协议的具体设置不当。

相关网络服务方面的问题主要指的是在 Windows 操作系统中共享文件和打印机方面的服务，没有安装 Microsoft 文件和打印共享服务等。

网络用户方面的问题主要是在对等网中，只需使用系统默认的 Microsoft 友好登录即可，但是若要登录 Windows NT 域，就需要安装 Microsoft 网络用户。

网络表示方面的问题主要是在 Windows 2012 的域当中，如果没有正确设置用户计算机在网络中的网络标识，就很可能会导致用户之间不能够相互访问。

某些问题和用户的设置无关，但和用户的某些操作有关，例如大量用户访问网络会造成网络拥挤甚至阻塞，用户使用某些网络密集型程序造成的网络阻塞。

由软件设置引起的局域网不通的问题当中，最常见的是 TCP/IP 协议中的 IP 地址设置不当导致的网络不通，其次是网络标识不当引起的相互之间无法访问。

6. 验证逻辑连接

当检验过物理连接之后，就必须检查软件、硬件的配置、设置、安装和权限。依靠故障的类型，需要查看联网设备、网络操作系统、硬件配置。例如，NIC（网络端口卡）中断类型设置。所有这些都属于"逻辑连接"。

在诊断逻辑连接错误之前，要仔细询问用户发现故障的情况：

（1）报错信息表明发现损坏的或找不到的文件、设备驱动程序吗？

（2）报错信息表明是资源（例如内存）不正常或不足够吗？

（3）最近操作系统、配置、设备改动过吗？添加过、删除过吗？

（4）故障只出现在一个设备上还是多个相似的设备上？

（5）故障经常出现吗？

（6）故障只影响一个人还是一个工作组？

因为逻辑问题更复杂，所以它们比物理问题更难于分离和解决。

例如，某用户报告已有两个小时不能登录网络，在其工作站上也能重现该故障。检测物理连接，一切都正常。接着询问最近两个小时在网络上是否有什么变动，用户报告在计算机上什么都没做，就是不能登录。

到了这一步，就可能需要检查工作站的逻辑连接了。某些与网络连接有关的基于软件的可能原因（但不局限于）有：资源与网络端口卡的配置冲突，某个网络端口卡的配置不恰当（例如，设置了错的数据率），安装或配置客户软件不正确以及安装或配置的网络协议或服务不正确。在上面的例子中，要注意用户登录窗口的变化，以及是否某个服务被设置成默认值。一旦修改了用户软件默认服务设置，可能就可以登录网络了。

像某些物理连接问题一样，逻辑故障可能源于网络设备的某些变动。

7. 参考最近网络设备的变化

参考网络最近的变化是诊断和排除故障的过程中需要经常考虑并且相互关联的一个步骤。开始排错时，应该了解网络上最近有什么样的变动，包括添加新设备、修复已有设备、卸载已有设备、在已有设备上安装新部件、在网络上安装新服务或应用程序、设备移动、地址或协议改变、服务器连接设备或工作站上软件配置改变、工作组或用户的改变等。

常见导致的故障的服务器、工作站或者连接设备的变动问题：

（1）操作系统或配置改动。

（2）添加新元件或者移走旧元件。

（3）安装新软件或者删除旧软件。

8. 实施一个解决方案

找到故障源之后，就可以实施一个解决方案了。这一步可能是一个比较简单的过程（例如改正用户登录窗口的默认服务器设置），也有可能是一个耗时的事（如更换服务器的硬盘）。在任何情况下，都应该保留所进行处理的记录，例如一个帮助信息数据库。

实施解决方案是需要远见和耐心的，无论它仅仅是告诉用户改变 E-mail 程序设置还是重新配置路由器。在发现问题的过程中，解决方案的系统性越强并且逻辑性越高，纠正错误就越有效。如果一个问题引起了全局瘫痪，就要使解决方案尽可能实用。

下面的步骤将帮助你实现一个安全而可行的解决方案。

（1）收集从调查中总结出的有关症状的所有文档，当解决问题时把它放在手头。

（2）如果要在一设备上重新安装软件，作一个该设备现有软件的备份。如果要改变设备的硬件，就把旧的放在手边，以防万一方案无效时重新使用。如果改变程序或设备的配置，花点时间打印出程序或设备现有的配置，即使改变看起来很小，也要做好原始记录。例如，假若试图向特权组添加一个用户，使他能访问账户表时，先记下他现在所在的工作组。

（3）选择认为可以解决问题的改变、替换、移动、增加，仔细记录你的操作，这样以后你可以把它添加到数据库中。

（4）检验方案的结果（参见下一节检验解决方案）。

（5）在离开正在工作的区域时，清理好它。例如，假如为机房做了一段新的连接电缆，把绕在电缆上的碎片清理干净。

（6）如果方案解决了故障，就要把收集到症状、故障、解决方案的细节记录在机构能够访问的数据库中。

（7）如果解决方案解决了一个大改变或标注了一个大问题（影响了大多数新用户的问题），一两天后再查看问题是否还存在，并且看它有没有引起其他的问题。

9. 检验解决方案

实施了解决方案后，必须验证系统是否工作正常。显然，实施检测的方法依赖于具体方案。例如，如果替换了连接集线器端口和信息插头模块的电缆线，验证它的快捷方案是看这根电缆能否连通网络。如果设备不能成功地连到网络，还要再试另外的电缆线，并考虑问题的根源是否来自物理或逻辑连接或其他的原因。

假设替换了机构中为 4 个部门提供服务的交换机，为了检测实施方案，不仅要检测不同部门工作站间的连接，还要用网络分析仪验证数据能否被交换机正确处理。

让用户参与方案的验证可以确保得到解决方案客观的评价，因为有时在实施方案的过程中，时间长了以致忘记了最初的故障。让用户去检验你的解决方案，也有助于用户了解需要排除故障的各类设备。

例如，在解决某用户无法登录邮件目录的过程中，可能把他的邮件密码设成了自己的密码，并排除了可能的物理连接错误。发现问题实际上出在冲突的 IP 地址并修复了 IP 地址的错误之后，却忘记了曾经改变过用户的邮件设置。让用户试一下解决方案，将避免返回来解决自己造成的故障的过失。

在实施了解决方案后，可能没机会马上验证它。有时需要等上几天或几个星期之后才能弄清楚网络是不是已经正常工作了。例如，发现有一个服务器有时在处理用户的数据库查询时其处理器不堪重负，导致用户无法忍受的回应时间。为了解决这个问题，可能就要给它多增添两个处理器并把它配置成均衡多处理模式。但是数据库被使用的时间是不定的。所以就必须等到有一定数量的用户进行数据库操作并使服务器达到了使用高峰时，才知道添加的处理器是否奏效。

任务 2　网络链路故障及其解决方法

 任务目标

掌握网络链路故障及其解决方法。

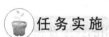 任务实施

学生按照项目化方式分组学习实践，教师做好相关的指导和辅导工作，并在整个项目实施过程中认真关注、及时给出意见和建议，随时注意学生的网络故障解决能力以及组织协调能力的培养。

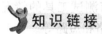 知识链接

一、概述

网络链路故障一般包括网络介质故障、网络干扰引起的故障以及网络拓扑不合理带来的故障。

网络链路故障诊断可以使用包括局域网或广域网分析仪在内的多种工具：路由器诊断命令、网络管理工具和其他故障诊断工具。一般情况下查看路由表是解决网络故障开始的好办法。ICMP 的 ping、trace 命令和 Cisco 的 show 命令、debug 命令等是获取故障诊断有用信息的网络工具。通常使用一个或多个命令收集相应的信息，在给定情况下，确定使用什么命令获取所需要的信息。

二、网络介质

许多网络故障问题归根结底都是由于使用不良的 RJ-45 终端、插座、压线、中继器、集线器或接收发器所致的。第一层的故障即介质故障包括：

（1）缆线太长或太短。如 UTP 双绞线超过 100m，RG58 细同轴电缆线短于 50cm。

（2）终端阻断器故障。常见的同轴电缆故障原因。

（3）网卡硬件故障。如电子元件损坏。

（4）串音与噪声。第 3 章介绍过这种问题。

（5）中继器故障。先看看电源插头有没有松动。

（6）网线接头不良。如在制作 UTP 时把电线外皮夹入端子内或压端子时没有压紧。

（7）接点接触不良。如生锈或浸湿。

（8）缆线失效。如被老鼠咬断、折断或被外物压断。

（9）设备不兼容。如将 100Mbit/s 网卡连接到 10Mbit/s 的集线器。

（10）用错缆线。如错把 UTP 直连线当交叉线使用。

　　（11）插错端口。如在一个 9 插口的集线器上的第 8、第 9 口均接上线。

　　（12）接地不良。

　　（13）因停电恢复使硬设备损坏或保险丝烧断。

　　根据以上各项查明故障原因后，采取相应的解决方法即可。不过故障重在预防，例如，缆线太长或太短、插头插错或是使用不当缆线这些人为故障可以通过适当的培训得到改善；要预防老鼠咬断线缆，可以采取加装硬质套管的方法防止；线缆在铺设时应放入地｜压条内或是绕道布线，以防不小心踢断电源线或网线；所有线路与电器都应加装保险丝或自动断电装置；布线时避免经过干扰源等。

　　所以，在网络建设过程中，综合布线完成后，要对双绞线进行测试。结构化布线非屏蔽双绞线测试可划分为导通测试和认证测试。导通测试注重结构化布线的连接性能，不关心结构化布线的电气特性，可以保证所完成的每一个连接都正确。而认证测试是指对结构化布线系统依照标准进行测试，以确定结构化布线是否全部达到设计要求。

　　通常结构化布线的通道性能不仅取决于布线的施工工艺，还取决于采用的线缆及相关连接硬件的质量，所以对结构化布线必须做认证测试，也称 5 类测试认证。通过测试，可以确认所安装的线缆、相关连接硬件及其工艺能否达到设计要求，这种测试包括连接性能测试和电气性能测试。电缆安装是一个以安装工艺为主的工作，由于没有人能够完全无误地工作，为确保线缆安装满足性能和质量的要求，我们必须进行链路测试。在没有测试工具的情况下，连接工作可能出现一些错误。常见的连接错误有电缆标签错、连接开路和短路等。

　　（1）开路和短路：在施工中，由于工具、接线技巧或墙内穿线技术欠缺等问题，会产生开路或短路故障。

　　（2）反接：同一对线在两端针位接反，比如一端为 1-2，另一端为 2-1。

　　（3）错对：将一对线接到另一端的另一对线上，比如一端是 1-2，另一端接在 4-5 上。

　　（4）串绕：是指将原来的两对线分别拆开后又重新组成新的线对。由于出现这种故障时端对端的连通性并未受影响，所以用普通的万用表不能检查出故障原因，只有通过使用专用的电缆测试仪才能检查出来。

　　认证测试并不能提高综合布线的通道性能，只是确认所安装的线缆、相关连接硬件及其工艺能否达到设计要求。只有使用能满足特定要求的测试仪器并按照相应的测试方法进行测试，所得结果才是有效的。比如，采用 Pentascanner 5 类测试仪进行 5 类测试。方法是：先用测试仪连接跳线两端，再按 AutoTEST 进行测试，接着按"F1"键显示测试结果，最后打印测试结果。

　　测试过程中出现的问题主要有以下一些：

　　（1）近端串绕未通过：故障原因可能是近端连接点的问题，或者是因为串对、外部干扰、远端连接点短路、链路电缆和连接硬件性能问题、不是同一类产品及电缆的端接质量问题等。

　　（2）接线头不过关：故障原因可能是两端的接头有断路、短路、交叉或破裂，或是因为跨接错误等。

　　（3）衰减：故障原因可能是线缆过长或温度过高或是连接点问题，也可能是链路电缆和连接硬件的性能问题，或不是同类产品，还有可能是电缆的端接质量问题等。

　　（4）长度不过关：故障原因可能是线缆过长、开路或短路，或者设备连线及跨接线的长度过长等。

（5）测试仪故障：故障原因可能是测试仪不启动（可采用更换电池或充电的方法解决此问题）、测试仪不能工作或不能进行远端校准、测试仪设置为不正确的电缆类型、测试仪设置为不正确的链路结构、测试仪不能存储自动测试结果，以及测试仪不能打印存储的自动测试结果等。

三、网络干扰

外界环境，尤其是电磁波对网络的干扰也是不容忽视的一个重要因素。在受电磁干扰严重和存放有化学品的场合，通常采用干扰性能较强屏蔽双绞线或光纤。

1. 双绞线劣质

网络线应具有一定的耐热、抗燃、抗拉和易弯曲等性能。35～40℃时外面的一层胶皮不会变软，双绞线电缆一般采用铜材料作为传输介质。

故障现象：某期货交易所将网络改造为千兆位以太网（骨干网）后只有 1 个网段能正常工作，其他 12 个网段工作均不正常，数据时有出错，连接经常会莫名其妙地中断。每个网段用千兆位以太网连接起来，下挂的网段均是 100BaseT 用户端口。起初怀疑是系统运行的平台或者软件有问题，经过多次重新安装和设置仍不能解决问题，而且同样的系统在其他地方的交易网络中应用是正常的。

从用户所反映的情况分析，各个网段内的站点基本上全部能工作，网段之间的 ping 测试不稳定，并存在一定丢失率，数据交换过程比较困难，时有中断，根据以往经验，可以初步确定故障出现在网络设备设置和布线系统性能等方面的可能性大一些。

将网络测试仪 F68X 接入能连接服务器和交易服务器的网段（100Mbit/s），观察通向服务器的网络流量 5 分钟平均为 12%，FCS 帧校验错误帧约 11%，显然 FCS 帧校验错误比例偏高，查看错误源，显示为其他网段站点产生 FCS 帧错误的比例占错误帧总量的 97%。启动网络测试仪的 ICMP Ping 功能，对其他网段内的交换机和路由器等网络设备的测试结果显示是正常的，基本可以肯定，故障出在行情服务器网段与其他网段的连接链路上。用 Fluke公司的 DSP 4000 电缆认证测试仪选用 TIA Cat5n Channel UTP100 标准测试，显示长度为25m，其中，回波损耗 RL 和衰减串扰比 ACR 等参数超差。改用同样长度的一根超 5 类线Cat5e 代用之，启动系统，整个网络恢复正常。

2. 光纤污损

光纤虽然有良好的传输带宽和稳定性，但光纤的损害现象的确也经常出现。除了长途干线因为野蛮施工会被挖断、拉断外，多数传输性能问题出现在光纤接头处。光纤的传输衰减下降比较多地出现在接插连接点，通常的原因是脏污和受潮。脏污一般是在接触了手指后造成的，这在例行的常规检查（定期检查）时容易出现，一般建议定期检查时不要检查光纤链路中连接器件，也不需要检查备用的光纤连接器件。如果需要验证备用光纤链路是否正常，一般只在光纤链路的起始端做通断和衰减量对比检查即可，无须检查链路中间的连接器件。这样才能避免因为人为因素造成对光纤连接器件端面的污染。光纤连接器件端面受潮后会产生较大的衰减，信号传输就会受阻。为了防止室内光纤接头受潮，对一般不使用的接插头都要求套上防潮防尘帽。

3. 路由器端口故障排除

（1）串口故障排除。串口出现连通性问题时，为了排除串口故障，一般是从 show interface serial 命令开始，分析它的屏幕输出报告内容，找出问题之所在。串口报告的开始提供了该端口状态和线路协议状态。端口和线路协议的可能组合有以下 4 种：

1）串口运行、线路协议运行，这是完全的工作条件。该串口和线路协议已经初始化，并正在交换协议的存活信息。

2）串口运行、线路协议关闭，这个显示说明路由器与提供载波检测信号的设备连接，表明载波信号出现在本地和远程的 Modem 之间，但没有正确交换连接两端的协议存活信息。可能的故障发生在路由器配置问题、Modem 操作问题、租用线路干扰或远程路由器故障、数字式 Modem 的时钟问题、通过链路连接的两个串口不在同一子网上，都会出现这个报告。

3）串口和线路协议都关闭，可能是电信部门的线路故障、电缆故障或者是 Modem 故障。

4）串口管理性关闭和线路协议关闭，这种情况是在端口配置中输入了 shutdown 命令。通过输入 no shutdown 命令，打开管理性关闭。

端口和线路协议都运行的状况下，虽然串口链路的基本通信建立起来了，但仍然可能由于信息包丢失和信息包错误时会出现许多潜在的故障问题。正常通信时端口输入或输出信息包不应该丢失，或者丢失的量非常小，而且不会增加。如果信息包丢失有规律性增加，表明通过该端口传输的通信量超过端口所能处理的通信量。解决的办法是增加线路容量。查找发生的信息包丢失的其他原因，查看 show interface serial 命令的输出报告中的输入输出保持队列的状态。当发现保持队列中信息包数量达到了信息的最大允许值，可以增加保持队列设置的大小。

（2）以太端口故障排除。以太端口的典型故障问题是：带宽的过分利用、碰撞冲突次数频繁、使用不兼容的帧类型。使用 show interface ethernet 命令可以查看该端口的吞吐量、碰撞冲突、信息包丢失和帧类型的有关内容等。

通过查看端口的吞吐量可以检测网络的带宽利用状况。如果网络广播信息包的百分比很高，网络性能开始下降。光纤网转换到以太网段的信息包可能会淹没以太口。互联网发生这种情况可以采用优化端口的措施，即在以太端口使用 no ip route-cache 命令，禁用快速转换，并且调整缓冲区和保持队列的设置。

两个端口试图同时传输信息包到以太电缆上时，将发生碰撞。以太网要求冲突次数很少，不同的网络要求是不同的，一般情况下发现冲突每秒有三五次就应该查找冲突的原因了。碰撞冲突产生拥塞，碰撞冲突的原因通常是由于敷设的电缆过长、过分利用或者"聋"节点。以太网络在物理设计和敷设电缆系统管理方面应有所考虑，超规范敷设电缆可能引起更多的冲突发生。

如果端口和线路协议报告运行状态，并且节点的物理连接都完好，可是不能通信。引起问题的原因也可能是两个节点使用了不兼容的帧类型。解决问题的办法是重新配置使用相同帧类型。如果要求使用不同帧类型的同一网络的两个设备互相通信，可以在路由器端口使用子端口，并为每个子端口指定不同的封装类型。

（3）异步通信口故障排除。互连网络的运行中，异步通信口的任务是为用户提供可靠服务，但又是故障多发部位。异步通信端口故障一般的外部因素是：拨号链路性能低劣、电话网交换机的连接质量问题、Modem 的设置。检查链路两端使用的 Modem：连接到远程 PC 机端口 Modem 的问题不太多，因为每次生成新的拨号时通常都初始化 Modem，利用大多数通信程序都能在发出拨号命令之前发送适当的设置字符串；连接路由器端口的问题较多，这个 Modem 通常等待来自远程 Modem 的连接，连接之前，并不接收设置字符串。如果 Modem 丢失了它的设置，应采用一种方法来初始化远程 Modem。简单的办法是使用可通过前面板配置的 Modem；另一种方法是将 Modem 接到路由器的异步端口，建立反向 telnet，发送设置命令配置 Modem。

show interface async 命令、show line 命令是诊断异步通信口故障使用最多的工具。show interface async 命令输出报告中，端口状态报告关闭的唯一的情况是，端口没有设置封装类型。线路协议状态显示与串口线路协议显示相同。show line 命令显示端口接收和传输速度设置以及 EIA 状态显示。show line 命令可以认为是端口命令（show interface async）的扩展。查看 show line 命令输出的 EIA 信号可以判断网络状态。

确定异步通信口故障一般可用下列步骤：检查电缆线路质量；检查 Modem 的参数设置；检查 Modem 的连接速度；检查 rxspeed 和 txspeed 是否与 Modem 的配置匹配；通过 show interface async 命令和 show line 命令查看端口的通信状况；从 show line 命令的报告检查 EIA 状态显示；检查端口封装；检查信息包丢失及缓冲区丢失情况。

网络发生故障是不可避免的。网络建成运行后，网络故障诊断是网络管理的重要技术工作。

四、网络拓扑

网络工程项目中最重要的一项内容就是根据用户的要求和预算进行网络拓扑结构的设计。这要求所设计的网络既满足现在的网络应用，又要适当为未来的网络应用和规模升级留有一定余地。网络优化是指网络中各个通道相对的应用流量基本保持均衡，这前一条对大多数规划者来说是比较容易做到的，但后一条就比较难一些。由于网络应用和网络设备的不确定性，很难做到对应于时间轴的准确量化。

综合布线的目的和最大好处之一就是提供了一个可以随时按用户需要进行网络拓扑结构调整的灵活环境。用户可以根据需要自如地扩展网络规模，调整网络结构，增删网络成员，更新网络应用。因此，网络拓扑结构的"原设计"只要注意掌握好结构拓展的余量设计就能比较容易地兼顾各方要求，剩下的事情就是关注现有网络结构及其应用之间的优化问题。

网络性能优化一般会用到 3 个方法（或称 3 个步骤）基准测试、流量预估、应用的组合与合理搭配。

（1）基准测试是对网络各通道的正常流量做长时间监测，从而了解网络中的流量特性，特别是对应于时间轴的特性，从而为调整和规划网络应用提供准确的基础数据和材料，一般的测试对象是现存的网络。

（2）流量评估是依据已有的各种应用的流量模型或其统计数据，结合基准测试的数据来预估将要增加的某项应用会给网络各通道增加多少流量，以此确定是否要对网络的拓扑结构进行调整或升级网络设备。

（3）应用的组合与搭配是将不同的应用和其所在的物理位置进行组合搭配，从而做到尽量减少通道流量的目的，这通常要对网络结构做调整，有时则需要更新或更换网络应用。基准测试还有一个额外好处，那就是有效地帮助处理网络故障和发现潜在的严重网络问题。我们会陆续列举多个示例来说明网络拓扑结构和性能的优化是永远"相对"的。

1. 多变的网络拓扑结构

故障现象：某网站白天时常会出现短暂的拥塞，上网用户反映访问购物频道之网上在线商城时经常点击无效，多次重复后仍可能没有任何反应。此现象已经持续了两周。

故障分析：故障一般出现在白天，晚上基本不出现。出现时没有什么征兆，突然出现又突然消失，很不稳定且没有什么规律。从第一次故障现象出现到今天为止有两周。那么两周前对网络做过什么，比如调整网络结构、增加或删除网络设备、增加服务器、增删和更改网络用户等？经过调查没有。不过网站内容却是几乎天天在变，但这不应该会有什么影响。因为装有网管系统，可以随时查看网络各链路的流量状态。对链路的流量还分别设置了门限报警，如果出现流量异常值班人员会马上知道，而且内部网都是用的 100Mbit/s 的网卡，核心交换机使用千兆位以太网连接，而网站出口只有 8Mbit/s，出问题时检查过出口流量，从来就没有超过 2Mbit/s，还不如不出故障时的访问流量大。因此，认为由于出口瓶颈的原因在访问流量大时造成访问困难显然是站不住脚的。对网上商场的服务器仔细检查并用备用服务器试着更换，但没有任何作用。

捕包分析发现出现故障时会有较大延迟，但 Ping 包正常。当试验故障发生时在网站内任选一台工作站从网上商城服务器拷贝一个 1000MB 的文件，拷贝速度很快。用协议分析仪的专家诊断系统对捕获的包进行分析，除了发现 HSRP 协议帧有 3000 个，其他未见异常。

由于是不稳定出现的"软故障"，因此在故障出现时进行测试。用 OptiView 的移动网管查看该通道的流量状态，显示均小于 10%，从 OptiView 上对网站的路由器做 ping 检查，时间是 1200ms。立即从 OptiView 发送 50Mbit/s 流量给网络一点通，报告收到的流量只有 5Mbit/s，看来不仅仅 45Mbit/s 的流量被通道给"滤除"了，而且还引入了很大的延迟。检查网站的拓扑图，从图上标注的状况来看该访问通道应该都是 100Mbit/s 的以太网链路，中间经过 3 台交换机到达服务器。在 OptiView 上对路由器做路径"TraceSwitch"检查。结果显示路径已经改变。整个路径中多出了 3 台交换机，从而使得原来需要经过 3 台交换机就能到达服务器的访问包现在需要经过 6 台交换机才能到达服务器。追踪查看这 3 台交换机，发现相应链路端口工作状态都是 100Mbit/s。逐级检查延迟响应时间，发现 1200ms 的延迟就出现在新增加的第一台交换机通道节点上。更换此交换机，开机试验，故障现象消失。

2. 网络拓扑结构优化的后果

局域网中的网络拓扑结构是相对稳定的，一般不会经常改动，这一点与路由节点的动态变化是不同的，因为路由器会根据选用的路由协议、网络互联的流量状况、网络设备及信道的工作质量，动态地改变路由表和路由通道的实际方向。这种调整经常是依据选用的路由协议和设定的条件自动进行的。而局域网内由交换机构成的网络路径通常没有这样大的灵活性，第一个原因是它们的功能主要还是用来提供低延时的数据传输的快速通道，虽然建立局域网内的动态链路带宽分配一直是交换机试图完成的主要功能。第二个原因就是设备成本，如果所有交换机都具备带宽组合分配、交换节点选择和流量均衡的功能，那么整个网络的成本将会上升许多。第三个原因是虽然已经提出了不少带宽组合分配的协议，但还没有一个功能完备和完全标准的协议能实现这些功能。

故障现象：一个有 500 台左右计算机的公司办公和业务混合网，网络规模属于中等。网络中有 3 个路由器与其他异地制造部门实现广域连接，一台路由器与公网相连。本地约有 300 台计算机，用 3 台核心交换机依线型结构构成 3 组楼群的用户本地网，分别是楼群 A、楼群 B 和楼群 C。楼群 A 居线型结构的中间，并设有信息中心和网管中心。3 台核心业务服务器和与异地部门连接的路由器及公网路由器都安装在此。楼群 B 和楼群 C 内分别安装有多台部门级服务器，服务器的内容管理由各部门负责，维护和故障诊断则由信息中心负责。各楼群下设工作组交换机和桌面交换机组成三级交换局域网，与各部分的终端用户相连，网管中心负责全面的网络规划和管理维护。终端用户基本上用的是台式机，少数用户使用笔记本电脑。

本示例所讲述的故障发生在位于 A 楼群中的几个部门之间。

公司办公网和业务网没有分离，共同使用以前设计的以 5 类线铺设的以太网。原来安装的生产、采购、物料、库存、财务等软件模块已经使用近一年，效果还不错。最近两周新增加了销售软件模块，在软件单独调试时感觉软件表现也不错，销售部人员已经全部经过培训，决定正式切换到网络化的销售平台上来。平台切换并接入的那天，全体销售人员扔掉了手工记录，做好了准备，以便正式进入网络化销售流程重组的实施进程。那天网络启动后一开始还正常，不久就出现问题，并网联调时销售模块的工作速度很慢，并且影响到财务模块、采购模块的工作速度，3 个模块不能同时协调快速工作。

故障分析：显然，新安装的销售模块有问题，它运行时速度比较慢，同时似乎也影响了采购模块、财务模块的正常工作。为了验证是否是服务器或软件本身的问题，调试时软件安装人员建议暂时停止公司各项业务两小时，重新检查了服务器和各种流程响应，没有发现明显的问题征兆。只好备份数据，重新安装服务器和软件模块。按先后顺序分别将销售模块、采购模块、财务结算模块安装并启动入网调试，观察各工作站和服务器的工作状态，一切正常。两小时后调试程序结束，一切过程均显示软件工作正常，遂决定重新启动整个系统进入日常工作状态。

在开始后的前 20 分钟系统运行正常，但之后销售部首先报告业务响应又出现问题，速度变慢。几乎同时采购部和财务部也报告速度变慢。调试人员观察到速度降低的同时网络响应的速度也有所下降，先前 ping 服务器响应均在 1ms 以内，此时部分 ping 响应变成 2ms，100 组 ping 测试丢失率约在 30% 左右，不知是何种原因。为什么单个模块调试都没有问题，而全部模块工作起来以后就会出现问题？

30 分钟后销售部报告软件工作速度恢复正常，不久财务部和采购部也报告业务流程恢复正常速度。但又过 30 分钟，故障重新出现，症状一样。

按顺序依次备份数据，格式化业务服务器，重新安装平台和业务软件，更换服务器的网卡，重新启动服务器，运行后故障消失。

第二天同样的故障现象重复出现，因此，故障有一定的周期性或时间性。会不会是病毒或黑客软件在捣乱？先杀杀毒看看。搬来了几个杀毒软件，用了一上午时间把所有的服务器和工作站都查杀了一遍病毒，结果一无所获，网络倒是出奇的干净。是不是感染了新病毒？杀毒软件不起作用了？上网下载升级软件，重新进行查杀病毒操作，网络又恢复了正常。可原因还是没找到。

我们分析问题出在网络而不是软件上，出现在服务器或工作站的可能性要大得多。用网络综合分析仪 OptiView 接入网络进行自动搜索，结果显示一切正常。查看各个服务器的端口工作状态和网络中各交换链路的端口状态，显示正常。用 OptiView 的流量生成功能对该交换节点路径做通道性能检查，结果发现，流量增加到 20% 的时候通道突然改变路径，依据路径提示，找到了改变了路径的交换机，用 Telnet 命令登录交换机相关端口，发现其配置的端口保护流量的阀值为 20%，被切换后连通的另一台交换机其对应的通道被设置成自适应状态。用 OptiView 自带的移动网管查看故障时此通道的工作状态，显示为全双工 10Mbit/s 状态，而正常时根据设计应该是全双工 100Mbit/s 状态。

由于该交换机的流量保护阀值设置或提高阀值，目前也看不出这样设置通道流量保护有何意义，所以我们建议他们取消该设置（乔先生也不知道是谁配置的交换机以及为什么要这样配置）。由于财务模块、销售模块、采购模块的流量均通过此交换机，所以 3 个部门同时有多项操作选择时流量有可能超过原来的 20% 从而引发保护动作。这中间因为流量已经受到限制，被保护的端口在一段时间后会试着重新打开，业务流量又会以为打开时流量正好没有超过 20% 的阀值，致使短时间内业务能恢复正常。中午前的业务流量和下班后仿真流量均达不到 20%，不能引发保护动作，所以等了一夜故障也没有出现。

 问题思考

如何从网络链路检测中发现网络故障并加以排除？

【项目实训 5】　从网络链路检测中发现网络故障并加以排除

1. 实训目的

从网络链路检测中发现网络故障并加以排除。

2. 实训器材

实际网络链路。

3. 实训要求

能从网络链路检测中发现网络故障并加以排除。

4. 知识背景

网络链路故障一般包括网络介质故障、网络干扰引起的故障以及网络拓扑不合理带来的故障。

5. 实训步骤

五、网络链路故障典型案例

1. 非标准线惹麻烦

故障现象：某证券公司一周内已经出现 3 次交易数据错误，数据恢复也进行了 3 次。昨晚对历史记录和当日交易记录进行了比较，发现在同一时刻往往有几个用户的交易数据出错。怀疑存在病毒或恶意用户捣乱的可能，用多套软件查杀病毒，并重新安装系统，恢复备份的数据。不料第二日故障现象依旧出现。

故障分析：该网络 1999 年 2 月进行了改扩建，全部采用 NT 平台。最近又新增加 50 个站点。用流量发生器模拟网上流量进行体能检查，一切正常。为了跟踪数据出错的情况，将 F683 网络测试仪接入该网段进行长期监测。第二天故障现象没有出现。第三天下午开始后 10 分钟，即 13:10 分，网络测试仪监测到该网段大量错误出现，其中 FCS 帧错误占 15%，幻象干扰占 85%，约持续了 1 分钟。FCS 帧涉及本网段的 3 个用户。通过闭路视频监控系统的录像发现故障对应时刻 13:10 有一个用户使用了手机，仔细辨别图像画面发现其使用的是对讲机。对讲机的功率比微蜂窝手机的功率要大得多，使用频率也更接近网络基带传输的频带，容易对网络造成近距离辐射干扰。但是，一个合格的、完整的 UTP 电缆系统在 5m 外还完全能抵抗不超过 5W 的辐射功率。从故障现象推断，本网络的电缆或接地系统可能有一些问题。随即决定查找本网段 50 个站点的布线系统（扩容时没有经过认证测试），用 Fluke DSP2000 电缆测试仪进行测试，在中心集线器与交换机端口的插头发现接头线做得很差，外包皮与接头之间有 15cm 的缺失，线缆散开排列，双绞关系被破坏。交换机的物理位置离用户仅隔一面玻璃幕墙，直线距离为 1.5m 左右。可以基本断定，对讲机发出的较大功率的辐射信号就是由此处串入系统的。

解决方案：重新按 TIA 568B 标准的要求打线，连接好系统。

2. 光纤通而千兆网络不通

故障现象：某校园网已经达到 3000 台上网计算机的规模，光缆铺设长度将近 20km，今年该校又进行了校园网新区建设。在施工过程中，从网络中心铺设 2 条光缆分别到 4 号教学楼和 8 号学生公寓时，发现 1 号光缆的通信正常，而 2 号光缆两端计算机互 ping 不通，详细情况如表 5-3 所示。

表 5-3　　　　　　　　　　　　　　光 缆 状 况

编　号	类　型	芯　数	长度/m	两端光电转换器	两端交换机	光头连接方式
1	多模	8	300	Cisco WS-5486	Cisco 3524XL	熔接
2	单模	12	600	Cisco WS-5486	Cisco 3524XL	熔接

注　Cisco WS-5486 是插在 Cisco3524XL 上的千兆位端口转换器（GBIC），用它来实现千兆传输。

故障分析：

首先，怀疑光缆不通，使用测试仪测量了光纤的衰减，发现光纤是通的，但每芯光纤的衰减大都在 15db 左右；按照我们以前的经验，光纤应该是合格的。

第二，怀疑 Cisco 的 GBIC 5486 坏了，我们把 1 号光缆两端连接的交换机和 GBIC 与 2 号光缆的交换机和 GBIC 对调，发现 1 号光缆通信仍然正常，而 2 号光缆仍然不通，说明交换机和 GBIC 是没有问题的。

第三，会不会是单模光纤要求严格、熔解质量不高、衰减过大造成网络不通？于是，我们重新找来熔接机，把 2 号光缆的跳线更换一遍，重新熔接，保证每芯的衰减在 8db 左右，可以讲熔解质量已经非常好了，而网络依旧不通。

第四，我们拿来两个百兆位单模光纤收发器，接在 2 号光缆的两端，谁知一插上，网络就通了，而且通信质量非常好。

第五，以上试验已经说明交换机和 GBIC 是好的、光纤是好的、百兆位通信正常，为什么千兆通信就不正常？会不会是 GBIC 有什么我们不知道的东西？

访问 Cisco 的网站，网页关于 GBIC 有关说明中指出使用 WS-5486 GBIC 在多膜条件下，在 100m 以内或 300m 以上，需要加装一个模式修补卡，以防止接收器过载（over driving the receiver）或时延过大。

2 号光缆是单模光纤，与 Cisco 的说明有不一致的地方，可能问题就出在"接收器过载"上。既然可能是"接收器过载"，那么，如何增加光纤的衰减呢？我们采用了一个非常简单方法：在光纤分线箱和 GBIC 之间串联光纤跳线、连接处使用质量很差的耦合器。

当我们把 2 号光缆的一段 2 芯光纤都串联跳线以后，千兆位网络立刻就通了。我们这时又重新测量了光纤衰减，衰减超过 30db。

由于我们的单模光缆很短（600m），光纤衰减很小（8db）的情况下，光电收发器的接收端激光强度太强而引起过载，造成光纤通而网络不通的情况，在有意增加衰减之后，成功排除了故障，网络通信状况一直正常。

任务 3　网络设备故障及其解决方法

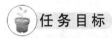 **任务目标**

掌握交换机和路由器等设备的故障及解决方法。

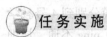 **任务实施**

学生按照项目化方式分组学习实践，教师做好相关的指导和辅导工作，并在整个项目实施过程中认真关注、及时给出意见和建议，随时注意学生的网络设备故障解决能力以及组织协调能力的培养。

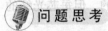 **知识链接**

网络设备是指网络上运行的所有物理设备，包括工作站、网卡、传输介质、HUB、交换机、路由器、服务器等。本节主要介绍交换机和路由器等设备的故障及解决方法，其他设备在相关章节中都有介绍。

问题思考

如何诊断交换机和路由器等设备的故障及故障解决？

【项目实训 6】　诊断交换机和路由器等设备的故障及故障解决

1. 实训目的

诊断交换机和路由器等设备的故障及故障解决。

2. 实训器材

交换机和路由器。

3. 实训要求

掌握诊断交换机和路由器等设备的故障及故障解决。

4. 知识背景

交换机和路由器是网络连接的主要设备。

5. 实训步骤

一、交换机

"程控交换机"是指电话通信系统中使用的线路交换，计算机网络上使用的交换机（Switch）就是从电话交换机的技术上发展而来的。一般意义上的交换机指工作在 OSI 参考模型中第二层即数据链路层上的第二层交换机。从外观上来看，它与集线器（Hub）没有太大区别，都是带有多个端口的长方形盒状体，而且都遵循 IEEE 802.3 及其扩展标准，介质存取方式也均为 CSMA/CD，但是它们在工作原理上还是有着根本的区别。

交换机的内部有一条带宽很高的背板总线和内部交换矩阵，且交换机前面的所有端口连接在背板总线之上。在交换机中还有一个重要的组成部分，那就是内存。在这个内存中存着一张 MAC 地址对照表，它记录着 MAC 地址和端口的对应关系，如表 5-4 所示。

表 5-4　　　　　　　　　　　　　　　　MAC 地址对照表

PORT1	PORT2	PORT3	PORT4
00-08-DB-58-D7-E1	00-08-DB-58-D7-E2	00-08-DB-58-D7-E3	00-0B-DB-SB-D7-B1
00-0B-DB-58-D7-E4	00-08-DB-58-D7-ES	00-08-DB-58-D7-E6	00-08-DB-5B-D7-B2
00-0B-DB-SB-D7-E7	00-0B-DB-58-D7-E8	00-08-DB-SB-D7-E9	00-08-DB-5B-D7-B3
00-08-DB-SB-07-D1	00-08-DB-SB-D7-D2	00-08-DB-SB-D7-03	00-08-DB-07-B4
00-0B-DB-SB-D7-D4	00-08-DB-SB-D7-DS	00-08-DB-SB-D7-D6	00-0B-DB-SB-D7-B5
00-DB-DB-SB-D7-D7	00-08-DB-58-D7-D8	00-08-DB-5B-D7-D9	00-08-DB-58-D7-B6

当交换机接收到一个数据时，首先取出数据包中的目标 MAC 地址，根据内存中所保存的 MAC 地址表来判断该数据包应该发送到哪个端口，然后就把数据包直接发送到目标端口。如果没有在 MAC 地址表中找到目标端口，则发送一个广播包至所有端口，来查找目标端口。只要目标端口所连接的计算机响应，则交换机就"记住"这个端口和 MAC 地址的对应关系，因为交换机具有学习功能。当下一次接收到一个拥有相同的目标 MAC 地址的数据时，这个数据会立即被转发到相应的端口上，而不用再发广播包。这样就使得数据传输效率大大提高，且不易出现广播风暴，也不会有被其他节点侦听的安全问题。而集线器不具有这个地址表，所以 Hub 接收到一个数据后，便将该数据发送到所有端口上，所以容易引起广播风暴，且易被其他节点侦听。

MAC 地址表在交换机刚刚启动时，是空白的。当它所连接的计算机通过它的端口进行通信时，交换机即可根据所接收或发送的数据来得知 MAC 地址和端口的对应关系，从而更新 MAC 地址表的内容。交换机使用的时间越长，学到的 MAC 地址就越多，未知的 MAC 地址就越少，从而广播就越少，速度就越快。

由交换机构建的网络之所以被称为交换式网络，是因为交换机的每一个端口都是独享带宽的，这是交换机相比于 Hub 的最大特点。所有端口都能够同时进行通信，并且能够在全双工模式下提供双倍的传输速率，也就是说，交换机端口可以同时接收和发送数据，数据流是双向的，端口之间互不干扰。比如：PORT1 向 PORT2 发送数据的同时，PORT3 可以向 PORT4 发送数据，这两个连接都享有独自的带宽，互不干扰。假如有一个 8 端口 100Mbit/s 的以太网交换机，如果每个端口同时工作，那么它的总带宽就是 8×100Mbit/s＝800Mbit/s。

随着交换技术的发展，不少高档交换机提供虚拟局域网（VLAN）、网管和路由功能。其中 VLAN 功能是指在一台交换机上经过配置后，把它所连接的计算机网络分为若干个相互独立的 VLAN。划分 VLAN 时，可以依据交换机上的端口，也可以依据端口所连计算机的MAC 地址。如果这些 VLAN 之间没有经过特殊配置或线路连接，则相互之间不能通信。这一功能可以划分广播域，从而减少广播，提供更加安全的通信。路由功能则是指交换机具有第三层的路由功能，这就是我们常听说的"第三层交换机"。

常用以太网交换机之间的连接可以通过两种方式：堆叠和级联。堆叠是指通过交换机自带线缆，把多个交换机的堆叠模块进行连接。级联是指通过双绞线把两台或多台交换机连在一起。由于各个厂商的技术不同，堆叠和级联的交换机个数也不相同。随着交换机价格的下降，交换机已经逐渐取代集线器，成为局域网的主要接入设备。

1. 交换机故障的一般分类

交换机性能的提高和价格的迅速下降，促使了交换机的迅速普及。交换机故障一般可以分为硬件故障和软件故障两大类。

（1）交换机的硬件故障主要是指交换机电源、背板、模块、端口和线缆等部件的故障。

（2）交换机的软件故障主要是指系统错误、配置故障、密码丢失、和其他外部因素引起的故障等。

2. 交换机故障的一般排障步骤

针对不同的故障现象可以灵活运用不同的排除方法，如排除法、对比法、替换法等。

（1）排除法。

（2）对比法。利用现有的、相同型号的且能够正常运行的交换机作为参考对象，与故障交换机之间进行对比，从而找出故障点。

（3）替换法。这是我们最常用的方法，也是在维修计算机中使用频率较高的方法。替换法是指使用正常的交换机部件来替换可能有故障的部件，从而找出故障点的方法。它主要用于硬件故障的诊断，但需要注意的是，替换的部件必须是相同品牌、相同型号的同类交换机所有。

为了使排障工作有章可循，我们可以在故障分析时，按照以下的原则来分析。

1）由远到近。可以沿着客户端计算机—端口模块—水平线缆—跳线—交换机这样一条路线，逐个检查，先排除远端故障的可能。

2）由外而内。可以先从外部的各种指示灯上辨别，然后根据故障指示，再来检查内部的相应部件是否存在问题。

3）由软到硬。如果排除了系统和配置上的各种可能，那就可以怀疑到真正的问题所在——硬件故障上。

4）先易后难。先从简单操作或配置来着手排除，这样可以加快故障排除的速度，提高效率。

3. 故障排除案例

（1）故障现象：端口模式不匹配。建小型局域网，一台服务器，10 台工作站，使用一台交换机作为接入设备，连接线路为 6 类线。主要故障表现为网内计算机的传输速度较慢，任意一台工作站在服务器上复制一个 25MB 的文件，竟然需要 6 分钟的时间。即使是相邻的两个工作站，速度也这样慢。

故障分析：可能的原因有黑客攻击、蠕虫病毒、线路故障、交换机超载以及网络适配器故障等。

按照这几种可能来逐个排除。

首先，选择任意几台工作站，检查它的网络配置，正确无误。能够 Ping 通服务器，响应时间均小于 1ms，属于正常范围，即连通性没有问题。在其中一台计算机上安装了 WIN-DUMP 来抓取数据包，结果没有发现什么异常现象。这就排除了黑客攻击和蠕虫病毒的可能。其次怀疑是 6 类线链路问题，使用一根超 5 类线来代替之。因为工作站、服务器、交换机都是超 5 类端口的设备。测试的结果，却还是连接速度很慢。

第三由于某些原因导致交换机出现超载情况，直接使用重启交换机的方法，没有作用。

第四检查几个抽查的计算机的网卡状态，发现这几台计算机的网卡都处于半双工状态并且删除了其他用不着的网络协议（IPX）。故障还是存在。

那么会不会是交换机本身的问题呢？从交换机提供的 Web 管理起，登录后，发现交换机的每个端口都强制设成了全双工状态。由于一般情况下交换机的默认配置是半双工/全双工自适应状态，所以意识到极有可能是端口模式不匹配的问题导致网速变慢，因为网卡和它所连交换机的端口都必须是相同的工作模式，每个端口都改为自适应状态，故障解除。

（2）故障现象：自适应故障。某公司升级局域网，将接入设备集线器换为百兆交换机后，数据的传输速率却降了下来。

故障分析：因为这次升级主要是把集线器改为交换机，其他的任何计算机、任何设备、任何配置都没有改动过，因此可以快速地定位故障的对象为交换机。登录交换机管理界面后，首先检查端口的状态。发现每个端口均显示为默认设置的自适应状态，各个工作站和服务器，都是半双工状态。但交换机的计数器出现了过多的帧检查错误。在几次清除计数器后还是出现类似的问题。换一台相同型号的交换机后，还是如此。

尝试着把端口模式由自适应状态改为半双工状态，出乎意料的是，故障竟然消失了，网络速度恢复正常。

由于系统原因，可能是自动协商算法不一样或其他不明原因，交换机与客户机网卡（NIC）之间的自动协商功能重新协商反复在 100Mbit/s 全双工与 10M 全双工之间切换的数据速率，无法稳定地按照某一模式传输，导致处理数据速度下降。

二、路由器

路由器是一种工作在 OSI 参考模型中第三层（网络层）的设备，主要依靠网络地址来为广域网或局域网的不同网段之间提供路由选择和数据包的转发。路由器可以连接不同技术的网络，这些网络之间可以有很多个路径连通，路由器能够自动或由管理员指定选择一条最便宜、最快速、最直接的路径，并且能够在一条路径出现故障时提供备份路径。和交换机中的 MAC 地址表类似，路由器中也保存着一张地址表，这个地址表记录着目标网络的地址和路由器端口的对应关系。路由器查看每个进入的数据包的地址信息，并从路由表中为它们选择最佳路径，并把它们转发到合适的下一个路由器，以便该数据包能够顺利地、快速地到达目的地。路由表可以是手动配置的静态路由，也可以是路由器使用路由协议来动态计算并改变的动态路由。路由器的两个最主要的功能就是路径选择和数据包转发。它还可以通过访问控制列表（Access Control List，ACL）、服务质量等功能为数据起到流量、安全和质量上的控制作用。

正如计算机需要以操作系统为基础来运行各种应用软件一样，路由器也需要相应的系统软件 IOS（Internet work Operating System）来运行各种配置文件。这些配置文件是用来控制通过路由器的各种数据流的。它通过使用路由协议（如 RIP、OSPF、BGP 等）来管理被路由协议（如 IP、IPX 等），并为数据包选择最佳路径而做出抉择。为了控制这些协议，所以我们必须配置路由器。

一台路由器还有很多不同类型的端口，比如 CONSOLE 口、串口、以太网口、AU1 口。这些端口，通过路由器可以连接各种广域网和局域网设备及管理设备。

（1）RAM/DRAM（随机存储器/动态随机存储器）。用来存储路由表、ARP 缓存、快速转发缓存、数据包缓冲和数据包保持队列等。

（2）NVRAM（非易失随机存储器）。用来存储路由器的启动配置文件（Startup. config）或者备份配置文件。

（3）Flash（闪存，可擦除可编程只读存储器）。保存 IOS 的映像文件和微代码，可以通过 TFTP 等手段更新其中的系统软件，而不需要更换处理器上的芯片。

（4）ROM（只读存储器）。其中保存着加电自检代码（POST）和备份 IOS。

（5）CPU。负责路由器的配置管理和数据包的转发工作，比如维护路由表、路由运算、数据转发等。CPU 的类型和性能在很大程度上决定了路由器对数据包的处理速度。

（6）端口。路由器通过端口接收或转发数据包，它可以在主板上，也可以在单独的端口模块上。

为了方便管理者配置，路由器提供了大量的命令。我们可以通过超级终端或者 TELNET 或者 Web 方式来访问路由器提供的各种用户端口。为了安全起见，路由器通常有两个基本的访问等级，即用户模式和管理模式。

1）用户模式（USER MODE）。在这个模式下，管理员只能检查路由器的状态，而不能修改路由器的任何设置。在 Cisco 路由器中，此模式下的命令提示符是 ">"。

2）管理模式（PRIVILEGED MODE）。管理员可以在此模式下，修改路由器的任何配置（如路由配置、ACL 配置、QOS 配置），甚至 IOS 的升级。在 Cisc0 路由器中，在用户模式下输入 "enable" 命令，然后输入正确的密码，即可进入管理模式。管理模式的命令提示符是 "#"。

1. 路由器的一般故障分类和排障步骤

（1）路由器故障可以出现在硬件也可以在软件上。

1）硬件故障。路由器硬件除了上述介绍外，还包括主板和电源，常见的硬件故障一般可以从 LED 指示灯上看出，如电源模块上的绿色 PWR（或 POWER 状态）指示灯亮着时，表示电源工作正常；端口模块上的 ONLINE 和 OFFLINE 指示灯及 Tx、Rx 指示灯。Rx 指示灯为绿色表示端口正在接收数据包，橙色表示正在接收流控制的数据包；Tx 指示灯为绿色表示端口正在发送数据包，橙色表示正在发送流控制的数据包。不同的路由器有不同的指示灯，表示基本的意义，仔细阅读说明书好处很大。

硬件故障有时也可以从启动日志中查出或者在配置过程中看出。

此外还要做好路由器运行环境的建设，如防雷接地及稳定的供电电源、室内温湿度、电磁干扰、防静电等，以及消除各种可能的故障隐患。

2）系统丢失。这里的系统是指 IOS，它是路由器的一切配置运行的基础，它保存在 Flash 中。有时因操作失误或其他不可预料的原因（如突然断电），致使 Flash 中的 IOS 丢失，导致路由器无法正常启动。

3）系统缺陷。像 Windows 系统经常受各种病毒的侵扰而死机一样，IOS 的系统安全上缺陷也会致使路由器瘫痪，如红色代码就曾使某些著名品牌的路由器重启，如果不及时升级，就会受到攻击。

4）密码丢失。路由器为安全起见，在进入用户模式和管理模式这两个模式时均需要设置密码。被黑客恶意修改密码后。路由器提供了密码恢复方法。路由器除了两个基本访问模式（用户模式和管理模式）外，还有一种 RXBOOT 模式，在这个模式下可以很方便地恢复路由器密码。当然只有计算机通过 CONSOLE 口建立超级终端连接后进入。另一种是用 RE-SET 键，多次复位即可。

5）配置文件丢失。路由器启动时首先是系统硬件加电自检，运行 ROM 中的硬件检测程序，检测各组件能否正常工作；完成硬件检测后运行 ROM 中的 BootStart 引导程序，寻找并载入 IOS 系统文件。IOS 装载完毕后，系统先在 NVRAM 中搜索保存的 Startup-Config 文件，调入 RAM 中逐条选择。随后依据配置文件中的命令进行端口地址设置、路由处理等工作。如果不能成功引导 Startup-Config 文件，系统则进入 Setup 模式，以人机对话方式进行路由器的初始配置。然后连接到路由器，通过 TFTP 方式将计算机上的备份配置复制到 NVRAM 上。所以我们每次修改过路由器的配置后都要做好备份工作。

6）配置错误。可能是路由协议配置错误、IP 地址和掩码错误、ACL（访问控制列表）错误、修改配置后没有保存等。

7）外部因素。主要是指除路由器之外的因素导致疑似路由器故障。如客户端计算机的网卡故障、线缆接头不正确、线缆串扰等原因可能会发生数据碰撞、网络流量增大、路由器负载增加、网络变慢甚至瘫痪等。解决方法是先排查外部因素后再排查路由器。

（2）路由器故障的一般排障步骤。

1）先排查路由器之外的故障，并检查路由器的外部表象，可有效地辨别硬件故障所在，如是否有客户端计算机的故障，是否有外部线路上的故障，是否下连的交换机有故障，是否有接头上的故障，电源模块、端口模块等插槽的 LED 指示灯是否有故障指示，风扇是否旋转，端口的连接是否正确等。

2）检查系统和启动日志。

3）检查配置文件。

4）检查配置内容。这是路由器故障检查的重中之重，因为路由器的各种功能的实现都是由配置文件中一条一条的命令来实现的。比如：端口地址的配置、路由协议的配置、ACL 的配置、日志的配置、QoS 的配置、RMON 的配置、NAT 地址转换、端口的开关等，如果在配置中出现语法错误的语句，路由器会在初始化时显示错误提示，在 CLI（Command Line Interface 命令行端口）中配置时，也有错误提示，并都会记录在系统日志中。在配置过程中，因为有的语句必须放在某些语句的后面，所以要注意某些语句的顺序，同时还要注意注释语句的使用。

5）检查硬件。在 1）~4）步骤中确定了某一方面的故障后，如果发现是硬件故障，则需要拆机更换硬件部件。不过这一过程一般不需要亲自动手，往往是由供应商或厂商的工程师来实施的。

当然遇到自己无能为力的故障时，除了凭借自己的经验、产品说明书、厂商网站以外，要迅速地想到产品供应商，并与之联系，有助于快速解决问题。如果时间拖得越长，就会超出产品包修、包换的期限。

2．路由器故障排除案例

（1）故障现象：病毒引起路由器过载。使用一台 EnterasysSSR8000 作为边界路由器，同时也用它把校园内部划分为 8 个虚网，每个虚网各有一个堆叠的二层交换机作为台式机和笔记本电脑的接入设备，主干为千兆，百兆到桌面。

一天，系统为 Windows XP 的计算机上网。这个同事的主机所在的虚网和网络中心不在同一个虚网中。同事介绍说 5 分钟前还是好的（能够上网），现在不知道为什么就不能上网了。而且他的计算机（安装的）最近没有安装什么新的程序，没有移动过计算机，也没有拔过网线。

故障分析：首先，排查网络客户端的错误配置。进入 MSDOS 方式使用 IPCONFIG 命令检查主机的 IP 地址配置：

C：>ipconfig

Windows IP Configuration

Ethernet adapter 本地连接：

Connection—specific DNS Suffix. ：

IPAddress. . . …. . …. . ：210. 16. 2. 30

Subnet Mask…. . . . . . . ：255. 255. 255. 0

Default Gateway. . . . . ：210. 16. 2. 1

上面显示的配置是正确的，然后 ping 自己的 IP 地址：

C：>ping 210. 16. 2. 30

Reply from 210. 16. 2. 30：bytes = 32 time<lms TTL = 128

Reply from 210. 16. 2. 30：bytes = 32 time<lms TTL = 128

这说明 IP 地址是生效的，网卡工作正常。

再使用 ping 命令，测试从本机到网关的连接情况：

C：>ping 210. 16. 2. 1

Reply from 210. 16. 2. 1：bytes = 32 time<1ms TI′L = 128

Reply from 210. 16. 2. 1：bytes = 32 time<1ms TTL = 128

从主机向网关发送的数据包，全部都得到了回应，线路是连通的。打开浏览器，也能够正常上网。过 15 分钟后发现网络不通。

配置好 IP 地址后 ping 网关，也出现时断时续的情况。这基本可以排除是主机问题，也能排除连接线缆的故障，因为线缆故障不可能出现这种时断时续的情况，故障最有可能出在线缆的另一端——二层交换机上。于是来到这栋楼的设备间，查看交换机的状态，这是一个由两台交换机进行的堆叠，其中一台交换机上有一个上连的千兆端口。把笔记本电脑接到交换机的其中一个端口上，再 ping 网关。还是同样的故障，而且还发现每过 4~10 分钟，网络就会断一次，并且 40~50 秒后又恢复正常。经过观察发现：没有发现端口指示灯的异常情况，说明交换机的各个端口均正常。难道真是交换机的内部系统出现故障了？索性把交换机重启一下。重启后，故障依旧。可能交换机真的出了问题，正想是否要把堆叠模块换到另外一个交换机上的时候，手机响了，又一个同事告诉他的计算机也出现相同的故障现象。而这个同事的主机在另外一个虚网中。

第三检查路由器发现外部指示灯没有异常。在网管机上 Ping 路由器的地址（网管机是直接连在路由器的百兆模块上的），也是时断时续。

通过用超级终端命令"system show syslog buffer"发现许多来自 210. 16. 3. 82 的信息。很明显，"210. 16. 3. 82"这台在使用 ICMP 协议向其他主机发起攻击。据此判断，这台主机要么是中毒，要么是被黑客利用了。

　　根据该病毒的传播机理，立刻在路由器上设置访问控制列表（ACL），以阻塞 UDP 协议的 69 端口（用于文件下载）、TCP 的端口 135（微软的 DCOM RPC 端口）和 ICMP 协议（用于发现活动主机）。具体的 ACL 配置如下：

　　！…block ICMP

　　acl deny—virus deny icrnp any any

　　！…block TCP/IP

　　acl deny—virus deny udp any any any 69

　　1…block W32. Blaster related protocols

　　acl deny—virus deny tcp any any any l35

　　acl deny·virus permit tcp any any any any

　　a61 deny。virus permit udp any any any any

　　最后再把 deny. virus 这个 ACL 应用到上连端口（uplink）上：

　　acl deny—virus apply interface uplink input output

　　这样就可以把病毒从网络的出口处堵截住。等待一段时间后，没有出现重启现象，网络运行正常。

　　（2）故障现象：IOS 丢失。

　　故障分析：首先用路由器的专用 CONSOLE 线缆把笔记本电脑的 COM 端口和路由器的 CONSOLE 端口连接起来，在笔记本电脑上启用超级终端与路由器建立连接。接通路由器的电源后，便可以在超级终端上看到如下的加载信息：

　　Processor：R5000rev2. 1［0x2321］，198MHz，（bus：66MHz），64 MB DRAM

　　I-Cache 32KB，Linesize 32. D-Cache 32 KB，linesize 32

　　L2-Cache 512 KB，linesize 32，cache enable

　　　Mounting 8MB Linear external flash card. . . Done

　　Initializing system　　　　Failure

　　Autoboot in 2 seconds-press ESC to about and enter prom.

　　最后一句表明，系统初始化失败。在看到 "Autoboot in 2 seconds-press ESC to about and enter prom. " 后，随即按下 Esc 键，进入启动模式。

　　将笔记本电脑的 IP 地址和路由器以太网管理端口的地址设置为同一个子网。比如：把笔记本电脑 IP 设置为 10. 10. 10. 2，掩码为 255. 255. 255. 0。并且用交叉线把计算机的网卡和 SSR 的 en0 相连。在笔记本电脑上安装 TFTP 服务软件，用于打开 69 端口进行数据通信，然后把路由器的 ISO 系统映像文件放在 TFTP 的默认路径下。

　　设置路由器上 en0 的 IP 地址为 10. 10. 10. 1，掩码为 255. 255. 255. 0（在启动模式下设置）。

　　SSR-BOOT>setnetaddr l0. 10. 10. 1　　　　　（设置路由器的 IP 地址）

　　SSR-BOOT>set bootaddr l0. 10. 10. 2　　　　　（设置启动的 TFTP 服务器的地址）

　　SSR-BOOT>set netmask 255. 255. 255. 0　　　（设置子网掩码）

　　设置完毕后，使用 ping 命令测试路由器和笔记本电脑的连通性。如果能够正确连通，则使用以下命令：

　　SSR-BOOT>boot ssrimage（"ssrimage" 就是放在 TFTP 服务器根目录下的映像文件名）

　　SSR-BOOT>reboot（使路由器重启）

路由器启动完后，进入管理模式，把系统映像文件复制到 Flash 卡上。这个命令的格式是这样的：

System image add<TFTP 主机的 IP 地址><TFTP 根目录下的系统映像文件名>

例如：

SSR#systemimage add l0. 10. 10. 2 ssr8305

Downloading image 'ssr8305' from host '10. 10. 10. 2'（正在下载）

To local image ssr8305（takes about 3 minutes）

Kernel：100%

Image checksum validated.（检查映像文件）

Image added.（下载成功）

"10. 10. 10. 2"是计算机的 IP 地址，"ssr3200"是存放在 SERVER 根目录下的系统映像文件名。在"kernel："之后会出现进度指示：从 0%一直变化到 100%。下载完毕后，进行自动校验判断是否正确。

输入 system image list 来查看 PCMCIA Flash 卡上的系统印象文件列表，如果 PCMCIA 卡的容量大的话，可以存放两个系统映像。然后使用 system image choose 命令来选择哪个系统映像作为 SSR 下次启动时的系统。

例如：

SSR#system image list

Images currently available：

Ssr8304

Ssr8305

SSR#system image choose ssr8305

Making image ssr8305 the active image for next reboot

这个操作还需要激活，新的系统映像要在下次重启之后才会被使用。选择该系统映像后，下次用 system image list 显示系统映像文件列表时，则会在此文件后显示"selected for next boot"当路由器启动时，在超级终端上如果看到下面的信息就表明 IOS 加载成功了：

using link：bootsource

link pointed at file：/pc-flash/booffxp9050/

source：file：/pc-flash/booffxp9050/

Loading version file

Loading kernel（base ox8000 1000, size 50592）

（base 0x8000d5a0. size 3995697）

100%-Image checksum validated

（3）故障现象：启动配置文件丢失。

故障分析：路由器启动时，如果 IOS 加载成功，但对路由器的各个模块、各个端口不能初始化，则说明没能在 NVRAM 上成功地找到启动配置文件。启动配置文件丢失后，路由器可以正常启动，但是不能对路由器的各个模块进行具体配置。启动配置文件的重新下载是通过 TFTP 进行的。

和 IOS 丢失的处理方法一样建立笔记本电脑和路由器之间的连接，并在笔记本电脑上启动 TFTP 服务。登录路由器，进入管理模式后，先设置 en0 端口的 IP 地址。

SSR（config）#interface add ip en0 address—netmask 10. 10. 10. 1/255. 255. 255. 0

"Interface add ip" 这个命令是为现有的端口配置第 2 个地址，因为 en0 这个管理端口是系统默认已经建好的回环端口。

此处的 "en0" 表示的网络端口就是控制模块的 "10/100M Mgmt" 以太网管理端口，在配置模式下，使用 "COPY" 命令复制配置文件。

SSR#copy tft—server to startup（在管理模式下）

TFTP server? 10. 10. 10. 2（输入 TFrP 服务器的地址）

Source filename? SSR-20030327（输入保存在 TFTP 服务器根目录下配置文件的文件名）

Are you sure you want to overwrite the Startup configuration [n]？ Y

%TFTP-I-XFERRATE. Received l 7263 bytes in 0. 0 seconds

%CONFIG. W. STARTNOTACT, Warning—startup configuration commands are not active, use′

copy startup to active′ to make them active.

（系统提示：如果要把配置文件激活，请使用命令 "copy startup to active"，也可以重启路由器）

SSR#copy startup to active

（系统正在删除当前的活动配置，完毕后将重新加载恢复的配置文件）

把 TFTP 服务器上的配置文件复制到 SSR 上，除了使用 "copy tftp-server to startup" 命令之外，还可以使用 "copy trip server to active" 命令把配置文件复制到 SSR 的内存中。系统立即删除原来内存中的活动配置，并加载新的配置。例如：

SSR#copy trip server to active

TFTP server? 10. 10. 10. 1

Source filename? ssr-20030327

Are you sure you want to erase the active configuration [n]？ Y

%TPTP-1-XFERRATE, Received 17263 bytes in 0. 0 seconds

（系统正在删除当前的活动配置，完毕后将重新加载新的配置）

最后使用 "copy active to startup" 把活动配置文件复制到启动配置文件，这样才能在下次启动时，载入恢复的启动配置文件。

三、网络设备故障案例

1. 网卡故障二例

网卡在网络系统里面虽小，可缺了它还真不行。网络出故障，网卡也会首当其冲。

（1）故障现象：单位办公室操作系统为 Windows ME 的一台微机不能上网。

故障分析：一般的网络故障表现为要么系统找不到网卡，要么系统协议配置失效。

首先进入 MS—DOS 方式，使用 ipconfig 命令，查看网卡配置，发现 IP 地址、子网掩码、网关均正确，自己的 IP 与网关、DNS 服务器和 Web 服务器均能够 Ping 通。打开 IE，输入本单位的主 Web 服务器的域名地址后，在 IE 状态栏中显示 "Web 地址已经找到"，接着 "正在打开网页"，然后是长时间的等待，最后显示 "该页无法显示"。

既然 Web 地址已经找到，说明 DNS 解析没有问题。为了确保没有问题，再回到 DOS 状态，使用 ipconfig/all 查看 DNS、WINS 均无问题。在 IE 中输入主 Web 服务器的 IP 地址，也出现相同的错误提示。

检查 IE 的配置，是否设置代理服务器、可信站点等，均无问题。并且该机没有安装任何网络防火墙。又试着使用 FTP，当出现 FTP 服务器的欢迎词后，停顿很久，最后报告没有连接上。这可能是连接延迟问题，回到 DOS 中，再 ping 网关发现数据包丢失率为 14%。就此判断是硬件问题，可能是网卡、双绞线、交换机之间的哪个部分出了问题，为了更快地解决问题，用一台笔记本电脑接上从台式机上拔下的双绞线，结果一切正常。到此，问题很明了，肯定是网卡出现问题。

网卡没有完全失去功能，但是数据包的丢失导致网络连接延迟，并无法完成连接。

拿来螺丝刀，拆下机箱，把网卡重插一遍，重启计算机，一切正常。至此，故障排除。

（2）故障现象：网速太慢。

故障分析：某公司采用光纤宽带的上网方式，通过 100Mbit/s 交换机到办公楼的网络结构，桌面端口可以达到 100Mbit/s 带宽，速度很快。最近到配置了一台无网卡计算机，后从市场买了一块普通的 10/100Mbit/s 自适应网卡，安装后，Windows 2012 顺利识别出了这块网卡，并安装了自带的驱动程序。接下来开始网络的设定工作。首先在 Windows 2012 的网络配置中将 IP 地址、网关、DNS 按照要求设置重启后网络可以连接成功，但速度却非常慢，连一个网页都无法正常打开，经常是传输一半就报告传输错误，终止传输了。ping 一下 DNS 服务器，发现丢包非常严重。笔记本电脑无法依照规定设置网络配置，重启后访问网络，一切正常，下载速度可以达到 80kbit/s 以上。这样看来，问题一定是出在计算机本身了。网络可以连通，说明协议设置应当没有问题。将网卡更换一个 PCI 插槽，问题没有得到解决。

打开了网卡的设置界面，发现网卡速率的默认设定是 10/100Mbit/s 自适应状态。手工将网卡设定在 10Mbit/s 状态，重新启动后，访问网络一切正常了，访问速度远远快于一般的拨号速度。但由于限定在 10Mbit/s 状态，所以与 100Mbit/s 还是有相当大的差距的。

至此，这次网络故障的原因终于查明，原来是网卡的质量不好，无法适应 100Mbit/s 线路，造成数据丢包现象严重，导致速度缓慢。

2. 查看路由器端口状态解决故障

做网络工程可能会经常遇到种种关于路由器的问题，但是通常路由器除了看配置外，更常用的办法是通过路由器端口状态看网络故障。

看路由器的状态，最主要的是看路由器的 serial 状态和 portocol 状态。当我们在路由器的特权模式下输入#show interface interface. number 后，出现如下状态：

（1）Serial interface—number is down. 1ine protocol is down

可能出现的问题：路由器未加电；LINE 未与 CSU/DSU 连接；硬件错误。

解决方法：检查电源；确认所用电缆及串口是否正确；换到别的串口上。

（2）Serial inface—number is up, line protocol is down（DTE）

可能出现的问题：本地或远程路由器配置丢失；远程路由器未加电；线路故障，开关故障；串口的发送时钟在 CSU/DSU 上未设置；CSU/DSU 故障；本地或远程路由器硬件故障。

解决方法：将 Modem、CSU 或 DSU 设置为 "LOOPBACK" 状态，用 "SHOW INT Serial interface—number" 命令确认 LINE PROTOCOL 是否 UP，如果 UP，证明是电信局故障或远程路由器已经 SHUTDOWN；检查电缆所连接的串口是否正确，用 "SHOW CONTROLLERS" 确认哪根电缆连接哪个串口；输入 "DEBUG SERIAL INTERFACE"，如果 LINE PROTOCOL

还没有 COME UP，或输入的命令显示激活的端口数没有增加，证明路由器硬件错误，更换路由器端口；如果 LINEPROTOCOLuP，并且激活的端口数增加，证明故障不在本地的路由器上，更换路由器端口。

（3）Serial interface—number is up, line protocol is down（DCE）

可能出现的问题：路由器端口配置中的 CLOCKRATE 丢失；DTE 设备未启动；远程的 CSU/DSU 有故障；电缆连接错误或有故障；路由器硬件错误。

解决方法：将 CLOCKRATE 加到路由器端口配置中；将 DTE 设备设置为 SCTE 模式；确认所用电缆是否正确；如果 LINE PROTOCOL 仍然 DOWN，请更换路由器端口。

3. 奇怪的级联故障

故障现象：联想万全服务器，操作系统是 Windows NT。使用两台 24 口的交换机。工作站为 36 台联想开天 4600 计算机，操作系统是 Windows 98。设定所有计算机在一个工作组中，且没有设网关。刚开始时，有几台计算机只能看到局域网中部分计算机，而不能看到服务器。

故障分析：重启计算机后，机架下面的第二台交换机的灯从 5～12 端口均不再正常有规律地闪烁，而是偶尔亮一下。而 5～12 端口所对应的计算机只能看到自己，其网卡灯一直亮着但不再闪烁（即没有收发数据包）。另外 6 台计算机（不接在 5～12 端口）也不能访问服务器。网中剩下的计算机能访问服务器，但只能看到局域网中部分计算机，且 Ping 不通，而服务器本身也只能看到局域网中的部分计算机。

交换机中除 5～12 端口以外的灯闪烁正常，说明对应计算机的网卡和线路正常。而交换机中 5～12 端口连接的计算机同时出问题，可见 8 台计算机的网卡同时出问题的可能性很小。如果是第二台交换机的 5～12 端口的端口坏了，那其他端口对应连接的计算机就应该能访问服务器，可是为什么另外 6 台不能访问服务器呢？如果是服务器的网线有问题，为什么还有部分计算机能访问服务器？

首先更换服务器的网线，问题依旧。又将原来插入第二台交换机上 5412 端口的网线接到第一台交换机上，情况有所好转，这几台计算机能访问服务器了，但和其他计算机一样，只能看到局域网中几台计算机，且网速明显下降。这说明问题仍出在交换机上。终于想到了是不是交换机的级联出了问题？要不怎么组内计算机互相不通呢？

出现故障前用的是第一台交换机的级联，现在立刻换成用第二台交换机的级联相连接，刷新服务器后网速恢复很快，且局域网中所有计算机均出现了。又把原来接在第二台交换机 5～12 端口的网线从第一台交换机上取回来接回第二台的 5～12 端口，交换机上 5～12 端口的灯闪烁正常了，局域网内的计算机均能访问所有计算机。至此，故障解决。

4. 优化老龄的 ADSL

故障现象：使用 ADSL 已经有半年的时间了，一直都很正常，可最近却出现了一些奇怪的现象，白天基本上不出现掉线的情况，但线路灯常亮，可浏览网页、下载。可到了晚上 5 点后，线路灯每隔 2 分钟左右闪烁一次，闪烁时不能浏览，更不能下载。联系电信的 ADSL 服务部，对线路及 ADSL Modem 等设备进行检查，结果一切正常。

故障分析：根据资料解释，ADSL 信号灯闪烁说明电话线路有干扰（ADSL 使用电话线作为承载体），而电话线前端接有分机，计算机离 ADSL 服务器端过远等都会对 ADSL 的线路产生影响。白天基本正常，晚上就有问题，可能是附近晚上有无线电干扰，比如电视台、工厂、无线电发射塔和手机等，由于它们的干扰磁场，都会对 ADSL 的信号传输产生影响。对问题分析后，可以完全排除软件、系统的问题。主要是硬件线路方面和 ADSL Modem 自身的一些问题。

1）首先对线路进行改造，去掉 ADSL 前端的电话，把电话接到 ADSL Modem 上（一般有 Line out 端口）。为防止无线电干扰找来一个可以充当"屏罩"的金属物体，套在 Modem 上。连接上网，确实得到改善，基本上没有掉线的情况发生，信号灯的闪烁情况也没有发生了。

几天以后电信部门更换了一个阿尔卡特的 ADSL Modem，不但一切问题解决而且上网速度比以前提高了很多。以前发生的情况可能主要是和那个老 Modem 有关，在使用一段时间后 Modem 内部零件老化，抗干扰相对性下降，才会出现上述故障情况。

2）PCI 插槽引起的网络故障。学院要将机房的原 10Mbit/s 局域网升级为 100Mbit/s 局域网，于是买来 10/100Mbit/s 自适应集线器、5 类双绞线和 RTL8139 的 PCI 10/100Mbit/s 自适应网卡，将机房里的集线器、双绞线和网卡全部替换后，打开所有计算机，发现有一台计算机在"网络邻居"中能看到自己，却看不到别人，ping 显示网络不通。

由于该工作站的故障为在"网络邻居"中能看到自己，却看不到别人，而其他工作站正常，可断定故障出在该工作站上。开始怀疑是网线有问题，与其他工作站的网线互换后，故障依旧。接着怀疑网卡是不是有问题，于是又从登录正常的客户机上卸下网卡，与这台计算机上的网卡互换，可故障如故。于是又删除不必要的网络协议，只留 Microsoft 网络用户、网卡适配器、TCP/IP 协议和 Microsoft 网络上的文件与打印机共享，重新启动后在"网络邻居"中还是只能看到自己，看不到别人。那么问题究竟出在哪里呢？是不是主板的 PCI 插槽有故障？将网卡换了一个 PCI 插槽，重新启动计算机后，Ping 后一切正常，大功告成。

任务 4　Windows Server 网络故障及其解决方法

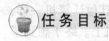

任务目标

掌握 Windows Server 网络故障及其解决方法。

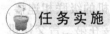

任务实施

学生按照项目化方式分组学习实践，教师做好相关的指导和辅导工作，并在整个项目实施过程中认真关注、及时给出意见和建议，随时注意学生的网络故障诊断能力以及组织协调能力的培养。

知识链接

在基于 Windows 2012 服务器平台的网络中，通过安装 Windows 网络服务组件、相关协议及第三方工具软件并对它们进行正确设置，把该服务器配置成诸如 Web 服务器、FTP 服务器、DNS 服务器、DHCP 服务器和 WINS 服务器等各种功能的服务器，以便为网络中的客户机提供相应的服务。在构建和管理这些服务器的过程中常常会遇到各种各样的故障现象，本节将介绍针对网络服务故障的诊断方法和排障步骤。

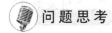 问题思考

如何诊断 Windows Server 网络故障及提出解决方法？

【项目实训 7】　Windows Server 网络故障

1. 实训目的

掌握 Windows Server 网络故障及其解决方法。

2. 实训器材

安装有 Windows Server 的计算机。

3. 实训要求

能诊断 Windows Server 网络故障及提出解决方法。

4. 知识背景

网络操作系统（NOS）是指向网络计算机提供服务的特殊操作系统。它在计算机操作系统下工作，使计算机操作系统增加了网络操作所需要的能力。在企业中有许多计算机，而计算机是裸机，必须在安装网络操作系统后，才能联网工作。

5. 实训步骤

一、Windows Server 网络服务故障

1. Web 服务器故障问题

（1）Web 服务器没有响应。

1）检查网络连接是否启用。右击桌面上"网上邻居"图标，选择"属性"命令后打开"网络连接"窗口。在网络连接状态列表中检查用于 Web 服务器访问的连接是否为"已连接"。

2）检查 Services 是否正在运行。打开"Windows 任务"对话框，选中"进程"选项卡，在进程列表中检查是否有 Services 映像名称存在。

3）重启 IIS 服务。选择 IIS 管理命令，进入 IIS 控制台，在左窗格单击服务器名称，选择"所有任务"选项，选择"重新启动 IIS"命令，并在"停止/启动/重启动"对话框中单击"确定"按钮。

4）检查启动类型是否设置为"自动"。重新启动后，右击桌面上"我的电脑"图标，选择"管理"命令后打开"计算机管理"控制台窗口，展开"服务和应用程序"目录，选中"服务"选项。在右窗格的服务列表中找到"World Wide Web Publishing Service"选项，检查其"启动类型"是否显示为"自动"，以及"状态"列表中是否显示为"已启动"。

（2）Web 服务器可以访问，但 Web 服务器的内容无法访问。

1）检查 Web 服务器上的身份验证和加密级别。

选择"开始"｜"管理工具"｜"Internet 信息服务（IIS）管理器"命令，打开"Internet 信息服务（IIS）管理器"控制台窗口。在左窗格中依次展开 IIS 服务器和网站文件夹，右击相关的 Web 站点名称，选择"属性"命令，打开"WebSite 属性"对话框。选择"目录安全性"选项卡，单击"身份验证和访问控制"区域的"编辑"按钮。在打开的"身份验证方法"对话框中确认是否在服务器上设置了正确的身份验证和加密设置。

2）检查 Web 共享权限。选择"属性"命令，打开"MySite 属性"对话框。选择"主目

录"选项卡,确认是否设置了适当的客户机访问权限,如"读取"、"写入"、"目录浏览"及"选择"权限项目中的"只是脚本"和"脚本和可选择文件"权限。

3)检查 NTFS 文件系统的权限。在"Intemet 信息服务(IIS)管理器"左窗格中依次展开 IIS 服务器和网站文件夹,右击相关的 Web 站点名称,选择"权限"命令,打开站点所在的文件夹属性对话框。检查用户是否有正确的权限。Web 权限和 NTFS 权限之间是有差别的,Web 权限应用于所有访问 Web 站点的用户,而 NTFS 权限仅应用于具有有效 Windows 账户的特定用户或用户组。

4)确认未将 IP 地址和域名设为"拒绝访问"。在"Intemet 信息服务(IIS)管理器"左窗格中依次展开 IIS 服务器和网站文件夹,右击相关的 Web 站点名称,选择"属性"命令,打开"WebSite 属性"对话框。选中"目录安全性"选项卡,单击"IP 地址和域名限制"区域的"编辑"按钮,在打开的"IP 地址和域名限制"对话框中确认"默认情况下,所有计算机都将被:"未被设置为"拒绝访问"。

5)检查根文件夹和所有文件是否存在,且完好无损。在 Web 站点右窗口中确认 Web 站点文件夹完好无损,并包含 Web 站点的所有必要的 .htm 文件。如确认其中是否列出了默认文档(通常情况下为 Index. htm 或 Default. htm)。

(3)Web 服务器上无法使用 FTP。

1)检查是否安装了 FTP 服务器服务。选择"开始"|"控制面板"|"添加或删除程序"命令,单击左窗格的"添加/删除 Windows 组件"按钮,在打开的"Windows 组件向导"对话框中双击"组件"列表中的"应用程序服务器"选项。然后双击"Internet 信息服务(IIS)"选项,确认"Internet 信息服务(IIS)"对话框中选中了"文件传输协议(FTP)服务"复选框。

2)检查 FTP 权限。选择"开始"|"管理工具"|"Internet 信息服务(IIS)管理器"命令,在左窗格中依次展开 IIS 服务器和 FTP 站点文件夹,右击"FTP"站点,选择"属性"命令,打开"FTP 站点属性"对话框。单击"主目录"选项卡,检查 FTP 文件夹访问权限,如"读取"、"写入"和"记录访问"。

3)检查是否启动了默认的 FTP 发布服务。检查"FTP"站点是否已经启动。如果没有启动,单击"启动"命令,并确认是否启动了默认的 FTP 发布服务。在桌面上右击"我的电脑",选择"管理"命令,打开"计算机管理"窗口,在左窗格中展开"服务序"目录,单击"服务"选项。在右窗格的"服务"列表中找到"FTP Publishing"选项,检查其状态是否为"已启动"。

(4)Web 服务器无法收发电子邮件。

1)检查是否安装了 SMTP 服务。选择"开始"|"控制面板"双击"添加或删除程序"图标,单击左窗格的"添加/删除 Windows 组件"按钮,在打开的"Windows 组件向导"对话框中双击"组件"列表中的"应用程序服务器"选项。双击"Internet 信息服务(IIS)"选项,确认是否在"Internet 信息服务(IIS)"对话框中选中了"SMTP Services"复选框。如果尚未选中该复选框,则选中并单击"确定"按钮。

2)检查是否启动了 SMTP 服务。在桌面上右击"我的电脑"图标,选择"管理"命令。在左窗格中展开"服务和应用程序"目录,然后单击选中"服务"选项。在右窗格的"服务"列表中找到"Simple Mail Transfer Protocol(SMTP)"选项,检查其状态是否为

"已启动"。

3）检查默认 SMTP 虚拟服务器或所创建的任何 SMTP 虚拟服务器是否已启动。在"Internet 信息服务（IIS）管理器"窗口中，右击默认 SMTP 虚拟服务器或所创的 SMTP 虚拟服务器，确定其是否已启动。如果还没有，单击"启动"。

2. DNS 服务器故障问题

（1）忘记增加序列号。

在未使用 DNS 控制台面用手动方式更改文件时，就会出现问题。使用 DNS 控制台更改区域数据时都会记着在 SOA 记录中增加序列号，所以不必为此操心。不过这也意味着可能不会养成更新序列号的习惯，所以在手动修改时，可能会忘增加序列号。使用 nslookup 来比较主服务器和从属服务器返回的数据。如果它们返回不同的数据，则表明可能忘了增加序列号。只需在 DNS 控制台用鼠标左键双击 SOA 记录并手动编辑序列号子段，增加主服务器，此区域的副本中的序列号即可。

（2）创建多个域名。

某公司局域网的服务器基于 Windows Server 2012，并搭建了 DNS 服务器。现在准备建立若干域名，使它们分别应用在 HTTP 浏览、FTP 登录、论坛访问和 E-mail 收发等方面。如何在 DNS 服务器中实现这一设想呢？

严格意义上这并不算是故障，而是 DNS 服务器的一种基本功能，只因其应用的广泛性而在这里提及。其实实现这一设想的实质就是提供域名和 IP 地址的映射工作，而该域名究竟用来做什么，并不是由 DNS 服务器决定的，而由其对应的 IP 地址所绑定的相关服务器（HTTP、FTP 或 E-mail 等）来决定。

具体解决方法介绍如下：

1）选择"开始"｜"管理工具"｜"DNS"命令，打开 DNS 控制台窗口。右击左窗格中的"正向查找区域"选项，选择"新建区域"命令，打开"新建区域向导"，并单击"下一步"按钮。

2）在"区域类型"选项卡中保持默认选项"主要区域"的选中状态，单击"下一步"按钮。接着在"区域名称"选项卡中输入合适的区域名称，如"com"，依次单击"下一步"｜"完成"按钮完成设置。

3）展开并选中刚才新建的"com"区域，选择"新建域"命令打开"新建 DNS 域"对话框，输入一个合适的域名，如"lygtcies"，并单击"确定"按钮。

4）依次展开"com"区域"lygtcies"域，右击"lygtcies"域，选择"新建主机"命令，打开"新建主机"对话框。在"名称"编辑框中输入一个能反映该域名主要用途的主机名称，如"ftp"。在"IP 地址"编辑框输入 FTP 服务器绑定的 IP 地址，如"10.0.0.28"，并依次单击"添加主机"｜"确定"按钮。

5）接着在"新建主机"对话框中输入另一个主机名称，如"bbs"，在 IP 地栏中输入提供 BBS 服务的主机 IP 地址，如"10.0.0.30"，并依次单击"添加主机"｜"确定"按钮。重复这一步骤添加其他用途的主机名称。

3. DHCP 服务器故障问题

（1）客户机无法从 DHCP 服务器中获取 IP。

局域网搭建有 DHCP 服务器，为客户机自动分配 IP 地址，范围为 10.115.223.1 ～

10.115.223.50，并需要在激活的登录界面中输入用户名和密码。可是在上网高峰时，客户机无法获得 IP 地址信息，并且登录界面也无法激活。IP 地址显示为"169.254.X.X"，无法上网。

访问高峰时计算机所获得的"169.254.X.X"地址是由于无法从 DHCP 服务器获得 IP 地址（联系不上 DHCP 服务器，或者 DHCP 服务器没有 IP 地址可供分配），而由计算机自动分配的 IP 地址（APIPA）。由于 DHCP 服务器的 IP 地址池有限，当可用 IP 地址分配完毕，将不再可能获取 IP 地址，也就是说，如果没有网管员的配合，将没有合法的解决方案，此时可行的方式就是不断刷新。

可以为 DHCP 服务器的地址池添加足够的 IP 地址来解决此问题。选择"开始"｜"管理工具"｜"DHCP"命令，打开"DHCP"控制台窗口。在左窗格目录树中展开服务器，右击"作用域 IP"，选择"属性"命令，打开"作用域 DHCP 属性"对话框，在"结束 IP 地址"编辑框中输入"10.115.223.100"，扩大地址范围。

（2）找不到 DHCP 服务器。

某公司的内部网基于 Windows Server 2012 的域管理模式，并使用 DHCP 服务器为客户端自动分配 IP 地址。最近由于网络升级新搭建了一台 DHCP 服务器，并停用了原来的 DHCP 服务器。可是在启动 DHCP 服务的时候出现"找不到 DHCP 服务器"的错误提示。

在 Windows NT 中，DHCP 服务器的架设并不需要授权。也就是说，如果在网络中架设了另外一台不同的 DHCP 服务器，它的 DHCP 服务也会起作用，这样显然不利于网络安全。

而 Windows 2012 则改进了这方面的功能，一台服务器即使启动了 DHCP 服务，如果得不到活动目录服务器的认证，DHCP 服务也不能启动，并且会出现"找不到 DHCP 服务器"的错误提示。

具体解决方法介绍如下：

1）以管理员身份登录准备授权的 DHCP 服务器，选择"开始"｜"管理工具"｜"DHCP"命令，打开"DHCP"控制台窗口。

2）在控制台窗口左窗格中用右击根节点 DHCP，在弹出的快捷菜单中选择"管理授权的服务器"命令，打开"管理授权的服务器"对话框。

3）在"管理授权的服务器"对话框中单击"授权（A）"按钮，在打开的"授权 DHCP 服务器"对话框中输入已经安装活动目录的服务器名或 IP 地址，并依次单击"确定"按钮。

4）如果 DHCP 服务器和 AD 服务器工作正常，并且网络连接没有问题，则会提示授权成功。如果网络有故障，或者输错了计算机名或 IP 地址，就会出现 DHCP 对话框，提示"DHCP 服务无法访问 Windows Active Directory"。检查 Active Direclory 服务器和网络连接重新授权。

5）通过授权以后，DHCP 服务即可生效。然后重新设置 IP 地址池和子网掩码等选项，DHCP 服务开始正常工作。

4. WINS 服务器故障问题

Web 服务器正在运行，并且启用了网络和 Internet 连接，但 Web 服务器无法访问。

（1）检查是否安装了 WINS 服务器。在"控制面板"双击"添加或删除程序"图标，打开"添加或删除程序"窗口。单击左窗格的"添加/删除 Windows 组件"按钮，在打开的

"Windows 组件向导"对话框中双击"组件"列表中的"网络服务"选项。在打开的"网络服务"对话框中确认选中了"Windows Internet 名称服务（WINS）"复选框并进行配置。

（2）检查是否安装了 DNS 服务器。在打开的"网络服务"对话框中确认已经选中了"域名系统（DNS）"选项，并且 DNS 服务器（一个或多个）已经连接并在网络中工作。

（3）测试网络连接。使用 Web 浏览器（如 Internet Explorer）从不同的客户机和位置测试网络连接，可以由此确定问题是出自某个网段位置，还是出自 Internet 连接，或出自某台无法访问服务器的特定客户机。

二、Windows Server 域相关故障

Windows 域相关故障的排错一般采用 Windows 自带或第三方提供的相关工具软件。

1. TCP/IP 排错工具

（1）ping 命令。

ping 命令的功能与含义如表 5-5 所示。

表 5-5　　　　　　　　　　　　ping 命令功能与含义

操　作	正常工作	不正常工作
查看：设备管理器/网卡	网卡及其驱动没问题，已经正常工作了	考虑网卡的物理完好，及驱动是否正确，一般为后者。早期的非 PCI 网卡还可能是由于中断 IRQ 设置不当引起的
ping 127.0.0.1	说明 TCP/IP 协议没问题	需要重新安装 TCP/IP 协议，此故障极少见
ping 自己的 IP	说明本机所配 IP 正确，没有问题	IP 地址冲突。利用事件查看器查找冲突网卡的 MAC 地址，或 ping 某个 IP 获取冲突计算机的名字
ping 自己的默认网关	到默认网关的物理线路没问题	首先查看网卡灯是否正常（一般：一灯亮一灯闪）。不正常说明本机到下一设备（HUB/交换机，路由）这段线路有问题或设备未加电、有故障、需重启等
ping 另一网段远程主机 IP	路由设备、外连线路没问题	检查路由器设置、外连线路，也可能是目标主机的问题，可先 Ping 一下另一台远程主机
ping 远程主机的域名	说明本机所配 DNS 没问题	检查本机 DNS 配置，检查 DNS 服务器

（2）Ipconfig。

也可用于 DHCP 租约的刷新和释放，及类标识的设置和查看。用于 DNS 的命令有以下几个参数可以使用。

/flushdns　　　　　清除本机 DNS 缓存。

/displaydns　　　　显示本机 DNS 缓存，包括名字、IP 等。

/registerdns　　向 DNS 服务器立即注册本机名称和 IP 地址。

（3）Telnet。

用户可利用 Telnet 协议连接到远程计算机。一旦连上后，用户就可以远程计算机（被称作 Telnet 服务器）上使用基于字符的应用程序，就好像直接登录到远程计算机，在它的命令提示符方式下工作一样。可以使用"Ctrl+"组合键切换到 Telnet 客户端配置，进行一些设置，若再回到目标机，使用"Esc+Enter"组合键切换。

例如：设目标机（Telnet 服务器）IP 为 10.1.1.1，在本机上，选择"开始""运行"命令，输入 cmd，输入 Telnet 10.1.1.1 后出现如下信息：

欢迎使用 Microsoft Telnet Client

Escape 字符是"CTRL+]"

您将要把您的密码信息关到 Internet 区内的一台远程计算机上。这可能不安全。您还要
发送吗（y/n）：

（输入 Y，按回车键。将出现如下欢迎界面。）

欢迎使用 Microsoft Telnet 服务器

欢迎使用 Microsoft Telnet 服务

（4）Nslookup。

用于 DNS 的检查和排错，也可使用命令式或交互式。现结合加计算机到域问题，主要
讲解交互式的使用。加入 AD 域的计算机必须满足下列 3 个 DNS 要求：

1）计算机必须配置了首选 DNS 服务器的 IP 地址。

2）-ldap. -tcp. dc-_ msdcs-DNS DomainName 这条 SRV 记录必须存在于 DNS 中。

3）上面记录所指明的 DC 在 DNS 中，必须有相应的主机（A）记录才行。

确定是否为 DNS 问题，可使用 nslookup 命令。

1）选择"开始"|"运行"命令，输入 cmd，打开命令提示符。

2）在命令提示符下输入 nslookup，然后按"Enter"键。

2. 活动目录（Active Directory）域故障解决实例

（1）客户机无法加入到域。

1）权限问题。要想把一台计算机加入到域，必须得以这台计算机上的本地管理员（默
认为 Administrator）身份登录，保证对这台计算机有管理控制权限。普通用户登录进来，
"更改"按钮为灰色，不可用。并按照提示输入一个域用户账号或域管理员账号，保证能在
域内为这台计算机创建一个计算机账号。

2）误解。"在 Windows 2012 域中，默认一个普通的域用户（Authenticated Users）即可
加 10 台计算机到域"，表示普通的域用户有能力在域中创建 10 个新的计算机账号，并不是
默认加入到域，要想把一台计算机加入到域，首先要对这台计算机拥有管理权限才行。当加
第 11 台新计算机账号时，会有出错提示，此时可在组策略中，将账号复位，或删除再新建
一个域用户账号，如 joindomain。注意：域管理员不受 10 台的限制。

3）用同一个普通域账户加计算机到域，有时没问题，有时却出现"拒绝访问"提示。
这个问题的产生是由于 AD 已有同名计算机账户，这通常是由于非正常脱离域，计算机账户
没有被自动禁用或手动删除，而普通域账户无权覆盖而产生的。解决办法有 3 个：手动在
AD 中删除该计算机账户；改用管理员账户将计算机加入到域；在最初预建账户时就指明可
加入域的用户。

4）域 XXX 不是 AD 域，或用于域的 AD 域控制器无法联系上。在 Windows 2012 域中，
客户机主要靠 DNS 来查找域控制器，获得 DC 的 IP 地址，然后开始进行网络身份验证。当
DNS 不可用时，也可以利用浏览服务，但会比较慢。而 Windows 2012 以前的老版本计算机，
不能利用 DNS 来定位 DC，只能利用浏览服务、WINS 和 Lmhosts 文件来定位 DC。所以在加
入域时，为了能找到 DC，应首先将客户机 TCP/IP 配置中所配的 DNS 服务器，指向 DC 所

用的 DNS 服务器。

在加入域时，如果输入的域名为 FQDN 格式（形如 lygtc. net. cn），必须利用 DNS 中的 SRV 记录来找到 DC，如果客户机的 DNS 指的不对，就无法加入到域，出错提示为"域 XXX 不是 AD 域，或用于域的 AD 域控制器无法联系上"。当 Windows 2012 计算机跨子网（路由）加入域时，加入域的计算机是 Windows 2012，与 DC 不在同一子网，应该用此方法。

在加入域时，如果输入的域名为 NetBIOS 格式（如 mcse），也可以利用浏览服务（广播方式）直接找到 DC，但浏览服务不是一个完善的服务，经常会不好使。而且这样虽然也可以把计算机加入到域，但在加入域和以后登录时，需要等待较长的时间，所以不推荐此种方法。

再者，由于客户机的 DNS 指的不对，使它无法利用 Windows 2012 DNS 的动态更新动能，也就是说无法在 DNS 区域中自动生成关于这台计算机的 A 记录和 PTR 记录。那么同一域另一子网的 Windows 2012 就无法利用 DNS 找到它，而这本应该是可以的。

若客户机的 DNS 配置没问题，接下来可使用 nslookup 命令确认一下客户机能否通过 DNS 查找到 DC。若能找到，则再 ping 一下 DC 看是否通。

（2）用户无法登录到域。

1）用户名、密码、域。确保输入正确的用户名和密码，注意用户名不区分大小写，密码区分大小写。看一下域登录的域是否还存在（比如子域被非正常删除了，域中唯一的 DC 未联机）。

2）DNS。客户机所配的 DNS 是否指向 DC 所用的 DNS 服务器，讨论同前。

3）计算机账号。基于安全性的考虑，管理员会将暂时不用的计算机账号禁用（如财务主管度假去了），出错提示为"无法与域连接，域控制器不可用，找不到计算机账户"，而不是直接提示"计算机账号已被禁用"。可到 AD 用户和计算机中，将计算机账号启用即可。

对于 Windows 2012，默认计算机账户密码的更换周期为 30 天。如果由于某种原因该计算机账户的密码与 LSA 机密不同步，登录时就会出现出错提示："计算机账户丢失"或"此工作站和主域间的信任关系失败"。解决办法：重设计算机账户，或将该计算机重新加入到域。

4）默认普通域用户无权在 DC 上登录。

5）跨域登录中的问题。在 Windows 2012 上登录到域的过程是这样的：域成员计算机根据本机 DNS 配置去找 DNS 服务器，DNS 根据 SRV 记录告诉它 DC 是谁，客户机联系 DC，验证后登录。

如果是跨域登录，首先查询 DNS 服务器，问 DC 是谁。如果是要登录到其他有信任关系的域，要保证 DNS 能找到对方的域。

（3）无法使用域内的共享打印机。

计算机重启或注销，再登录进来，无法使用以前安装到域内的共享网络打印机。重装后，当时可以打印，但不久问题又会出现。用户反映有时能打印有时不能打印。

其原因在于用户没有登录到域（很多用户即使计算机加入到了域，也经常习惯性地选择登录到本地机），没有域用户身份，当然无权访问域内的资源。而且关键是 Windows 系统在这里有个小毛病，它并不像访问共享文件夹那样，由于没有身份而提示输入用户名和密码验证，而是直接提示"拒绝访问，无法连接""当前打印机安装有问题""RPC 服务不可用"等（在不同的操作系统或应用程序中提示会有所不同）。

解决办法有如下 3 种。

1）要求用户将其域用户账号加入到本地管理员组，以后每次都以域用户账号登录。这本身是 Miurosoft 公司推荐的一种办法。因为如果不这样，普通用户以本地管理员身份登录时，控制本机没问题，但访问域资源时需要输入域用户名和密码；而用户若以域用户身份登录，又没有本机管理特权。例如，无法关机，无法修改网络等配置，无法安装软件、驱动等。这样做了以后，用户以域用户身份登录，同时也是本地管理员。

2）在打印服务器上启用 Guest 用户，保证 everyone 有打印权限。但这样做不安全，所以不推荐。

3）在客户机上每次要使用打印机前，在选择"开始"｜"运行"命令后，输入\PrintServer，这时会提示输入用户名和密码。通过验证后，再去使用打印机。很显然，这种方法比较麻烦。

（4）无法访问域内的共享资源。上例提到过客户机如果加入到了域，但用户选择登录到本地机，当访问域内共享资源时，会提示输入用户名和密码，若不出现提示，则直接出现拒绝访问。这一般是由于在目标计算机上启用了 Guest，而 Guest 用户没有权限造成的。

三、Windows Server 局域网故障

局域网一般采用 Windows（或 Linux）作为服务平台来构建以实现资源共享和信息传输。由于采用了 Internet 技术一般称这类局域网为 Intranet，涉及各类网络设备、网络协议等。

局域网组建运行之后，网络管理和维护也就开始了。主要工作就是维护网络运行，排除网络故障，保证网络正常运转。

1. 局域网故障的分类

局域网系统如同一台计算机系统一样，由硬件和软件两大部分组成。因此一般会将局域网的故障分为两大类：硬件故障和软件故障。

硬件故障主要包括网络传输介质（网线）接触不良、网卡接触不好、网卡损坏、集线器（HUB）损坏、交换机路由器等损坏，以及网络设备之间出现冲突等。

软件故障主要包括网络服务器或者工作站系统不稳定、网络组件、网络客户和协议配置不正确等。

有时又会根据网络故障部位和性质，把局域网故障分为传输介质类、网卡类、集线器类、资源共享类和代理服务器类等故障。

2. 局域网故障的一般解决方法

局域网是一项综合工程，许多故障的排除绝非像解决单机故障那样，只要简单地拔插或置换板卡就可能完成。面对各种错综复杂的故障，必须要有一套分析故障的正确思路，这样才可以在比较短的时间内确定故障位置，从而排除故障。一般我们可遵循以下几个步骤进行。

（1）检查识别故障现象。在排除故障之前，首先需要确切地了解网络上到底出了什么问题，故障的真实现象是什么，是网卡安装不上、网络断线条，还是资源不能共享等。知道故障并进行圾时识别，是成功排除故障最关键的第一步。识别故障现象时，可以先向具体使用者询问几个问题，比如在故障现象发生之前，操作者运行了哪些程序，对计算机系统进行了哪些操作，这些程序以前运行是否正常，这些程序最后一次成功运行是什么时候，运行以后，系统哪些方面发生了改变等。在了解这些疑问之后再分析故障原因，才能对症下药排除故障。

（2）详细描述故障现象。当处理网络中由操作员报告的故障时，对故障现象的详细描述显得尤为重要。有时网管员更是要亲临现场，测试故障现象。如果是因为运行某些软件程序造成，那么最好能够想方设法，运行一下出错的程序，并详细记录出错信息。

四、Windows Server 因特网故障

1. Windows 上网故障的分类和一般解决方法

Windows 上网出现的故障一般可分为以下几类：上网接入时出现的问题、浏览网页时出现的问题、收发电子邮件出现的问题以及网络安全问题等。

（1）Modem 无应答。

故障现象：Windows 拨号时出现"Modem 没有应答"的提示。

请检查 Modem 是否已和微机串口连接，并打开了电源。

故障分析：老式 Modem 要求的串口速率不能太高，否则不能识别微机传输的命令和数据。这时如果能降低串口速率，将其设置为 Modem 调制速率的四倍一般就正常了，如一个 14.4Kbit/s 的 Modem，串口速率最高可设到 57 600，否则极有可能无法通信。

打开"网络和拨号连接"窗口，右击上网用的拨号器图标，如"163"，单击"属性"，在弹出窗口的"常规"选项卡中单击"连接使用"中的"配置"按钮，弹出"Modem 的配置"对话框，将"最高速度"降低一些，单击"确定"按钮后再拨号上网试试。

有些 Modem 除了有异步拨号功能外，还可用于异步专线、同步专线或同步拨号等场合，若将 Modem 设置成这几种模式就不会应答计算机发过来的命令。要用它拨号上网，就必须将 Modem 设为异步拨号上网。方法很简单——将 Modem 初始化为出厂值就行了，这在参照其说明书后很容易做到。

试验 Modem 能不能应答还有一个方法，就是在"控制面板"单击"Modem"图标，选择"诊断"选项卡。选中接 Modem 的串口后单击"详细信息"按钮，Windows 会提示"正与 Modem 通信"。Modem 如果能应答，片刻将弹出"详细信息"窗口，将 Modem 的详细信息列表出来。

（2）拨号连接错误。

故障现象：单击"连接"按钮后，弹出拨号连接错误窗口，提示：无法建立拨号连接，请转到"拨号网络"并确定连接是否正确。错误号 680，没有拨号音，但电话可以正常使用。

故障分析：这是 Modem 的两根电话线接反了的典型例子。有的英文软件中出现"No Tone"错误。这时，只需交换分别插在 Modem 背后的两个电话端口的电话线即可解决问题。

2. 网络安全问题与解决方法

（1）现在的恶意网站越来越多，应如何防止计算机上的程序和文件遭到恶意网站的破坏。

为了能安全上网，我们可以通过一些设置来拒绝这些恶意站点对信息的访问，具体步骤如下：

选择"工具"｜"Internet 选项"命令，在弹出的"Intenet 选项"对话框中选中"安全"选项卡，单击"请为不同区域的 Web 内容指定安全设置区域中"的"受限制的站点"

图标，在弹出的"受限站点"对话框中将需要限制的站点的地址添加进去，完成后单击"确定"按钮，浏览器将对上述的站点进行限制。

（2）IE 首页地址被修改。每次启动时 IE 就自动访问该网站。

这是访问了含有恶意代码的网站后出现的结果，可以通过修改注册表中的"Start Page"的键值来解决，具体操作步骤如下：选择"开始"｜"运行"命令，在"打开"栏中输入 Regedit，然后单击"确定"按钮，打开"注册表编辑器"窗口。展开注册表到"HKEY_ LOCAL_ MACHINE \ SoftwarekIntemet ExplorerWlian"下的"Start Page"键值项，将"Start Page"的键值修改为"about blank"。

同理展开注册表"HKEY_ CURRENT _ USER \ SoftwarekIntemet ExplorerWlian"下的"Start Page"键值项，然后按第 2）步所述方法处理。

退出注册表，重启计算机即可。

有的恶意代码会植入一个修改首页的程序，即使通过前两步修改了 IE 的首页，计算机重启后，该程序又会再次修改首页地址。解决方法如下：

运行注册表编辑器，依次展开到"HKEY_ LOCAL_ MAchINE \ software \ Microsoft \ Windows \ Current Verision \ IRun"主键，将其下的"registry. exe"子键删除，然后删除自运行程序 C：kProgram Files \ registry. exe。

（3）开机弹出网页。每次开机时都弹出网页，通常会弹出很多窗口，有时甚至可以重复弹出窗口直到死机。这同样是浏览了含有恶意代码的网站造成的。解决方法如下：

选择"开始"｜"运行"命令，打开"运行"对话框，输入"Msconfig"命令，单击"确定"按钮弹出"系统配置实用程序"窗口，选中"启动"选项卡，在"启动"选项卡里把后缀为 url、html 和 htm 的网址文件都取消选择。

3. Windows 上网典型故障的解决方法

（1）无法浏览网页。已经成功拨号并且通过了账户和密码的验证，但打开浏览器后却无法访问任何站点，这是什么原因？

停止运行所有防火墙和代理服务器软件，如果计算机上使用了两个网卡，请移除其他没有连接 ADSL MODEM 的网卡，重新配置 TCP/IP 属性，选择让服务器自动分配 DNS，不需要指定网关；如果对 IP 地址的设定不熟悉，就不要手动指定，选择"自动获取 IP 地址"即可，检查浏览器设置，如果计算机直接连接 ADSL MODEM，应确保没使用代理服务器和自动检测选项（IE 5 中可通过选择"工具"｜"Inetrnet 选项"｜"连接"命令取消这些选项），卸载所有的 PPPOE 拨号软件，重新安装，删除 TCP/IP 协议，重启后再添加 TCP，IP 协议，重新安装浏览器。

（2）ADSL 自动断线。安装的是 ADSL 宽带网，在使用的时候发现有时每隔几个小时就会自动断线，是什么原因？这种现象是正常的，如果在一定时间内没有任何数据传输，AD-SL 就会自动停止虚拟拨号，从而导致自动断线，这是为了保证网络宽带不被浪费而设计的。如果不想发生这种情况，只要启动一些即时在线软件即可（如 QQ）。

（3）IE 发送错误报告。IE 总是出现错误报告，单击"确定"按钮后整个 IE 窗口也随着一起关闭了，能不能不让它出现错误报告呢？这是 IE 为了了解用户在使用中的错误而设计的一个小程序，可以通过以下方法取消 IE 发送错误报告的功能：

1）对于 Windows 2012 用户，首先运行"注册表编辑器"，依次展开 HKEY_ LOCAL_

MACHINE \ SoftwareWlicrosoftYIntemet ExplorerkMain 主键，在右侧窗口中创建名为"IEWat-sonDisabled"的 DWORD 双字节值，并将其赋值为"l"。

2）对于 Windows 2012 用户，在桌面上右击"我的电脑"并选择"属性"命令，在打开的"系统属性"对话框中，选中"高级"选项卡，单击"错误报告"按钮弹出"错误报告"对话框，选中"禁用错误报告"单选按钮，同时选择"但在发生严重错误时通知我"复选框，最后单击"确定"按钮。

五、Windows Server 故障案例

1. Windows 2012 活动目录不能添加新"域"

Windows 2012 的活动目录同 DNS 的紧密结合，为 Windows 2012 的广泛应用提供了很好的实现基础。通过在实际需求中的应用，可以对活动目录和 DNS 的关系得到更好的理解。下面将通过实例的分析较深入地了解上述关系，并提供处理相关问题的一些思路。

本应用通过一个域控制器来集中管理整个网站系统、后台域服务用户和安全策略，采用的是"单主域控制器结构"。域控制器完成域用户认证与管理和安全策略的设定及运行的管理。域中各应用服务器的所有应用按照需求，向域控制器请求运行账户的认证。此域控制器提供了和活动目录相结合的 DNS，用于解析域中的各主机名。

域名为：lygtc. net. cn。

域控制器主机名：www. lygtc. net. cn（安装活动目录，在下文中简称"原域控制器"）。

额外的域控制器主机名：www. lygtc. net. cn（安装活动目录，在下文中简称"新域控制器"）。

现象：在进行此域中的服务器设备调整时，在保证原有用户信息完整迁移的前提下，更换域控制器。具体方法是：在域中添加"额外的域控制器"（即"新域控制器"），实现"多主控复制"，然后修改域中的"操作主机"角色，用新的域控制器代替原来的域控制器，实现服务器设备调整的不间断操作（即迁移）。问题出现在向域中添加"额外的域控制器"（即"新域控制器"）时，在进行相应添加的服务器的活动目录安装过程中，出现"lygtc. net. cn 域名不能解析，或不存在"提示。

（1）确保"新域控制器"已加入 lygtc. net. cn 域，作为域中的独立服务器。

（2）网络配置："新域控制器"必须设置 DNS 服务器，指向"原域控制器"。通过 ping 检查域名，利用 nslookup 命令检查 DNS 的 SRV 记录，得以确认。当前，在存在问题的情况下，只能解析"原域控制器"的 NetBIOS 名称。

（3）由于域中不存在其他服务器提供 DNS 解析，故此，不能使用"Windows 2012 帮助"中提供的"域命名主机故障"处理方式，即"占用域命名主机角色"。

（4）检查 DNS 的配置，即相应的配置文件（Boot. dns，位于本机的 \ Winnt \ System32 \ Dns 文件夹中的文本文件）。在此配置文件中发现，在 CCF. com 的 DNS 设置中，"名称服务器"的参数有误。

（5）在"原域控制器"上使用 Windows 2012 Resource Kit 中提供的域控制器（DC）诊断工具 DcDiag. exe，选择"RegistryInDNS"项目测试。运行后得到的结果是：lygtc. net. cn 在 DNS 中的设置异常，不能正确解析。

（6）如果条件允许，可以配置一个仿真环境，比较其中的配置差异。

由于此域中的运行服务账户数量较少，而且由于时间紧迫，故采用重新安装和配置

"新域控制器"的方式实现域控制器的设备更换。笔者认为这绝非是最佳的解决方式。需要对造成上述问题的原因得到准确的结论后，才能真正地解决。

在这里只是提出分析结果，希望能得到更完整和更准确的结论。

问题的关键在于"原域控制器"DNS 的配置数据有误，不能正确解析的指定域名。由于与活动目录的紧密结合，故相应配置数据的修改必须考虑活动目录和 DNS 两个方面。此问题的产生可以认为是由于在"原域控制器"活动目录的安装过程中的异常操作，和（或）手动添加、修改 DNS 区域中的静态资源记录时发生错误造成的。对于活动目录配置 DNS，请注意新的目录集成功能。如果 DNS 数据库是活动目录集成的（与那些用于传统的基于文件的存储不同），那么这些功能可能产生与 Windows 2012 DNS 服务器的默认配置不同的设置。

在 Windows 2012 的活动目录中，命名策略基本按照 Internet 标准来实现，遵照 DNS 和 LDAP3.0 两种标准，活动目录中的"域"和 DNS 系统中的"域"采用完全相同的命名方式，即活动目录中的域名就是 DNS 域名。那么在活动目录中依赖于 DNS 作为定位服务，实现将名字解析为 IP 地址。所以当我们利用 Windows 2012 构建活动目录时，必须同时安装并配置相应的 DNS，无论用户是实现 IP 地址解析还是登录验证，都利用 DNS 在活动目录中定位服务器。Windows 2012 的活动目录同 DNS 的紧密结合，意味着活动目录非常适合于企业的 hlcemet 和 Intranet 环境。

2. 解决 Windows 下分区疑难

对硬盘重新分区是经常性的工作，操作时可能会遇到许多问题，比如当用系统盘启动时，计算机不认；或者可以进入 Windows 操作系统，其中的一个分区不见了；或者有的硬盘不能访问等。下面就这些分区的故障谈一些看法和解决方案。

（1）不能引导分区。主要是由于分区表遭到了破坏。在进行分区时，FDISK 会在硬盘的 0 柱面 0 磁头 1 扇区建立一个 64 字节的分区表。分区表对于系统自举十分重要，它规定系统有几个分区，每个分区的起始及终止扇区、大小及是否为活动分区等重要信息。一旦分区表被破坏，系统因为无法识别分区，会把硬盘作为一个未分区的裸盘处理，因此造成一些软件无法工作。在正常情况下，分区表很少受到损坏，造成分区表损坏的原因大多是由于病毒的入侵（比如 CIH 病毒、ONE HALF 病毒等），或者突然掉电。

有两种恢复方法。

1）平时做一个正确的分区表备份，当遇到上述情况时，用它来进行恢复。这种方法一般不会造成数据的丢失。

2）尝试用 KV 系列或其他的杀毒软件提供的重建分区表功能来尝试修复。在这里着重推荐一款硬盘分区表维护工具 diskman。diskman 的大小只有 108KB，可是功能却非常强大。它可以手工修改硬盘分区表中包括逻辑分区在内的所有数据，能重建被破坏的分区表，可以按使用者的意愿分区，从而使一个硬盘中存在多个操作系统。它的独特之处在于，采用全中文图形界面，无须任何汉字系统支持，以非常直观的图表揭示了分区表的详细结构。

（2）分区的异常丢失。原因主要有 3 个方面：一是由于一些杀毒软件技术上的欠缺，在对引导区病毒进行清除时，破坏了引导区，造成硬盘分区的丢失；二是由于一些病毒感染了引导扇区，造成了分区的丢失；三是安装操作系统不当引起分区丢失。在第一、二种情况时，可以通过瑞星或者其他杀毒软件对数据进行恢复。这里着重谈一下第三种情况。

有时候需要在一台计算机上装两个操作系统。比如，在 C 盘安装了 Windows 9x 操作系统，在 D 盘安装了 Windows 2000 或者 Windows XP 操作系统。当 Windows 9x 系统崩溃后，用 GHOST 恢复，原来备份 9x 的时候尚未安装 Windows 2000。现在启动时没有系统选择就直接进入 Windows 9x，而且在"我的电脑"里也看不见 D 盘了，就是因为把 D 盘格式化为 NTFS 格式，而 Windows 9x 无论图形界面还是其启动盘都不支持 NTFS 格式，所以就造成了分区的丢失。当出现这种情况时，需要用 Windows 的安装程序修复，或是重装系统。如果还是不行的话，只有备份好数据后重新用 FDISK 分区。

人们有时会遇到在 Windows 9x 系统下做双硬盘后，其中的一个硬盘分区不能访问的情况。这是因为 Windows 9x 内置的 IDE 驱动程序是不够完善的，经常出现不能识别的硬盘型号，而是以 TYPE46/47 的字样进行标识，硬盘的 ULTRA DMA 功能也没真正打开。在这时，就需要安装该机主板附带的 IDE 驱动补丁程序了。

第6部分 网络管理与维护实例

项目1 网络管理与维护实例

学习目标

了解校园网管理中的难点以及校园网安全管理中采取的措施；了解企业网管理的任务；了解服务器安全管理内容，WWW服务器远程管理的方法，SQL Server 2012数据库服务器的安全配置，FTP服务器的配置与管理，如何防止垃圾邮件，以及被入侵系统的恢复；了解网吧日常管理，掌握网吧管理软件的使用、网吧安全管理以及网络克隆的技术。

能力目标

了解各种局域网的特点，掌握网络局域网管理的技能和方法，熟练使用各种网络管理工具和软件。

任务1 校园网管理

任务目标

了解校园网管理的特点，学习网络安全设备配置技术，解决校园网用户身份认证问题。

任务实施

学生按照项目化方式分组学习实践，教师做好相关的指导和辅导工作，并在整个项目实施过程中认真关注、及时给出意见和建议，随时注意学生的校园网网络设备配置能力以及组织协调能力的培养。

知识链接

校园网管理

校园网是指利用网络设备、通信介质和组网技术与协议以及各种系统管理软件和应用软件，将校园内的计算机和各种终端设备有机地集成在一起，并应用于教学、科研、学校管理、信息资源共享和远程教学等方面的计算机局域网系统。

校园网的主要功能有以下几个方面。

（1）信息资源共享。通过校园网，实现各种最新信息的共享，包括学校本身的信息，国内、国际信息，内容可涉及各个领域，如科研、学术、软件、经济、政治等，从而有利于科研教育事业的迅速发展。

（2）图书资料检索借阅自动化。通过建设电子图书馆，实现远程计算机图书检索和借阅，从而一方面能做到资料共享。另一方面，能大大简化借阅手续，提高图书利用率和图书管理工作效率。

（3）电子邮件。通过电子邮件，可与国内国际建立广泛、快捷的联系，获得各种信息，加速学校与国内、国际的文化学术交流。

（4）学校信息管理系统自动化。学校的管理信息系统主要包括人事管理、财务管理、教务管理、科研管理、档案管理、外事管理、后勤管理、综合查询及办公自动化系统等。这些管理系统建立在一个规范标准的平台之上，通过校园网络，实现全校统一管理计算机化，并与其他系统互联，以大大提高学校的管理水平。

（5）计算机辅助教学系统。可实现各种基于网络的电子教学，如电子论坛、电子题库、远程教学等，随着多媒体技术的发展，还将实现电子视听教学等。

（一）校园网管理的难点

由于校园网自身的特点突出，使用人员也较为复杂，因此给管理工作带来了诸多困难。

（1）校园网的速度快和规模大。高校校园网是最早的宽带网络，普遍使用的以太网技术决定了校园网最初的带宽不低于 100Mbit/s，目前普遍使用了百兆到桌面、千兆甚至万兆实现园区主干互联。校园网的用户群体一般也比较大，少则数千人，多则数万人。中国的高校学生一般集中住宿，因而用户群比较密集。正是由于高带宽和大用户量的特点，网络安全问题一般蔓延快，对网络的影响比较严重。

（2）校园网中的计算机系统管理比较复杂。校园网中计算机系统的购置和管理情况非常复杂，比如学生宿舍中的计算机一般是学生自己花钱购买、自己维护的，有的院系是统一采购、有技术人员负责维护的，有些院系则是教师自主购买、没有专人维护的。这种情况下要求所有的端系统实施统一的安全政策（比如安装防病毒软件、设置可靠的密码）是非常困难的。由于没有统一的资产管理和设备管理，出现安全问题后通常无法分清责任。比较典型的现象是，用户的计算机接入校园网后感染病毒，反过来这台感染病毒的计算机又影响了校园网的运行，于是出现端系统用户和网络管理员互相指责的现象。更有些计算机甚至服务器系统建设完毕之后无人管理，甚至被攻击者攻破作为攻击的跳板，变成攻击试验床也无人觉察。

（3）活跃的用户群体。高等学校的学生通常是最活跃的网络用户，对网络新技术充满好奇，勇于尝试。如果没有意识到后果的严重性，有些学生会尝试使用网上学到的、甚至自己研究的各种攻击技术，可能对网络造成一定的影响和破坏。

（4）开放的网络环境。由于教学和科研的特点决定了校园网络环境应该是开放的，管理也是较为宽松的。比如，企业网可以限制允许 Web 浏览和电子邮件的流量，甚至限制外部发起的连接不允许进入防火墙，但是在校园网环境下通常是行不通的，至少在校园网的主干不能实施过多的限制，否则一些新的应用、新的技术很难在校园网内部实施。

（5）有限的投入。校园网的建设和管理通常都轻视了网络安全，特别是管理和维护人员方面的投入明显不足。在中国大多数的校园网中，通常只有网络中心的少数工作人员，他们只能维护网络的正常运行，无暇顾及、也没有条件管理和维护数万台计算机的安全，院、系一级的专职的计算机系统管理员对计算机系统的安全是非常重要的。

（二）校园网管理的措施

针对这些问题，我们必须采取相应的措施来加强对校园网的安全管理工作，可以从以下几个方面解决。

（1）规范出口的管理。实施校园网的整体安全架构，必须解决多出口的问题。对于出口进行规范统一的管理，使校园网络安全体系能够得以实施。为校园网的安全提供最基础的保障。

（2）配备完整的、系统的网络安全设备。在网内和网外端口处配置一定的统一网络安全控制和监管设备就可杜绝大部分的攻击和破坏，一般包括防火墙、入侵检测系统、漏洞扫描系统、网络版的防病毒系统等。另外配置安全设备既要考虑到功能，同时也必须考虑性能和可扩展性，以避免成为网络的瓶颈。通过配置安全产品可以实现对校园网络进行系统的防护、预警和监控，对大量的非法访问和不健康信息起到有效的阻断作用，对网络的故障可以迅速定位并解决。

（3）解决用户上网身份问题，建立全校统一的身份认证系统。校园网络必须要解决用户上网身份问题，而身份认证系统是整个校园网络安全体系的基础，否则即便发现了安全问题也大多只能不了了之，只有建立了基于校园网络的全校统一身份认证系统，才能彻底地解决用户上网身份问题，同时也为校园信息化的各项应用系统提供了安全可靠的保证。

（4）改造电子邮件系统，提供多种安全监控和管理功能。针对邮件系统存在的安全隐患，建设专门的校园网邮件安全系统。过滤垃圾邮件，并能轻松地实现邮件系统的管理与维护，防止邮件地址泄露，保障邮件系统的安全。

（5）加强安全组织建设。目前普遍认为校园网安全管理工作应该由学校网络中心承担，但是事实上，安全管理工作非常复杂，可能涉及各院系、部、处的人员和业务，因此必须由学校具有决策权的机构和领导组织和协调各部门的管理工作，比如，成立信息安全管理委员会和专门的办公室。另外，安全管理各项措施的实施，单纯依靠网络中心的力量也是不充分的。院、系、处、宿舍安全管理分级负责的组织体系建设仍然是必要的。加强用户安全意识和管理员安全技术的培训工作非常重要。对于新用户的安全意识的培训，新生入学教育和新员工上岗培训是两个比较好的时间，也可以开展一些职工的在职培训、学生的文化课、选修课等形式的安全意识培训和基本技能的培训。对于系统管理员，一定要重视岗前培训。

🎤 问题思考

解决校园网用户身份认证问题都有哪些技术？

【项目实训1】　利用 802.1x 实现校园网身份认证

802.1x 协议是一种基于端口的网络接入控制（Port Based Network Access Control）协议，IEEE 802.1x 协议是标准化的符合 IEEE 802 协议集的局域网接入控制协议。"基于端口的网络接入控制"是指在局域网接入设备的端口级别对所接入的设备进行认证和控制。如果连接到端口上的设备能够通过认证，则端口就被开放，终端设备就被允许访问局域网中的资源；如果连接到端口上的设备不能通过认证，则端口就被关闭，使终端设备无法访问局域网中的资源。

1. 实训目的

某校园网的网络管理员为了防止有公司外部的用户将电脑接入到校园网络中，造成校园网信息资源受到损失，希望电脑在接入到校园网络之前进行身份验证，只有具有合法身份凭证的用户才可以接入到校园网络。

2. 需求分析

实现网络中基于端口的认证，交换机的 802.1x 特性可以满足这个要求。只有用户认证通过后交换机端口才会"打开"，允许用户访问网络资源。

3. 实训设备

交换机 1 台。

PC 机 2 台（其中 1 台需安装 802.1x 客户端软件，本任务中使用锐捷 802.1x 客户端软件）。

RADIUS 服务器 1 台（支持标准 RADIUS 协议的 RADIUS 服务器，本例中使用第三方 RADIUS 服务器软件 WinRadius，在实际应用环境下，推荐使用锐捷 SAM 系统作为 RADIUS 服务器，以支持更多的高级扩展应用）。

4. 实训步骤

（1）验证网络连通性。

按照拓扑配置 PC1、PC2、RADIUS 服务器的 IP 地址，在 PC1 上 pingPC2 的地址，验证 PC1 与 PC2 的网络连通性，可以 ping 通：

（2）配置交换机 802.1x 认证，如图 6-1 所示。

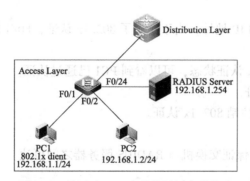

图 6-1　利用 802.1x 实现校园网身份认证

Switch#configure

Switch（config）#aaa new-model

Switch（config）#aaa authentication dot1x ruijie group radius

Switch（config）#dot1x authentication ruijie

Switch（config）#radius-server host 192.168.1.254

Switch（config）#radius-server key 12345

！此处配置的密钥要与 RADIUS 服务器上配置的一致

Switch（config）#interface vlan 1

Switch（config-if）#ip address 192.168.1.200 255.255.255.0

Switch（config-if）#exit

Switch（config）interface fastEthernet 0/1

Switch（config-if）dotlx port-control auto

！启用 F0/1 端口的 802.1x 认证

Switch（config-if）#end

Switch#

（3）验证测试。

此时用 PC1pingPC2 的地址。

由于 F0/1 端口启用了 802.1x 认证，在 PC1 没有认证的情况下，无法访问网络。

（4）配置 RADIUS 服务器。

运行 Winradius 服务器，并添加账户信息：设置账户信息，用户名为 test，密码为 testpass。

设置 RADIUS 服务器系统属性：设置 RADIUS 服务器的密钥，要与交换机上配置的密钥保持一致；验证端口号和计费端口号都保持默认的标准端口号，如果设置其他的端口号，也需要在交换机上的 RADIUS 服务器配置中进行相应配置。

（5）启用 802.1x 客户端进行验证。

在 PC1 上启动锐捷 802.1x 客户端，输入用户名（test）和密码（testpass），单击"连接"按钮进行认证。

认证成功后，在 Windows 右下角的状态栏中显示认证成功。

（6）验证测试。

在 PC1 上 pingPC2 的 IP 地址，由于通过了 802.1x 认证，F0/1 端口被"打开"，PC1 与 PC2 可以 ping 通：

查看交换机的 802.1x 认证状态，可以看到 PC1 已通过认证。

（7）注销 802.1x 认证。

单击"断开网络"，注销 802.1x 认证。

5. 注意事项

在认证过程中，需要保证交换机与 RADIUS 服务器之间可达。

任务 2 企业网管理

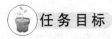
任务目标

了解企业网管理的主要内容，掌握企业网服务器管理的方法。

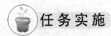
任务实施

学生按照项目化方式分组学习实践，教师做好相关的指导和辅导工作，并在整个项目实施过程中认真关注、及时给出意见和建议，随时注意学生的企业网管理能力以及组织协调能力的培养。

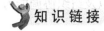知识链接

企 业 网 管 理

企业网是指在企业内部用网线将企业内的计算机通过交换机（Switch）或者路由器（Router）连接起来的一个网络体系，从网络覆盖范围上来讲也属于局域网，主要目的是为了实现资源的共享和信息交换。

按照网络的规模，可以将其划分为小型、中型和大型企业网络信息系统。

对企业网的管理当然会因为网络规模的不同而略有不同，但是主要还是由以下几个方面组成。

（1）网络设备管理。网络设备包括：光纤配线架、双绞线配线架、交换机、路由器、网络防火墙等。光纤配线架用于放置和保护已经剥去外壳、裸露在外面的光纤。双绞线配线架可用于管理大量汇集在一起的双绞线。交换机因为连接了来自四面八方的光纤和双绞线，可靠性和安全性至关重要，所以必须被安放在封闭、通风机柜中。路由器主要用于企业局域网与广域网的连接。网络防火墙则是内部网络与外部网络之间的安全屏障。

（2）服务器管理。服务器作为网络的节点，存储、处理网络上 80%的数据和信息，因此也被称为网络的灵魂。在各企业中，对服务器的投资所占比重通常也都是比较大的。按应用层次划分，服务器可分为入门级服务器、工作组级服务器、部门级服务器和企业级服务器四类。各企业可根据自己的需要选择合适的服务器并加以管理。

（3）办公服务器管理。在企业日常办公过程中，打印、扫描、传真、数据备份等操作都需要一种简单的服务来集中解决，这时，企业办公服务器便成为企业办公集中管理的最好选择，这里主要简单介绍打印服务器、传真服务器的管理。

1）打印服务器：将打印机接入计算机，并设置为共享打印机。客户机若要使用打印机只需添加网络打印机即可。

2）传真服务器：计算机上需安装有调制解调器，再安装 WinFax Pro 传真软件即可使局域网中各台计算机都具有传真功能。

（4）网络服务器管理。无论企业网络规模的大小，Web 服务器、FTP 服务器、电子邮件服务器等网络服务器已是企业网络中不可缺少的组成部分，因此对这些服务器的管理也是至关重要的。这些服务器的具体配置与管理在前面章节中已有叙述，这里就不再赘述了。

任务 3　网 站 管 理

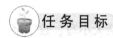任 务 目 标

了解网站管理的主要内容，掌握服务器安全管理的重点，WWW 服务器远程管理的方法，SQL Server 2012 数据库服务器的安全配置，FTP 服务器的配置与管理，如何防止垃圾邮件，以及被入侵系统的恢复。

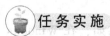任 务 实 施

学生按照项目化方式分组学习实践，教师做好相关的指导和辅导工作，并在整个项目实

施过程中认真关注、及时给出意见和建议，随时注意学生的网站管理能力以及组织协调能力的培养。

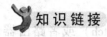知识链接

服务器管理

（一）服务器安全管理

在一个大型的信息系统中，会有很多的服务器在运行，而且支撑着信息系统重要的业务。提供服务器的安全性，对提高整个信息系统的安全性有着尤为重要的意义。提高服务器的安全性可以从如下几个方面进行考虑。

1. 物理安全

保证计算机信息系统各种设备的物理安全是整个计算机信息系统安全的前提。

物理安全是保护计算机网络设备、设施以及其他媒体免遭地震、水灾、火灾等环境事故以及人为操作失误及各种计算机犯罪行为导致的破坏过程。它主要包括环境安全、设备安全和媒体安全3个方面。纯粹靠技术是解决不了所有的安全问题，还需要有安全方面的制度、管理办法等等进行配合，并能够得以真正贯彻执行。特别是对于保障物理安全而言这一点尤为重要。对于公司的相关物理安全制度或策略，需要相关人员一起参与制定。在制定公司物理安全管理制度时，需要以国家的相关法律为依据，参考公司已有的相关工作规范，结合公司的实际特点，制定出一套相对合理的机房和设备管理制度，它应该对"硬性的"以及"软性的"问题都有考虑和约束。

2. 账号和密码管理

对于一个操作系统，无论是 Windows 系列、UNIX 系列，还是 Linux 系列，抑或其他操作系统，在使用的时候，一般都要求用某个用户账号进行登录。当输入的用户名、密码都正确时，方可开始以特定用户的身份使用系统的资源。

在安全方面，无论是对网络传输设备、防火墙、操作系统、数据库，还是其他的各种应用程序，对用户账号的有效管理始终是不可或缺的一环。对于系统安全而言，对用户账号和角色的有效管理，是保护系统的第一道屏障，如果这道屏障被轻易攻破了，特别是 administrator 或者 root 用户被攻破，那么后续的关于文件访问权限的管理、网络服务的管理就显得无济于事了。

随着计算机以及各种网络的普及，各种各样的密码已经成为我们的一项重要的记忆工作。可以说，现代的人需要记忆的密码（或称口令）太多了，于是有人就设了些简单、好记的，而且很多是一样的密码，更有甚者，干脆懒得动，直接就用默认账号和密码，如果服务器也这样，那就没什么安全可言了。

那么，怎样的密码才是安全的呢？首先必须是 8 位长度，其次必须包括大小写、数字字母，如果有控制符就更好了，最后就是不要太常见。比如说：r38C5K7y 或者 hfDDE3nK 这样的密码都是比较安全的。不过再安全的密码也不是无懈可击的，只有安全的密码配上 3~6 个月更换一次的安全制度才是真正安全的。

3. 文件系统权限控制

在不同的系统中，可能会有不同的文件系统来储存各种数据。比如，在 Windows 操作系统中，使用 NTFS 文件系统；而在 Linux 系统中，常见的文件系统有 EXT3、

EXT4、XFS 等。但无论是哪种类型的文件系统，都需要对文件系统的权限进行严格的控制。

对于一个文件系统，有一些基本权限的控制，如读、写、执行等。往往不同的文件、目录会有不同的文件存取权限设置。即使是同一个文件，往往也会针对不同的用户，赋予不同的权限；例如有的用户只能看该文件，而有的用户还能修改该文件。如果相关的权限没有得到合理地控制，那么系统就非常容易出现各种安全问题。

在 Linux 系统中有与密码有关的文件（一般是/etc/passwd 文件）。正常情况下，普通用户是不能直接修改该文件的。如果该文件的写权限被放开了，那么任何一个普通用户都可以随意删除他人的账号、可以随意提升自己的权限，然后想干什么就干什么，这将是一个非常严重的安全问题。所以，对于服务器安全而言，文件系统的安全或者说文件系统权限的合理控制是非常重要的。

4. 网络服务安全

一般来说，服务器会通过运行各种各样的应用程序来给用户提供相关的服务。常见的网络服务有 Web、FTP、DNS、Telnet、Mail 等。而黑客就是利用操作系统、各种应用的漏洞和配置上的问题，快速窃取相关权限。坦白地说，服务器运行的相关网络服务都是有漏洞的，但是网络管理人员只要能积极防范，还是可以保证服务器的安全的。

5. 日志记录

对于任何一个大的系统，日志系统都是不可或缺的一个部分。比如，对于 Windows Server，它有系统日志、安全日志、应用日志；各种大的应用程序，会有程序本身的相关日志。有了这些相关的日志，就可以了解在系统上所执行的一些相关操作。比如，可以通过日志了解各种服务或应用的使用情况，可以了解用户的登录情况等。

因此，当系统遭受入侵时，要全面地利用路由器、防火墙、代理服务器、OS、各种应用等日志，对入侵者进行跟踪，以全面了解本次的入侵情况，并有针对性地采取相关方案去解决问题。

6. 安全漏洞和补丁

安全漏洞就是操作系统本身或者应用程序本身的 bug；由于这些 bug，可能导致一些异常的现象出现，可能会导致某些信息的泄漏或某些权限的放开。这样，对于黑客来说，就有机可乘。

漏洞可以说无所不在。如 Windows Server 的漏洞有数千个，各种 UNIX 操作系统（SUN OS/HP-UX/IBM-AIX）会有大量漏洞，各种 Linux 也会有漏洞，各种应用都会有 bug，路由器、防火墙、IDS 设备等网络设备也会出现漏洞。

应当制定出合理的策略来管理软件、补丁和漏洞。

（1）当高版本软件已经成熟，并经过测试时及时升级相关软件。

（2）每周或隔一段时间，了解一下最新的漏洞情况。

（3）对于漏洞，可能是厂商自己发现的，也可能是外界发现的。只要发现了漏洞特别是那些被公布的漏洞，有实力的厂商往往会在最短时间内向用户提供补丁。所以，有必要适当跟踪、了解一些补丁方面的信息，比如定期与厂商或相关的服务商沟通、了解，有针对性地及时打上新补丁，以解决相关漏洞问题。

问题思考

可以从哪几个方面着手提高服务器的安全性？

（二）WWW 服务管理

Web 站点的管理。

（1）开始、停止或重新启动站点。

1）在"Internet Information Service 管理器"窗口中，选择需要执行开始、停止或操作的站点或虚拟目录。

2）在右侧"操作"栏中选择"启动"|"停止"|"重新启动"命令；或者，右击欲执行操作的站点或虚拟目录选择"管理网站"中的相应命令。

（2）删除站点或虚拟目录。

1）在"Internet Information Service 管理器"窗口中，选择欲删除的站点或虚拟目录。

2）右击要删除的站点或虚拟目录，在快捷菜单中选择"删除"命令。

【项目实训 2】　Web 站点的远程管理

1. 实训目的

由于不是总能方便地在运行 IIS 的计算机上执行管理任务，因此，对 IIS 服务器的远程管理就非常有必要。

2. 实训器材

两台安装有 Windows server 2012 的服务器。

（1）Server 执行管理的计算机，ip 地址 192.168.1.30/24。

（2）Web 服务器运行 IIS 网站被远程管理的服务器，ip 地址 192.168.1.20/24。

3. 实训步骤

（1）在 WEB 服务器上安装 IIS 组件并安装"管理服务"，如图 6-2 所示。

（2）新建远程管理 IIS 网站的用户账户—IIS 管理器用户。当然，我们也可以创建 Windows 账户，这就需要直接在操作系统里创建账户了。这里我们在 IIS 里创建账户，如图6-3、图 6-4 所示。

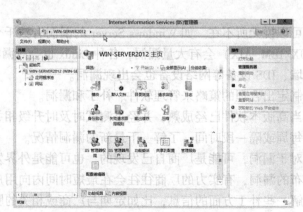

图 6-2　安装"管理服务"　　　图 6-3　新建远程管理 IIS 网站的用户

（3）对 iisadmin 账户赋予权限。配置"功能委派"。

如果要对某个站点进行权限的分配，就点击"自定义站点委派"，如图 6-5、图 6-6 所示。读/写即可以对其配置进行更改，只读即不能更改其配置。

图 6-4　添加用户　　　　　图 6-5　配置"功能委派"

（4）启用"远程管理"。在"管理服务"中，勾选"启用远程连接"和"windows 凭据或 IIS 管理器凭据"。最后选择"启动"。如图 6-7 所示。

图 6-6　自定义站点委派　　　　　图 6-7　启动远程管理

（5）在 Server 上安装"web 管理服务"。然后在"起始页"上右键单击，选择"连接至站点"。输入服务器名称，用户名和密码完成远程连接。至此，实现对 web 服务器进行远程管理，如图 6-8 所示。

【项目实训 3】　Web 站点配置的备份与还原

1. 实训目的

无论是重装操作系统还是将 IIS 服务器中的配置应用到其他计算机，站点配置的备份和还原很有用途。

2. 实训步骤

配置备份与还原操作步骤如下：

图 6-8　对 web 服务器
进行远程管理连接

（1）打开我们的 IIS 管理器，在功能视图里找到"共享的配置"这个功能然后双击进入，如图 6-9 所示。

图 6-9　共享的配置

（2）进入"共享的配置"后单击右上方的"导出配置"选项，选择导出配置文件的物理路径，然后设置一个密码，密码必须是包含数字、符号、大小写字母组合并且至少为 8 个字符长的强密码，如图 6-10 所示。确定导出后，会在你导出配置文件目录下生成 administration. config、applicationHost. config 和 configEncKey. key 共 3 个文件，这 3 个文件就是我们备份的 IIS 站点配置信息文件。

（3）还原 IIS 的配置信息。首先将导出后的 administration. config、applicationHost. config 和 configEncKey. key 这个 3 个文件复制到需要恢复 IIS 配置信息的电脑或服务器上，然后打开 IIS，同样在功能视图里找到"共享的配置"并打开。

（4）把"启用共享的配置"勾选上，物理路径就选择备份的文件所在目录，用户名、密码输入框都不需要填写，直接点击右上方的应用，然后它要你输入密码，确定后重启 IIS 就可以看到以前的站点信息都还原了，如图 6-11 所示。

图 6-10　导出配置　　　　　　　　　　图 6-11　导入配置

（三）SQL Server 2012 的安全配置

关系数据库管理系统的安全控制主要是保护数据库中的数据，限定用户对于特定数据的访问，防止非法用户访问数据库。防止不合法的使用所造成的数据泄漏、修改或破坏。在数据库系统中存放着大量的数据，它们是许多用户共享的宝贵资源，数据库的安全性问题十分重要。

SQL Server2012 的安全配置包括许多方面，身份验证模式、登录、数据库角色、服务器角色、应用程序角色、安全审核、数据加密、数据库认证等。其中有一些功能在早期 SQL Server 中就已经存在。但 SQL Server 2012 又进一步做了增强。例如增加了用户自定义服务器角色功能，早期 DBA 在服务器角色方面只能依赖系统自带的 9 个固定服务器角色，要么是加入某个角色，要么是退出某个角色，但不能根据实际需要创建一个完全适合自己的服务器角色，使得管理不够灵活。但在 SQL Server 2012 中利用自定义服务器角色可以解决此问题。下面咱们就来介绍一下 SQL Server2012 中与服务器安全相关的几个技术。

1. SQL Server 身份验证

SQL Server 一直提供两种对用户进行身份验证的模式，Widows 模式和混合模式。默认模式是 Windows 身份验证模式，其使用的是操作系统的身份验证机制对需要访问服务器的凭据进行身份验证，从而提供了很高的安全级别。而基于 SQL Server 和 Windows 身份验证模式的混合验证模式，允许基于 Windows 和基于 SQL Server 的身份验证。混合模式创建的登录名没有在 Windows 中创建，这可以实现不属于企业内的用户通过身份验证，并获得访问数据库中安全对象的权限。当使用 SQL Server 登录时，SQL Server 将用户名和密码信息存储在 Master 数据库中。在决定身份验证方式时，需要确定用户将如何连接到数据库。如果 SQL Server 和数据库用户属于同一个活动目录森林，则推荐使用 Windows 身份验证以简化创建和管理登录名的过程。反之，则需要考虑使用基于 SQL 的登录名来实现用户的身份验证。

在 SQL Server 服务器安装的过程中可以进行身份验证模式的选择，在安装成功后，还可以通过 SSMS 进行更改，如图 6-12 所示。

另外，在生产环境中尽量不要使用 Sa 用户，特别是多人具有管理权限时更要多加注意。因为多人使用 Sa 账号登录，则不能使用审核功能与特定的操作员进行关联，一旦出现操作上的问题，则无法问责。

2. 登录

正因为 SQL Server 存在两种不同机制的身份验证方式，所以同时提供了两种登录名。Windows 登录名与存储在 AD 或者本地 SAM 数据库中的用户相关联。SQL 登录名则依赖于 SQL Server 存储和管理账户信息。

Windows 登录名受限于 AD 域或者是本地的密码策略限制，可以通过此策略设置复杂性要求、无效登录、过期时间等。当用户在登录 SQL Server 时，活动目录或操作系统已经确认了用户的身份。当使用 SQL Server 登录的时候，SQL Server 就要负责确认用户的身份。SQL Server 将登录名和密码哈希值都储存在 master 数据库中。但从 SQL Server 2008 开始，不会再为 BUILTIN \ Administrators 组创建登录名，以免使得服务器上具有本地管理权限的任何人都可以登录 SQL 服务器。但在安装的过程中，会有一个界面提示添加管理员。

图 6-12　SQL Server 身份验证

3. 数据库角色

SQL Server 的数据库角色分为两大类，固定数据库角色和用户自定义数据库角色。固定数据库角色只能把权限委托给用户，唯一能改变的就是成员资格。而用户自定义的数据库角色对管理权限和数据库中的资源的访问提供了更多的控制。在使用基于角色的安全模型中，可以经常发现内置的安全主体提供了过多的访问权限，或者是没有提供足够的权限。在这种情况下用户就可以创建用户自定义的角色，以控制一组用户对安全对象的访问。从概念上讲，数据库角色和 Windows 角色很相似。用户可以创建一个数据库角色来标识一组需要访问共同资源的用户，或者也可以用角色来标识授予库中的一个安全对象的权限。不管角色的用途是什么，其功能应由角色名称明确指出，也就是说角色名一定要有意义。

创建一个自定义数据库角色也非常简单，方法是在某个指定的数据库中，找到安全性选项卡，展开其中的角色，在数据库角色中点击新建，如图 6-13 所示。

然后，就出现如图 6-14 所示的个界面，系统会提示为此角色提供一个名称，同时为该角色指定一个所有者。

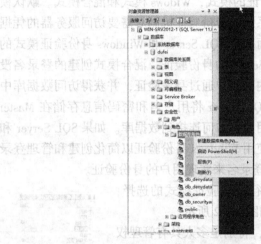

图 6-13　新建数据库角色　　　　图 6-14　添加角色和指派权限

在此界面中还可以为该角色选择现有的架构，并添加用户作为这一角色的成员。在安全对象和扩展属性选项卡中，还可以分别用来指派权限或者是设置额外属性。

4. 服务器角色

SQL Server 服务器角色是指根据 SQL Server 的管理任务，以及这些任务相对的重要性等级来把具有 SQL Server 管理职能的用户划分为不同的用户组，每一组所具有的管理 SQL Server 的权限都是系统内置的，即不能对其进行添加、修改和删除，只能向其中加入用户或者其他角色。

SQL Server 2012 提供了九种常用的固定 SQL Server 服务器角色，其中 Bulkadmin 用户可以运行类似 BULK INSERT 语句；系统管理员（sysadmin）拥有 SQL Server 所有的权限许可；服务器管理员（serveradmin）管理 SQL Server 服务器端的设置；磁盘管理员（diskadmin）管理磁盘文件；进程管理员（processadmin）管理 SQL Server 系统进程；安全管理员（securityadmin）管理和审核 SQL Server 系统登录；安装管理员（setupadmin）增加、删除连接服务器，建立数据库复制以及管理扩展存储过程；数据库创建者（dbcreator）创建数据库，并对数据库进行修改，如图 6-15 所示。最后还有一个就是 Public 角色，在服务器上创建的每个登录名都是 public 服务器角色的成员，它只拥有的权限是 VIEW ANY DATABASE。

　　public 角色有两大特点：第一，初始状态时没有权限；第二，所有的数据库用户都是它的成员。因此不能将用户、组或角色指派为 public 角色的成员，也不能删除 public 角色的成员。public 角色作用可以通过对 public 设置权限从而为所有数据库设置相同的权限，不要为服务器 public 角色授予服务器权限。

　　SQL Server 早期版本虽然提供了九种固定服务器角色。但用户无法更改授予固定服务器角色的权限。从 SQL Server 2012 开始，用户可以创建用户定义的服务器角色，并将服务器级权限添加到用户定义的服务器角色。用户定义的服务器角色与固定服务器角色类似：唯一差异在于它们是由 SQL Server 管理员创建和管理的。用户定义的角色允许管理员们创建和分配服务器范围权限给用户定义角色。

图 6-15　SQL Server
内置服务器角色

　　创建用户自定义服务器角色也非常简单，通过 SSMS，找到安全性选项卡，从中找到服务器角色，右键即可出现"新服务器角色"选择，如图 6-16 所示。

　　在创建自定义服务器权限的过程中，可以向此服务器角色授予或拒绝针对该安全对象的权限。在"权限显式"框中，选中相应的复选框以针对选定的安全对象授予、授予再授予或拒绝此服务器角色的权限。如果某个权限无法针对所有选定的安全对象进行授予或拒绝，则该权限将表示为部分选择。点击"成员"打开成员页面，根据需要给定义的服务器角色添加成员。如图 6-17 所示。

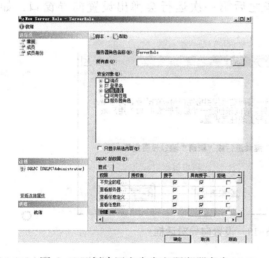
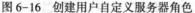

图 6-16　创建用户自定义服务器角色　　　　　图 6-17　给定义的服务器角色添加成员

　　最后，点击"成员身份"页，选中一个复选框，以使当前用户定义的服务器角色成为所选服务器角色的成员。

　　通过以上几步，一个简单的服务器角色就创建成功了，但也不是任何用户都有权限创建自定义服务器角色，在创建之前，要求具有 CREATE SERVER ROLE 权限，或者具有 sysadmin 固定服务器角色的成员身份。还需要针对登录名的 server_ principal 的 IMPERSONATE

图 6-18 使当前用户
定义的服务器角色
成为所选服务器
角色的成员

权限、针对用作 server_ principal 的服务器角色的 ALTER 权限或用作 server_ principal 的 Windows 组的成员身份。使用 AUTHORIZATION 选项分配服务器角色所有权时，还需要具有下列权限，若要将服务器角色的所有权分配给另一个登录名，则需要对该登录名具有 IMPERSON-ATE 权限。若要将服务器角色的所有权分配给另一个服务器角色，则需要具有被分配服务器角色的成员身份或对该服务器角色具有 ALTER 权限。当然，也可以使用 T-SQL 命令创建、修改和删除服务器角色。

SQL Server 安全性管理中的身份验证、数据库角色、服务器角色等功能就介绍这么多，至于应用程序角色、权限、架构、加密、认证、审核等技术在此不再展开介绍。

（四）FTP 服务管理

建立一个功能简单的 FTP 下载服务器，一般用 Windows Server 下自带的 IIS 就可以。这里我们介绍一款专业的 FTP 服务器软件，Serv-U FTP Server。与其他同类软件相比，Serv-U 功能强大，性能稳定，安全可靠，使用简单，且具有合理严密的管理体系。

【项目实训 4】　FTP 服务器的创建

1. 实训目的

掌握利用 Serv-U FTP Server 软件创建 FTP 服务器的方法。

2. 实训步骤

（1）安装 Serv-U FTP Server 完毕之后第一次运行会弹出设置向导窗口，如图 6-19 所示。

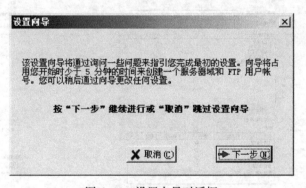

图 6-19　设置向导对话框

（2）单击"下一步"按钮，出现"显示菜单图像"的窗口，根据各人喜好选择。

（3）单击"下一步"按钮，提示在本地第一次运行 FTP 服务器，只要单击"下一步"按钮，出现如图 6-20 所示对话框，要求输入 IP 地址。

如果服务器有固定的 IP，就输入该 IP 地址，如果只是在自己计算机上建立 FTP，那这一步就忽略，什么也不要填，Serv-U 会自动确定 IP 地址。

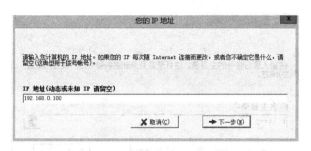

图 6-20　输入 IP 地址

（4）单击“下一步”按钮，出现如图 6-21 所示对话框，要求输入计算机的域名，如果有，则输入，如“ftp.abc.com”；如果没有，根据自己的喜好填一个。

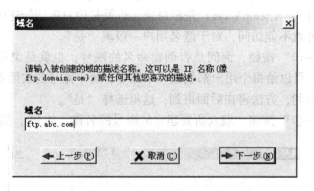

图 6-21　输入计算机的域名

（5）单击“下一步”按钮，询问你是否允许匿名访问，如图 6-22 所示。

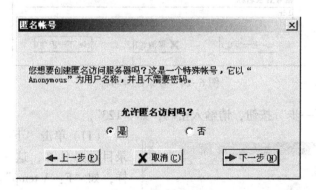

图 6-22　匿名访问选择

一般说来，匿名访问是以 Anonymous 为用户名称登录的，无需密码，当然如果想成立一个会员专区，就应该选择“否”，不让随便什么人都可以登录，只有许可用户才行，在此选择“是”。

（6）单击“下一步”按钮，图 6-23 所示，问匿名用户登录到你的计算机时的目录。可以指定一个硬盘上已存在的目录，如 F:\temp\xyz。

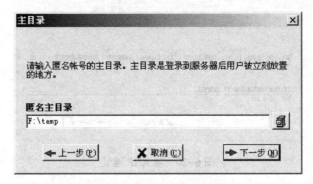

图 6-23　匿名用户登录目录

（7）单击"下一步"按钮，询问是否要锁定该目录，锁定后，匿名登录的用户将只能认为所指定的目录（F：\ temp \ xyz）是根目录，也就是说只能访问这个目录下的文件和文件夹，这个目录之外就不能访问，对于匿名用户一般填"是"。

（8）单击"下一步"按钮，询问是否创建命名的账号，也就是说可以指定用户以特定的账号访问该 FTP，可以给每个用户都创建一个账号，每个账号的权限不同，就可以不同程度地限制每个人的权利，方法将在后面讲到，这里选择"是"。

（9）单击"下一步"按钮，填入所要建立的账号的名称，如 ldr，如图 6-24 所示。

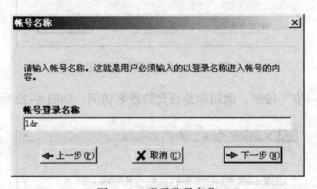

图 6-24　登录账号名称

（10）单击"下一步"按钮，请输入密码，如"123"。

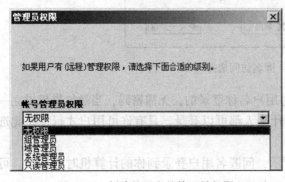

图 6-25　创建的用户的管理员权限

（11）单击"下一步"按钮，询问登录目录是什么，这一步与第（7）步一样，如"F：\ temp"。

（12）单击"下一步"按钮，询问是否要锁定该目录，同第（8）步，这里选择"否"。

（13）接下来询问这次创建的用户的管理员权限（如图 6-25 所示）。有几项选择：无权限、组管理员、域管理员、只读管理员和系统管理员、每项的权限各不相同。这里选择"系统管理员"。

（14）最后一步，单击"完成"，如有需要修改的，可以单击"上一步"按钮，或者进入 Serv-U 管理员直接修改。

至此，已经建立了一个域 ftp. abc. com，两个用户，一个 Anonymous，一个 ldr。

【项目实训5】　管理 FTP 服务器

1. 实训目的

管理利用 Serv-U FTP Server 软件搭建的 FTP 服务器。

2. 实训步骤

（1）设置最大上传和下载速度。选择 Local Server→Settings 命令，选中 General 选项卡，在 Max speed 文本框中输入 FTP 服务器所能承受的最大上传和下载速度。

（2）设置 Serv-U FTP 服务器最大连接数。为了保证让接入的用户得到比较理想的带宽，则需要对服务器的最大连接数进行设置，步骤如下：选择 Local Server→Settings 命令，选中 General 选项卡，在 Max no of users 文本框中输入最大连接数。

（3）取消 FTP 服务器的 FXP 传输功能。FXP 传输是指用户通过某个指令，使两个 FTP 服务器的文件直接传送，而不是直接上传到本地计算机。FTP 客户端工具 FlashFTP、Cute-FTP 都支持这个功能。专用 FTP 服务器速度是比较快的，如果启用该功能，而又没设置最大传送速度，那么个人 FTP 服务器所有带宽将会被此连接所占用，所以一般建议取消该功能。方法是在 Local Server｜Settings｜General 选项卡中选择 Block FTP_ bounce attacks and FXP 选项，该功能将被禁用。

（4）设置 FTP 服务器提示信息。用户通过 FTP 客户端软件连接到 FTP 服务器，FTP 服务器会通过客户端软件返回一些信息。这些信息既可以让用户更多地了解所访问的 FTP 服务器，也可以告诉用户一些注意事项以及如何与管理员联系。这些信息通过调用文本文件实现。设置提示信息的步骤如下：

1）利用记事本或其他文本编辑工具编辑 4 个文件，保存在 d：\ myfile 目录下：

① readmel. txt：记录用户登录时的欢迎信息，可以根据要求输入合适的内容，例如欢迎用户来访 FTP 服务器、怎样访问 http 主站、管理员的联系方法、只允许用户用一个 IP 地址连接和其他 FTP 的注意事项。

② readme2. txt：记录用户断开连接的提示信息，例如欢迎用户下次访问等。

③ readme3. txt：记录用户切换访问目录的信息。

④ readme4. txt：记录在 FTP 服务器中未找到文件的信息。

2）选择 Local Server｜Domains｜www. czqy. com｜settings 命令，然后选择 Messages 选项卡，分别在 Signon message file、Signoff message file、Primary dir change message file、Second dir change message file 文本框中输入"d：\ myfile \ readme1. txt"、"d：\ myfile \ readme2. txt"、"d：\ myfile \ readme3. txt"、"d：\ myfile \ readme4. txt"。

（5）账号管理。

1）禁用账号。由于某种原因，需要临时禁用一个账号，而不想将其删除，以便以后使用。方法为：打开 www. czqy. com→Users 分支，单击需要临时禁用的账号，选择 Account 选项卡，再选择 Disable account 选项。选中以后，该账号将不能再使用，如需启用它，不选择该项即可。

2）到规定时间自动删除账号。如果一个账号只需使用一段时间，而过期以后不能再使用，到期时人为删除比较烦琐，同时很有可能出错，遇到这种情况，可利用 Serv-U 提供的到期自动删除账号功能，使用方法为：选中需要删除的账号，打开 Account 选项卡，选择 Automatically remove account on date 选项，然后在右侧的下拉菜单中修改指定日期，这样当计算机时间一到指定日期，该账号将被自动删除。

3）修改账号密码。如需修改账号的密码，则单击需要修改的账号，在 Password 文本框中直接输入密码，此时刚进入时不管该账号是否有密码，都将以 Encrypted 选项出现，删除 Encrypted 选项，输入新密码，此时输入密码将以明文显示，当切换界面后，密码又回复到 Encrypted 状态。

4）设置账号使用线程数。为了限制网络蚂蚁、网际快车等多线程下载软件下载时占用资源，可在 Serv-U 中对线程数进行设置，方法为：选择需要设置的账号，选中 General 选项卡，选择 Allow only login（s）from same IP address 选项，在此选项的文本框中输入服务器所允许的线程数。

5）设置账号的最大上传和下载速度。如果各用户账号权限权限等级不同的话，那它们的上传和下载速度也是不同的，在 Serv-U 中可分别对各账号设置上传与下载速度，选择需设置的账号，选中 General 选项卡，在 Max upload speed 文本框中输入最大上传速度，在 Max download speed 文本框中输入最大下载速度。

6）配置账号的磁盘配额。假设服务器硬盘大小为 40GB，需要留 10GB 备用，其余给 FTP 服务器使用。但 Serv-U 在默认状态下并不会只使用 30GB 的空间，用户不断地上传，会将 40GB 的空间耗尽。此时就要用到 Serv-U 的磁盘配额功能让 FTP 服务器只使用 30GB 空间。操作方法是：选择需要设置磁盘配额的账号，选中右边的 Quote 选项卡，选择 Enable disk quote 选项，表示启用磁盘配额。单击 Calculate current 按钮获取已经使用的磁盘空间，然后在 Maximum 文本框中输入 "30000"（KB），在 Current 文本框中显示的是已经使用的磁盘空间。

7）设置账号允许的 IP 地址。若有些访问服务器的用户有不良企图，可以让这些用户的 IP 地址不能访问 FTP 服务器。具体操作方法如下：选择需要禁止 IP 地址访问的账号，打开 IP Access 选项卡，选中 Deny access 单选按钮，然后在 Rule 文本框中输入需要禁止的 IP 地址，单击 Add 按钮，此时发现在 IP access rules 列表中出现刚才输入的 IP 地址。如果以后不再禁止该 IP 地址访问，则只需在 IP access rules 列表中选择 IP 地址，然后单击 Remove 按钮，将该地址删除。

有时则恰恰相反，只允许某个 IP 地址访问 FTP 服务器，设置方法如下：选择需要允许 IP 地址访问的账号，打开 IP Access 选项卡，选择 Allow access 选项，然后在 Rule 文本框中输入需要允许访问的 IP 地址，单击 Add 按钮，其他操作与禁止 IP 地址访问一样。

（6）设置上传/下载率。Serv-U 还提供了上传/下载率的设置，它可以鼓励用户对 FTP 的积极参与。设置方法是：选中需要设置的账户，然后打开右边的 UL/DL Radios 选项卡，选择 Enable upload/download ratios 选项，选择 count bytes per session 选项，在 Ratio 选项卡的 Uploads 文本框中输入 "1"，在 Downloads 文本框中输入 "3"，设置是为了不管上传文件的个数，只计算文件容量，只要用户上传 1MB 便可下载 3MB 的文件。

（7）用户管理。

1）查看用户访问的记录。用户访问 FTP 服务器，Serv-U 基本上都有比较详细的记录。这些记录包括用户的 IP 地址、连接时间、断开时间、上传/下载文件等。管理员可通过访问记录了解到用户在 FTP 服务器做了些什么事情，并从中检查谁是恶意用户，加以防范。查看方法比较简单，在 Serv-U 管理工具窗口的左窗格，选择 Domains→www.czqy.com→Activity 命令，选中 DomainLog 选项卡，从中可以看到比较详细的访问记录。

2）断开用户的连接。在对 FTP 进行管理时，如发现某个用户在对服务器做不利的事，或其他原因，则需要断开用户连接。方法是：在 Serv-U 管理工具窗口的左侧，打开 Domains｜www.czqy.com｜Activity，打开 Users 选项卡，右击需要断开的用户，在弹出的菜单中选择 Kill User 命令，在弹出的 Kill user 对话框中，根据需要选择其中的一个选项，单击 OK 按钮。例如，需要断开此连接并禁止该 IP 访问 FTP 服务器，则选中 Kick user and ban IP 选项即可。

（8）更改 FTP 服务器的端口。FTP 服务器的默认端口是 21，有时由于某种原因不能使用 21 端口，修改默认端口的方法是：在 Serv-U 管理工具左侧，打开 "Domains"｜"www.czqy.com"，然后在右侧窗口的 "FTP port number" 文本框中输入所需的端口，这个端口尽量不要选择其他软件默认的端口号。

（9）远程管理 Serv-U。Serv-U 提供的远程管理非常简单，操作起来和本地 FTP 服务器上一样。

1）在本地 FTP 服务器的 Serv-U 管理窗口中选择某个账号，然后打开 Account 选项卡，在 Privilege 列表中选择 System Administrator 选项，对该账号赋予管理员身份。

2）在远程计算机上安装 Serv-U 软件，安装完后运行它，再右击 Serv-U Servers，在弹出的菜单中选择 New Server 命令。输入 FTP 服务器的 IP 地址或域名，在 IP address 文本框中输入 www.czqy.com。

3）单击 Next 按钮，则要求输入 FTP 服务器的端口号，再在 Port number 文本框中输入 FTP 服务器端口号 8080 并单击 Next 按钮。按照要求输入 FTP Server 的名称，单击 Next 按钮。系统要求输入管理员账号，在 User name 文本框中输入拥有管理员权限的账号 "longma"，单击 Next 按钮。最后要求输入管理员账号的密码，单击 Finish 按钮。

（10）安全性设置。与 IIS 的 FTP 服务相比，Serv-U 在安全性方面做的好得多。

1）对本地服务器进行设置。

① 选中 "拦截 FTP_ Bounce 攻击和 FXP"。当使用 FTP 协议进行文件传输时，客户端首先向 FTP 服务器发出一个 PORT 命令。该命令中包含此用户的 IP 地址和将被用来进行数据传输的端口号，服务器收到后，利用命令所提供的用户地址信息建立与用户的连接。大多数情况下，上述过程不会出现任何问题，但当客户端是一名恶意用户时，可能会通过在 PORT 命令中加入特定的地址信息，使 FTP 服务器与其他非客户端的计算机建立连接。虽然这名恶意用户可能本身无权直接访问某一特定计算机，但是如果 FTP 服务器有权访问该计算机的话，那么恶意用户就可以通过 FTP 服务器作为中介，仍然能够最终实现与目标服务器的连接。这就是 FXP，也称跨服务器攻击。选中后就可以防止发生此种情况。

② 在 "高级" 选项卡中检查 "加密密码" 和 "启用安全" 是否被选中，如果没有，则将其选中。"加密密码" 使用单向 HASH 函数即 MD5 加密用户密码，加密后的密码保存在

ServuDaemon. ini 或是注册表中。如果不选择此项，用户密码将以明文形式保存在文件中。"启用安全"选项将启动 Serv-U 服务器的安全成功。

2) 对域中的服务器进行设置。FTP 默认为明文传送密码，容易被人探到。这对于只拥有一般权限的账户，危险并不大。但如果该账户拥有远程管理尤其是系统管理员权限，则整个服务器都会被别人远程控制。Serv-U 对每个账户的密码都提供了 3 种安全类型：规则密码、OTP S/KEY MD4 和 OTP S/KEY MD5。不同的类型对传输的加密方式也不同，以规则密码安全性最低。进入拥有一定管理权限的账户的设置中，在"常规"选项卡的下方找到"密码类型"下拉列表框，选中第二或第三种类型，保存即可。注意：用户凭此账户登录服务器时，需要 FTP 客户端软件支持此密码类型，如 CuteFTP Pr0 等。

与 IIS 一样，还要谨慎设置主目录及其权限，凡是没必要赋予写入等能修改服务器文件或目录权限的，尽量不要赋予。最后，选择"设置"选项，在"日志"选项卡中选中"启用记录到文件"复选框，并设置好日志文件名及保存路径、记录参数等，以方便随时查询服务器异常原因。

（五）防止垃圾函件

随着 Internet 的发展，当前电子邮件已经从科学和教育行业进入了普通家庭，电子邮件传递的信息也从普通文本信息发展到包含声音、图像在内的多媒体信息。电子邮件的廉价和操作简便在给人们带来巨大便利的同时，也诱使有些人将之作为滥发信息的工具，最终导致了互联网世界中垃圾邮件的泛滥。

一般说来，垃圾邮件是未经请求而发来的电子邮件，通常包含一些商业广告。除了令人生厌以外，垃圾邮件还把广告成本转嫁给 ISP 和消费者。当然，那些报复心理严重的网络用户发送的"邮件炸弹"也可以视作"垃圾邮件"。垃圾邮件问题已经极大地消耗了网络资源，并给人们带来了极大的不便。

因此，网站的邮件系统必须具备邮件过滤功能，否则，就有可能因为收到成千上万的垃圾邮件而瘫痪。

目前防范垃圾邮件的措施主要有两种，一是选用硬件反垃圾邮件网关，但是价格比较昂贵；二是使用一些专业的邮件服务器软件来过滤垃圾邮件，如 MDaemon 等。下面简单介绍 MDaemon 的特点。

MDaemon 是一款著名的标准 SMTP/POP/IMAP 邮件服务系统，由美国 Alt-N 公司开发。它提供完整的邮件服务器功能，保护用户不受垃圾邮件的干扰，实现网页登录收发邮件，支持远程管理，并且当与 MDaemon AntiVirus 插件结合使用时，它还保护系统防御邮件病毒。它安全，可靠，功能强大，是世界上成千上万的公司广泛使用的邮件服务器。

MDaemon 内建许多的安全邮件功能，如内容过滤、垃圾邮件过滤并支持 AntiVirus 插件。通过配置这些安全选项能极大地提高邮件用户的邮件安全，保障邮件用户最小限度地遭受恶意宣传邮件、垃圾邮件、病毒邮件的攻击。

（1）配置内容过滤：采用内容过滤，不仅能有效防止各类恶意宣传邮件，还能在一定程度上拦截垃圾邮件。管理员通过人工选择一些黄色宣传邮件、反动邮件中的关键字，如 SEX 等，将他们添加到拒收的规则中，就可以有效地避免用户收到这些邮件。

（2）垃圾邮件封锁器：为了抵制垃圾邮件，有许多组织专门负责收集垃圾邮件服务器的 IP 地址和邮件头信息，并制作垃圾邮件数据库，MDaemon 能自动查询这些主机获得垃圾邮件服务器的信息。启用垃圾邮件封锁器后，MDaemon 将会查询 MAPS/RBL/ORDB 等类型主机的垃圾邮件服务器清单，检测这些垃圾邮件清单上的域名和 IP 地址发来的每一封邮件并进行处理。除了系统提供的收集垃圾邮件列表的主机外，管理员还可以自己添加这些主机。

（3）垃圾邮件过滤器：MDaemon 可以通过安装 AntiVirus 防病毒插件，进行邮件服务器的杀毒。MDaemon AntiVirus 为 MDaemon 用户提供最高级别的病毒防护。它能捕捉，隔离，修复，删除所有带病毒的邮件，采用 Kaspersky 防病毒引擎。

（六）被入侵系统的恢复

在服务器的日常运行过程中，因为病毒的破坏或者误操作，以及其他意外情况的发生，有可能会导致文件和数据遭到破坏或丢失。通过计算机进行经常性的备份工作，提高系统安全性，成为计算机系统维护工作必不可少的一部分。而一旦系统或数据遭到破坏或丢失，网络管理员可以通过备份的文件快速恢复数据，真正做到有备无患。

在前面的章节我们已经学习了利用 Windows Server Backup 来备份和恢复数据。这里我们学习如何利用第三方工具 Norton Ghost 进行系统备份与恢复。

【项目实训 6】 利用 Norton Ghost 快速备份与恢复

1. 实训目的

利用 Norton Ghost 软件实现被入侵系统的恢复。

2. 知识背景

Ghost 软件是美国著名软件公司 Symantec 推出的硬盘复制工具，与一般的备份和恢复工具不同的是：一般备份和恢复工具只起到备份文件内容的作用，不涉及物理地址，很有可能导致系统文件的不完整，而 Ghost 软件备份和恢复是按照硬盘上的簇进行的，这意味着恢复时原来分区会被完全覆盖，已恢复的文件与原硬盘上的文件地址不变，这样即使当系统受到破坏后，也能恢复到原有的状况。

Ghost 另一项特有的功能就是将硬盘上的内容"克隆"到其他硬盘上，这样可以不必重新安装原来的软件，可以省去大量时间，这是软件备份和恢复工作的一次革新。

可见，它给单个 PC 的用户带来的便利就不用多说了，尤其对大型机房的日常备份和恢复工作省去了重复和烦琐的操作，节约了大量的时间，也避免了文件的丢失。

3. 实训步骤

（1）利用 Norton Ghost 快速备份。

1）备份硬盘数据。备份硬盘数据的前提是需要有两个硬盘，否则无法进行硬盘数据的备份，只能进行硬盘分区的备份。

① 确定将操作系统、所有硬件的驱动程序、优化程序和所有的用户软件等安装好，并且工作正常。将 Norton Ghost 程序复制到启动 U 盘中，在 BIOS 中设置为 U 盘启动。重新启动计算机，在命令行中输入 Ghost 命令，运行 Ghost 程序，如图 6-26 所示。

② 单击 OK 按钮，进入 Ghost 程序主窗口。单击 Local-Disk-To Image 命令，如图 6-27 所示，将硬盘数据备份到一个映像文件中（注：To Disk 意为将硬盘数据备份到另一个硬盘中，即常说的硬盘对拷；From Image 意为将映像文件还原到硬盘中，即恢复硬盘数据）。

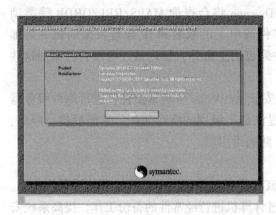

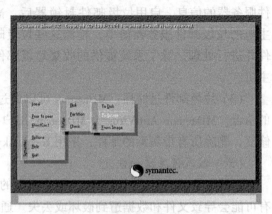

图 6-26 Ghost 程序 　　　　　　　　　　　图 6-27 选择备份硬盘的命令

③ 在如图 6-28 所示的对话框，选择要备份的硬盘，在这里选择硬盘 1。

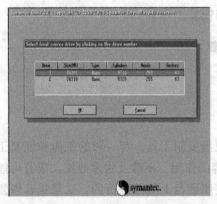

单击 OK 按钮打开对话框，选择备份的目标磁盘、路径及名称。

单击 Save 按钮打开对话框，选择压缩方式（注：No 意为不进行压缩处理，因而进行备份时所需要的时间最短，但是备份后的文件容量很大；Fast 意为快速备份，进行备份并将数据进行快速压缩处理，压缩后文件的容量比原来硬盘小一些；High 意为高度压缩，备份时进行压缩级别比较高的处理，压缩后的文件容量比原来硬盘要小很多，但速度比较慢）选择 Fast 压缩方式。

图 6-28 选择备份的硬盘　　　　④ 按 Enter 键，弹出对话框，提示用户确认是否继续备份。

单击 Yes 按钮，Ghost 程序将开始备份硬盘数据。备份完成后，在弹出的提示用户完成硬盘数据的备份的对话框中，单击 Continue 按钮，返回 Ghost 程序主窗口，单击 Quit 按钮退出 Ghost 程序即可。

2）备份硬盘分区数据。备份硬盘分区数据即把一个硬盘上的某个分区备份到硬盘的其他分区或另一个硬盘的某个分区中。一般情况下，主要是备份硬盘中的 C 区，操作如下：

① 确定将操作系统、所有硬件的驱动程序、优化程序以及所有的用户软件等都安装好，并且工作正常。将 Ghost 程序复制到启动 U 盘中，进入 BIOS 中设置为 U 盘启动。重新启动计算机，在命令中输入 Ghost 命令，运行 Ghost 程序。

② 单击 OK 按钮，进入 Ghost 程序主窗口，单击 Local-Partition-To Image 命令，将硬盘分区备份到一个映像文件夹中（注：To Partition 意为复制分区，即把某个分区的数据复制到另一个分区中；From Image 意为从映像文件中还原到分区中）。

③ 在弹出的对话框中，选择需要备份的硬盘，在这里选择硬盘 1。单击 OK 按钮，弹出如图 6-29 所示的对话框，选择需要备份的硬盘分区，一般情况下，备份硬盘 C 区。

④ 单击 OK 按钮，设置存放映像文件的路径及映像文件名称。

⑤ 单击 Save 按钮，弹出提示用户选择压缩方式的对话框，在这里选择 Fast 压缩方式。

按回车键，在弹出的提示用户继续进行备份操作的对话框中，单击 Yes 按钮，Ghost程序开始备份，并显示备份进度。

备份完成后，在弹出的提示用户硬盘分区备份完成的对话框中，单击 Continue 按钮，返回到 Ghost 程序主窗口，单击 Quit 命令，退出 Ghost 程序，完成硬盘 C 区的备份。

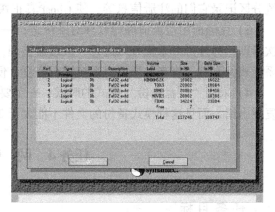

图 6-29　选择备份的分区

（2）利用 Norton Ghost 快速恢复。当计算机的操作系统出现故障无法正常运行时，可以使用 Ghost 备份的文件来快速恢复硬盘的数据或硬盘分区的数据。

恢复硬盘数据的操作与备份硬盘数据的操作基本相同，在这里不再详细介绍，用户可以灵活掌握、举一反三。下面以使用 Ghost 备份的文件快速恢复硬盘分区的数据为例，介绍使用 Ghost 备份的文件快速恢复系统的方法，其操作如下：

1）将 Ghost 程序复制到启动 U 盘中，并将启动 U 盘插入软驱中。启动计算机，进入 BIOS，并设置为从软驱启动，保存后退出。重新启动计算机后，在命令中输入 Ghost 命令，运行 Ghost 程序。

2）单击 OK 按钮，进入 Ghost 程序主窗口，选择 "Local" | "Partition" | "From Image" 命令。在打开的对话框中，选择备份文件的存放路径及名称（假设存放在 D 区）。

单击 Open 按钮，在弹出的提示用户选择备份文件所在的硬盘的对话框中，选择硬盘 1。

3）单击 OK 按钮，在弹出的提示用户选择需要恢复的目标硬盘的对话框中，选择硬盘 1。

单击 OK 按钮，在弹出的提示用户选择需要恢复的分区的对话框中，选择硬盘 C 区。单击 OK 按钮，在弹出的提示用户确认是否恢复硬盘分区数据的对话框中，单击 Yes 按钮，Ghost 程序将开始恢复分区数据。

4）恢复分区数据完成后，在弹出的对话框中，单击 Reset Computer 按钮，重新启动计算机后，系统自动进入原系统界面。

（3）使用 Norton Ghost 的注意事项。在使用 Ghost 恢复系统时常出现这样那样的麻烦，比如恢复时出错、失败，恢复后资料丢失、软件不可用等。笔者根据自己的使用经验，介绍使用 Ghost 进行克隆前要注意的一些事项。

1）最好为 Ghost 克隆出的映像文件划分一个独立的分区。把 Ghost. exe 和克隆出来的映像文件存放在这一分区里，以后这一分区不要做磁盘整理等操作，也不要安装其他软件。因为映像文件在硬盘上占有很多簇，只要其中一个簇损坏，映像文件就会出错。有很多用户克隆后的映像文件开始可以正常恢复系统，但过段时间后却发现恢复时出错，其主要原因也就在这里。

2）一般先安装一些常用软件后才作克隆，这样系统恢复后可以免去很多常用软件的安装工作。为节省克隆的时间和空间，最好把常用软件安装到系统分区外的其他分区，仅让系统分区记录它们的注册信息等，使 Ghost 真正快速、高效。

3）克隆前用垃圾清理等软件对系统进行一次优化，对垃圾文件及注册表冗余信息作一次清理，另外再对系统分区进行一次磁盘整理，这样克隆出来的实际上已经是一个优化了的系统映像文件。将来如果要对系统进行恢复，便能一开始就拥有一个优化了的系统。

4）采用"硬盘备份"模式的时候，一定要保证目标盘的容量不低于源盘，否则会导致复制出错，而且这种模式备份的文件不能大于 2GB。

<h1 style="text-align:center">任务 4　网 吧 管 理</h1>

任务目标

了解网吧日常管理的主要内容和重点。掌握利用网吧管理软件——美萍网管大师管理网吧的方法；使用网络安全软件——美萍安全卫士对网吧进行安全控制；掌握网络克隆的技术，实现网吧机器网路克隆安装。

任务实施

学生按照项目化方式分组学习实践，教师做好相关的指导和辅导工作，并在整个项目实施过程中认真关注、及时给出意见和建议，随时注意学生的网吧管理能力以及组织协调能力的培养。

知识链接

一、网吧管理

随着互联网技术的发展，网络信息的丰富，特别是网络游戏的风靡一时，网民数量也呈现了高速增长的态势，网吧这种经营模式早已被广大用户所接受。特别是我国这样网民数量相当庞大的情况下，网吧更是发展迅猛，网吧的经济形势日趋看好。旨在为广大网民提供收费上网服务的网吧或网咖凭借舒适宽松的上网环境和高速便捷的上网服务，吸引了越来越多网民的光顾，网吧和酒吧、咖啡屋一样，已成为现代社会的一种不可缺少的文化。

（一）网吧的日常管理

网吧想在激烈的竞争中立足，就要有自己的特色，并为用户提供优质稳定的服务。确保网络数据的畅通传输、软件和游戏补丁的及时更新、网络以及硬件故障的及时排除是网吧生存的前提条件。而细致的网络管理和正确的故障分析则是取胜的关键。

在网络正常运行的情况下，对网络基础设施的管理主要包括：确保网络传输的正常；掌握网吧主干设备的配置及配置参数变更情况，备份各个设备的配置文件，这里的设备主要是指交换机和宽带路由。负责网络布线配线架的管理，确保配线的合理有序；掌握内部网络连接情况，以便发现问题迅速定位；掌握与外部网络的连接配置，监督网络通信情况，发现问题后与有关机构及时联系；实时监控整个网吧内部网络的运转和通信流量情况。

维护网络运行环境的核心任务之一是网吧操作系统的管理。这里指的是服务器的操作系统。为确保服务器操作系统工作正常，应该利用操作系统提供的和从网上下载的管理软件，实时监控系统的运转情况，优化系统性能，及时发现故障征兆并进行处理。必要的话，要对关键的服务器操作系统建立备份，以免发生致命故障使网络陷入瘫痪状态。

网络应用系统的管理主要是针对为网吧提供服务的功能服务器的管理。这些服务器主要包括：代理服务器、游戏服务器和文件服务器。要熟悉服务器的硬件和软件配置，并对软件配置进行备份。要对游戏软件、音频和视频文件进行时常的更新，以满足用户的要求。

网络安全管理应该说是网络管理中难度比较高。因为用户可能会访问各类网站，并且安全意识比较淡薄，所以感染到病毒是在所难免的。一旦有一台计算机感染，那么就会起连锁反应，致使整个网络陷入瘫痪。所以，一定要防患于未然，为服务器设置好防火墙，对系统进行安全漏洞扫描，安装杀毒软件，并且要使病毒库是最新的，还要定期地进行病毒扫描。

计算机系统中最重要的应当是数据，数据一旦丢失，那损失将会是巨大的。所以，网吧的文件资料存储备份管理就是要避免这样的事情发生。网吧的计费数据和重要的网络配置文件都需要进行备份，这就需要在服务器的存储系统中做镜像，来对数据加以保护进行容灾处理。

另外，网吧的日常管理还包括保持网吧良好的室内环境，并可以提供一些增值服务，如提供打印、扫描等，还可以为顾客准备一些饮料。

（二）上网管理

网吧作为提供计算机及网络使用权的营利性机构，其管理人员在维护网吧 Internet 连接及各种软硬件的正常高效运行的同时，还必须为客户提供公平准确的计费。而原始的手工计费方式不仅烦琐容易出错，而且不便于管理。很多网吧老板非常期望有一种软件能把整个网吧管理起来：管理人员用一台计算机就能集中控制网吧内其他计算机运行、停止，软件要能计费、计时，能给顾客打印出结账单，老板随时都能查看一天的经营情况，并能做出当天的账目表。

【项目实训 7】　美萍网管大师软件的安装与设置

1. 实训目的

掌握网吧管理常用软件—美萍网管大师软件的安装与配置方法

2. 知识背景

美萍网管大师就是这么一个集计时计费、计账于一体，利用一台管理机可远程控制整个网络内的所有计算机的软件。它可对任意计算机进行开通、停止、限时、关机、热启动等操作，并且具有会员管理、网吧商品管理、每日费用统计等众多功能，是管理网吧、计算机游戏房、培训中心等复杂场合的纯软件管理解决方案。

由于"美萍网管大师"使用底层 IPX 协议，以信息包的方式同客户机进行网络通信，所以不需要有服务器，甚至网络中计算机不能互访也不影响网管大师的工作，这样就极大地提高了软件的适用范围。

3. 实训步骤

（1）软件安装。

目前"美萍网管大师"的最新版本是 V10.0 版，在各大网站上都可以找到此软件的共享版本（有 30 天使用限制）。运行下载的 sconinst. exe，使用默认设置，开始安装。由于网管大师是服务器端软件，安装一台作为管理即可。如果需要远程控制和管理，需要在每台客户机上安装美萍安全卫士。安装完后运行，即出现"美萍网管大师"的主界面，如图 6-30

所示。

（2）网络设置。

"美萍网管大师"的远程控制采用 IPX/SPX 协议，所以必须添加 IPX/SPX 兼容协议，如图 6-31 所示。

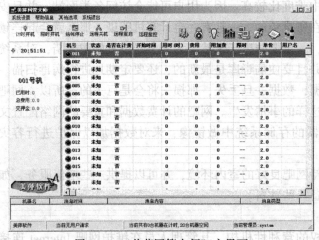

图 6-30　"美萍网管大师"主界面　　　　图 6-31　添加 IPX/SPX 兼容协议

（3）界面介绍。

运行"美萍网管大师"，其主界面主要包括了以下几个主要部分：

1）菜单：包括"系统设置"、"帮助信息"、"其他选项"和"系统退出"。

2）位于菜单下部的是几个控制按钮。包括：计时开机、限时开机、结账停机、远程关机、远程重启和远程关机。

3）控制按钮右侧是工具栏部分。包括：系统设置、桌面锁定、会员管理、显示统计界面、一起关机或重启、管理员交接班、当前状态信息和出售商品。

4）中心部分是管理信息列表。通过该表可以清晰地看到各台计算机的运行情况以及其他记录信息。

5）若要对某台计算机进行控制只要选定该计算机后利用控制按钮或快捷菜单命令即可，如图 6-32 所示。

图 6-32　"美萍网管大师"快捷菜单

（4）系统设置。

在"美萍网管大师"主窗口中选择"系统设置"｜"系统设置"命令，输入密码（初始密码为空）后进入设置界面，如图 6-33 所示。

1）"设置"选项卡。

① 修改设置密码：进入系统设置的密码。

② 系统退出密码：退出系统的密码。

③ 此网络计算机总台数：网络中共有多少台计算机。

④ 客户机状态响应时间：如果在此时间内没有某台客户机的消息，则认为此台客户机的状态为未知，默认值是 5，可根据实际网络状况调高一点。

2）"计费"选项卡。针对网吧经营的实际需要，"美萍网管大师"提供了完善的上网计费方法。如根据计算机类型不同计费、分

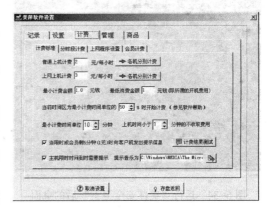

图 6-33　"美萍网管大师"设置界面

时段计费、针对顾客使用的程序自动转换普通上机与上网上机费率、会员与普通顾客可实行不同费率等。管理员可根据自身需要自行设置。

（三）信息安全和用户管理

在当今 Windows 操作系统盛行的年代，用户操作极为便利，但其安全性一直是令管理人员头疼的问题，管理人员几乎没有办法对用户进行任何限制，这为管理工作带来了极大的不便尤其是应用在公共场所的计算机，用户很容易就能把管理员辛辛苦苦建立的系统弄得一塌糊涂。为了降低维护工作量，便于管理和防止恶意破坏，我们在每台客户机上安装"美萍安全卫士"，它的安全防护功能充当了计算机的保护神，完全控制了 Windows 的界面，用户只能运行事先选定的软件，另外还具有强大的管理功能（计时、计费、限时、历史记录）如果配合"美萍网管大师"使用就能实现利用一台管理机远程控制整个网络内的所有计算机。包括对任意计算机进行远程控制、会员远程登录、限时、定时运行计算机、应用软件选择运行、网站记录、色情网站限制等多项功能，是管理员不可缺少的利器。

下面简要介绍"美萍安全卫士"的安装和设置。

【实训项目 8】　美萍安全卫士软件安装与设置

1. 实训目的

掌握美萍安全卫士软件安装与设置的方法。

2. 实训步骤

（1）软件的安装。

目前"美萍安全卫士"的最新版本是 V12.2 版，在各大网站上都可以找到此软件的共享版本（有 50 天使用限制）。运行下载的 smenuinst122.exe，使用默认设置，在每台客户机上开始安装。安装完后运行，会发现 Windows 的界面发生了变化，如图 6-34 所示。

（2）系统设置。

进入"美萍安全卫士"后，在 Windows 桌面上单击鼠标右键，在弹出的快捷菜单中选

择"设定系统"命令，输入密码（初始密码为空），单击"确定"按钮后出现如图 6-35 所示的对话框。

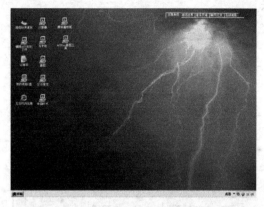

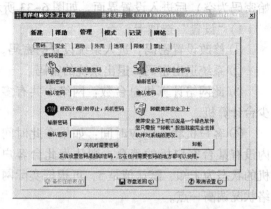

图 6-34　运行"美萍安全卫士"后的桌面　　　　图 6-35　"美萍安全卫士设置"界面

在该对话框中列出了其中的一些管理选项，包括新建、帮助、管理、模式、记录和网站等，单击标签项即可对相应的选项进行设置。

1）新建：在此确定桌面的显示效果和允许用户使用的程序图标，并可对程序进行分类管理。

2）帮助：列出了有关软件的使用说明。

3）管理：设置系统密码、卸载美萍安全卫士、隐藏驱动器、设置启动运行项、设置系统运行后的桌面、系统安全选项、限制用户访问及下载项以及禁止用户更改项等。

4）模式：选择程序运行模式，确定计费标准和本机机号等。

5）记录：查看和管理程序运行记录。

6）网站：查看网站历史记录和 Web 站点限制功能等。

（3）"美萍安全卫士"的使用。

在上述介绍的"模式"设置中选择"网络集中管理模式"，并为每台客户机设置一个不同的计算机号，便可通过"美萍网管大师"集中管理。下次计算机启动后会自动运行"美萍安全卫士"，并在 Windows 右下角显示本机号，任务栏上显示"您处于网络集中管理模式"的提示信息。若是普通用户使用需由管理人员在网管大师中为其开通。对于会员则可以单击"会员登录"，在弹出的对话框中输入用户名和密码，然后单击"登录"按钮即可，如图 6-36 所示。

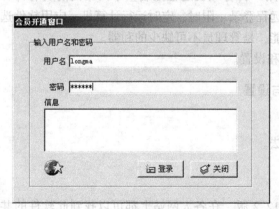

图 6-36　会员开通窗口

（四）网络克隆技术

1．网络克隆的基本概念

（1）网络克隆服务器。网络克隆服务器就是向其他计算机提供克隆镜像文件的计算机，可以是网络里的任何一台计算机，只是这台计算机的硬盘里存放有克隆用的镜像文件，这个镜像文件也就是母盘的镜像。

（2）网络克隆客户机。网络克隆客户机就是母盘镜像恢复的目标机，客户机可以是未装系统的新机，也可以是有系统的。

（3）网络多播。网络多播就是数据广播，从一台计算机向多台计算机同时发送数据。网络克隆就是利用网络多播同时恢复多台计算机的系统。网络多播信号和数据包透过交换机到达路由器。网络克隆采用 TCP/IP 协议，不是以太网协议，因此网络里一定要有提供动态 IP 地址分配 DHCP 服务器，可以是 Windows Server 的 DHCP 服务器，也可以是开启 DHCP 服务的路由器。

（4）网络克隆启动盘。网络克隆启动盘就是启动客户机用的，可以使客户机连接到服务器的启动设备，可以是 U 盘，也可以是光盘，还可以是优盘。启动盘里含有 DOS 系统文件、Ghost 文件以及网卡通信的必备文件。当用网络启动盘启动计算机时，计算机将加载 DOS 系统文件、网络驱动程序、Ghost 文件，然后启动 Ghost。

（5）启动盘制作。制作启动盘可以利用 Ghost Boot Wizard（Ghost 启动向导）自动制作，也可以通过将必要的文件复制到系统盘来手动创建网络启动盘。不论采用哪种方式，启动盘的内容是相同的。如果是 Ghost 6.0 或更高版本，请使用自动方式，因为这种方式既简单又快捷。

（6）NIC 驱动程序。网络启动盘将网卡（NIC）的驱动程序加载到内存中。不论采用自动还是手动方式创建启动盘，该 U 盘都必须包含正确配置的 NIC 驱动程序。无论是以 Packet（数据包）形式还是以 NDIS 形式提供的 NIC 驱动程序都可以，但不能两者皆用。

（7）Packet（数据包）驱动程序。Packet 驱动程序是为某些特定型号的 NIC 编写的，可以从 NIC 制造商处获得。使用这些驱动程序之前需注意以下重要事项：

1）有些 NIC 不能使用数据包驱动程序，而必须使用 NDIS 驱动程序。

2）Packet 驱动程序通常需要进行配置。就是在加载驱动程序的命令行中添加适当的转换参数。使用哪些转换参数可参见网卡驱动说明。

（8）NDIS 驱动程序。NDIS 驱动可能提供良好的网络连接。NDIS 驱动由一个专门用于该 NIC 的 NIC 驱动程序和 Microsoft NDIS 支持文件构成。

1）用于 NDIS 的 NIC 驱动程序也是为特定的 NIC 型号而编写的，可以从 NIC 制造商处获得。

2）Microsoft 公司的 NDIS 支持文件包括 Protman. exe、Protman. dos 以及 Netbind. com 文件，它们都包括在称为 Microsoft Client 的文件组中。Ghost 可使用 NDIS 1. 2 版。

3）如果用 Ghost 启动向导创建网络启动盘，Ghost 将自动添加这些文件到启动盘中。如果手动创建网络启动盘，就要自己复制这些文件到启动盘中。

2. 网络克隆的基本条件

网络克隆利用网络多播技术，通过 Symantec Ghost 实现一对多的数据更新。不是所有的 Ghost 都支持网络多播，支持网络克隆的 Ghost 有：Symantec Ghost 14/12/11/8. 2，因此，网络克隆必须准备好支持网络多播的 Ghost 软件。网络克隆时，要求：

（1）网络传输速度要快。要使用网络克隆，必须要有好的网络环境，网络传输速度的高低，直接决定了在进行网络克隆时客户机的数量。

（2）网络传输速度稳定。网络克隆利用数据广播的工作原理，因此要求网络传输速度一定要稳定。

（3）网络服务器运行要稳定。由于网络克隆是数据多播，对服务器的要求更高，同时处理并发请求功能要好。如果网络克隆服务器出现问题，所有客户机的硬盘数据会丢失。

【实训项目9】　制作多点传送的 Ghost 网络启动盘

1. 实训目的

掌握利用 Symantec Ghost 软件制作多点传送的 Ghost 网络启动盘的方法，为网吧机器进行网络克隆做准备。

2. 知识背景

（1）Ghost Boot Wizard 简介。网络克隆首先要制作网络启动盘，支持网络多播的 Ghost 安装后都会有专门制作启动 U 盘的程序 Ghost Boot Wizard。网络启动盘一般包括支持 Ghost 多点传送启动盘和 Ghost 对等网络启动盘。

Ghost 8.2 的 Ghost Boot Wizard 可以制作 7 种启动 U 盘：

1）Standard Ghost Boot Disk（标准 Ghost 启动盘）：支持非 TCP 对等连接和非 CD/DVD 读写；

2）Network Boot Disk（网络启动盘）：支持 Ghost 多点传送和对等网络启动，该启动盘是制作网络克隆启动 U 盘用的选项。

3）Drive Mapping Boot Disk（硬盘镜像启动盘）：从网络硬盘向资源共享的服务器转储镜像。

4）CD/DVD Startup Disk with Ghost（带 Ghost 的 CD/DVD 启动盘）：从 U 盘启动客户机，然后从 CD-R 或 CD-RW 还原映像（非写入）。

5）Console Boot Partition（控制台引导分区）：创建控制台引导分区镜像文件（向每个客户机安装）。

6）TCP/IP Network Boot Image（TCP/IP 网络启动镜像）：利用 3Com Dynamic Access Boot Services 软件建立可以无盘启动的镜像文件。

7）TCP/IP Network Ghost Client Boot Image（TCP/IP 网络克隆客户端启动镜像）：利用 3Com Dynamic Access Boot Services 软件建立包含有 Ghost DOS 客户端（可以无盘启动连接到 Ghost 控制台）的镜像文件。

（2）网卡配置。Ghost Boot Wizard 为常见的网卡预先制作了配置模板，如果使用的网卡已经有预先配置的模板，就可以直接利用模板制作启动盘。如果模板里没有，就需要用户自己添加驱动和配置模板。

用户自己添加驱动和配置模板有自动和手动两种方式。如果网卡厂商提供的网卡驱动里面有安装信息文件 OEMSETUP. INF，就可以自动添加网卡驱动和配置参数。如果没有 OEM-SETUP. INF，就需要手动添加网卡驱动和配置参数，多数网卡驱动没有 OEMSETUP. INF 文件，需要手动添加。

网卡的 DOS 驱动有 Packet 和 NDIS2 两种类型。

Packet 是已经把网络启动和通信协议封包成 DOS 的执行程序（扩展名为 . com 或 . exe），这样的驱动将以命令模式在 Autoexec. bat 里调用。

NDIS2 驱动程序是以 . dos 为扩展名的设备文件，这样的驱动将以设备模式在 Config. sys 里调用。

3. 实训步骤

（1）NDIS2 驱动的自动配置（Network Boot Disk 网络启动盘的制作过程）。

1）启动 Ghost Boot Wizard：如图 6-37 所示。

2）网卡配置。单击 Network Boot Disk（网络启动盘）选项，并单击"下一步"按钮进入网络端口（网卡）配置选项，如图 6-38 所示。图中列出了 Ghost 预先配置的网卡模板，如果采用的网卡在列表中，可以直接选用。如果列表中没有可以通过左边的功能按钮 Add 添加。

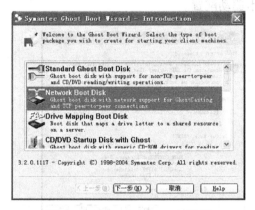
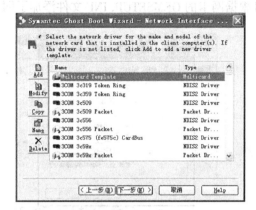

图 6-37　Network Boot Disk 选项　　　　图 6-38　网卡配置选项

3）选择网卡的 DOS 驱动类型。单击 Add，弹出如图 6-39 对话框。选择 NDIS2 drivers，单击 OK 按钮后弹出模板属性界面。网卡的 DOS 驱动一般会在 NDIS2 或 NDIS 子目录内，进入后会看到两个目录：DOS 和 OS/2。NDIS2 驱动就放在 DOS 这个目录里。

4）自动配置网卡 NDIS2 drivers 驱动。模板属性界面如图 6-40 所示，图中有两个选项：Setup 和 Browse。

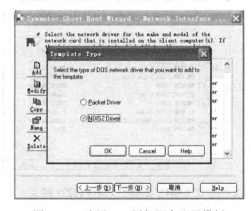

图 6-39　选用 Add 添加网卡配置模板　　　　图 6-40　模板属性界面

Setup 是调用网卡驱动厂商制作的网卡驱动安装信息文件 OEMSETUP.INF，自动添加网卡驱动和配置参数。

Browse 是手动添加网卡驱动和配置参数，多数网卡驱动没有 OEMSETUP.INF 文件，需要手动添加。

5）查找网卡驱动并配置模板属性。以有 OEMSETUP. INF 文件的 VIA VT8237 网卡驱动为例，单击 Setup 按钮，弹出寻找网卡驱动 OEMSETUP. INF 文件的浏览窗口，如图 6-41 所示，找到 VIA VT82xx 网卡 DOS 驱动目录 LANSVR40. DOS，并单击"确定"按钮。如果目录内没有 OEMSETUP. INF 文件，将弹出不能自动配置网卡驱动的对话框，这就必须手动配置，关于手动配置在后面介绍。

单击"确定"按钮后，返回模板属性界面，如图 6-42 所示，可以看到 Ghost Boot Wizard 根据网卡的 OEMSETUP. INF 文件添加了网卡驱动配置。

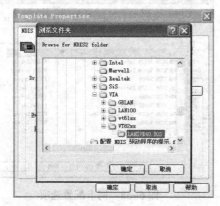

图 6-41　寻找网卡驱动 OEMSETUP. INF 文件　　　　图 6-42　模板属性界面

6）确认是否添加了新网卡并为驱动模板重命名。单击"确定"按钮，回到模板配置界面，如图 6-43 所示。可以看到添加了新的驱动模板 New Driver Template，给这个新模板重命名为 VIA VT8237，如图 6-44 所示。

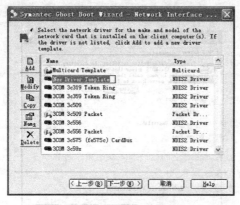
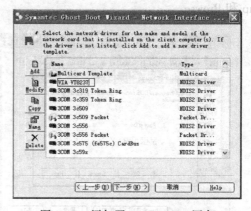

图 6-43　模板配置界面　　　　　　　　　图 6-44　添加了 VIA VT8237 网卡

至此网卡驱动添加完成，模板配置也完成，单击"下一步"按钮选择 DOS 版本。

7）选择 DOS 版本和客户类型。选择 DOS 版本的对话框如图 6-45 所示：Ghost Boot Wizard 默认配置是 IBM 的 PC-DOS，并附有 PC-DOS 启动的相关文件。如果选用 Microsoft 公司的 MS-DOS，需要另外指定 MS-DOS 文件的路径。选择 Ghost 默认的 Use PC-DOS。

单击"下一步"按钮，弹出选择客户类型对话框，默认选项即可，如图 6-46 所示。

图 6-45　选择 DOS 版本的对话框

图 6-46　选择客户类型

8）网络设置。单击"下一步"按钮，弹出网络设置对话框，如图 6-47 所示。网络设置就是选择动态（DHCP）还是静态分配客户机的 IP 地址。如果采用静态 IP，每台客户机的 IP 地址不同，启动盘都要配置 WATTCP.CFG 文件，每台客户机都要自己的启动盘。不如动态 IP 方便，默认就是动态 IP。

9）制作启动盘。单击"下一步"按钮，弹出制作启动盘对话框，选择 Floppy Disk Driver（U 盘驱动器）A，如图 6-48 所示。单击"下一步"按钮，弹出模板配置预览窗口，如图 6-49 所示。

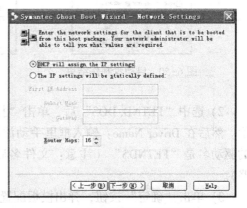

图 6-47　网络设置对话框

图 6-48　制作 U 盘对话框

图 6-49　模板配置预览

单击"下一步"按钮，弹出需要制作两张 U 盘的提示，第一张盘是网络启动盘，第二张盘是 Ghost 盘。插入 U 盘，单击"确定"按钮，弹出格式化 U 盘的对话框，如图 6-50 所示。单击"开始",格式化 U 盘,完成后,单击"关闭",即开始写入 U 盘。两张 U 盘写完后,弹出结束对话框,完成网络启动盘的制作。

(2) 手动添加网卡驱动,配置模板。

1) 在模板属性窗口中选择"Browse"选项,进入手动配置网卡模式。单击 Browse 选项,弹出打开文件窗口,找到要添加的网卡 DOS 驱动,本例中是 VIA VT8237 网卡的 DOS 驱动"FETND. DOS",如图 6-51 所示。

图 6-50　启动盘制作结束

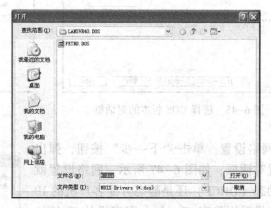

图 6-51　寻找要添加的网卡 DOS 驱动

2) 选中"FETND. DOS"后,单击"打开"按钮,返回到模板属性界面,如图 6-52 所示。然后在 Driver Name:输入框里手动添加驱动名,本例的驱动是"FETND. DOS",输入的驱动名是"FETND$"(注意:文件名后面加 $,不需要 DOS 扩展名,参数一般可以省略)。

3) 单击"确定"按钮,弹出模板配置预览对话框,下拉至 Protocol. ini 的最后一行,可以看到"nic"下面已经有"driver name = FETND$"了,如图 6-53 所示。单击"下一步"按钮,进入选择 DOS 版本,下面就与 NDISZ 驱动⑦步衔接了。

图 6-52　添加网卡驱动后的模板属性

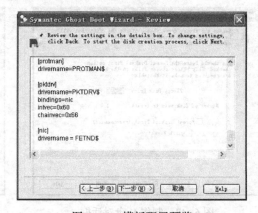

图 6-53　模板配置预览

(3) Packet 驱动配置。Packet drivers 是已经把网络启动和通信协议封包成 DOS 的执行程序(扩展名为 .com 或 .exe)。VIA VT8237 网卡的驱动里配有这样的驱动,在 PKTDRVR

文件夹内，驱动的文件名是 FETPKT. COM，同时还有 PACKET. TXT 文件，对驱动的使用做了说明：FETPKT. COM 是供 DOS 工作站用的，兼容 PC/TCP 1.09。在 AUTOEXEC. BAT 调用 FETPKT . COM 驱动的时候，需要加参数–n 0x60。所以，AUTOEXEC. BAT 里的调用命令行应当是 FETPKT . COM–n 0x60。一般情况下 Packet 驱动都要加 0x60 这个参数。0x60 是网卡驱动的矢量号。–n 是 Novell 包可以越过驱动传输。如果强制 100Mbit/s 速度、全双工，还可以加–s100–f 参数，如：FETPKT. COM–s100–f–n 0x60（–s100＝100Mbit/s，–f＝全双工）。

　　从 NDIS2 驱动自动配置的第④步开始，网卡模板类型选择框里选 Packet drivers，单击 OK 按钮，进入查找驱动窗口，找到 FETPKT. COM 后单击"打开"按钮。在弹出的模板属性对话框里，在 Parameters 驱动参数处输入"–n–0x60"，在下边提示栏的启动引导文件 Autoexec. bat 里插入"FETPKT. COM–n 0x60"，如图 6-54 所示。单击"确定"按钮，回到网络端口配置模板选单，增加了一个"New Driver Template"（也可以用另外的名字），如图 6-55 所示。单击"下一步"按钮，进入选择 DOS 版本，下面就与 NDIS2 驱动自动配置的第⑦步衔接了。

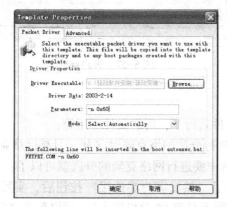
　　图 6-54　添加网卡 DOS 驱动

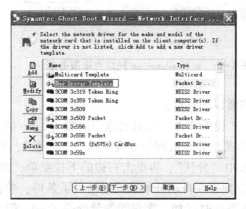
　　图 6-55　网络端口配置模板选单

　　制作客户端网络启动盘是网络克隆的关键，启动制作正确，网络克隆就可以成功了。

【实训项目 10】　网络克隆

1. 实训目的

利用制作好的 Ghost 网络启动盘进行网络克隆，实训网吧机器网络克隆的方法。

2. 实训步骤

（1）服务器端准备。

1）将一台客户机装好系统及所有应用程序后，用 Ghost. exe 的"diskt→to disk"制作一个全盘镜像，如 win. gho。

2）制作全盘影像时要注意两点：

①因制作全盘影像时，不能将镜像文件保存在本地磁盘上，所以要记得挂多一个硬盘用来存放影像文件；

②因一般 40GB 的硬盘，在装了系统、应用程序及游戏后，大都已使用几十 G 的空间，制作出来的全盘镜像会达 10~17GB 左右，并在制作过程中，镜像文件达到 2~4GB 时会弹出

一个提示窗，并有 OK、"取消"、"文件名" 3 个按钮，选 OK 时，Ghost 自动生成一个后继文件，文件名为是 "gls"；选 "文件名" 时，Ghost 会提示输入后继文件名及存放位置（后继文件的意思就像制作 WINRAR 分卷压缩时的 *.r00、*.r01 这种文件）。

3）以用 40GB 硬盘 36GB 数据制作全盘镜像为例，生成了 4 个 4GB 左右的影像文件，文件名是：win. gho、win. gls、win2. gls、win983. gls。

4）运行 GhostCast 网络克隆服务端文件 GhostSrv. exe，如图 6-56 所示。

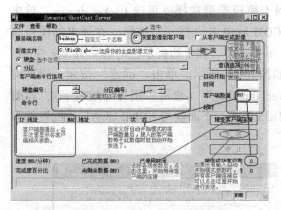

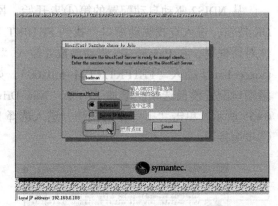

图 6-56 运行 GhostCast 网络克隆服务端　　　图 6-57 客户端介入

注意以下几点：

① "镜像文件" 处只要选中后缀为 .gho 的文件就行了，后继文件不用管；

② 要进行全盘网络克隆时选中 "硬盘"，要进行分区网络克隆时（如：只是网络克隆 C 盘）选中 "分区"，再单击右边的下拉菜单，并选中要进行网络克隆的分区就可以了；

③ 如果在自动开始模式里输入了条件，单击了 "接受客户端连接" 按钮后，实际上不能达到条件时（如：客户端数量处输了 60，但实际上只有 55 台机接入），可以单击 "发送" 按钮开始网络克隆；

④ 如果未在自动开始模式里输入条件，单击 "接受客户端连接" 按钮后，确认所有客户端连接成功后，单击 "发送" 按钮开始网络克隆。

5）服务器端点单击 "接受客户端连接" 按钮后，就可以到客户机上运行客户端了。

（2）客户端准备。GhostCast 网络克隆客户端设置（以原客户机已装系统，8139 网卡，无软驱为例）

1）先复制 GhostCast 网络克隆客户端文件。

```
netghost. bat                //加载网卡驱动及运行 GHOST. exe 的批处理
8139. com                    //8139 网卡驱动 FORDOS
Wattcp. cfg                  //GhostCast 网络克隆客户端配置文件
ghost. exe                   //克隆可执行文件
```

2）到客户机上，并用记事本或 DOS 下的 edit 建立 wattcp. cfg 和 netghost. bat 文件。

wattcp. cfg 内容如下：

```
IP=192.168.0.108            //客户机 IP,按实际修改
NETMASK=255.255.255.0       //子网掩码
```

```
GATEWAY=192.168.0.1                    //GhostCast 网络克隆服务端 IP,按实际修改
```

netghost. bat 内容如下：

```
E:\>copy netghost.bat                  //拷贝一个名位 netghost.bat 的批处理文件
rtspkt 0x60                            //网卡配置,0x60 为中断号,具体网卡具体配置
set ghostip=% wattcp.cfg               //设置 TCP/IP
ghost                                  //直接启动 ghost
```

（3）客户端开始接入。重启计算机，启动时按 F8，并选第 6 项进入纯 DOS。运行 netg-
host. bat，出现 GHOST 程序界面，选菜单上 GhostCast-Multicast 项，如图 6-57 所示。

以上 ghost、rtspkt. com、netghost. bat、wattcp. cfg 处于同一个目录时，输入命令"netg-
host. bat"，出现以下情况：

```
d:\ghost\RTSPKT 0x60
line speed:100M
System: [345]86 processor, PCI bus, Two 8259s
Packet driver software interrupt is 0x60
Interrupt number is 0x9
I/O port is 0x6100
My Ethernet address is 52:54:4C:29:29:AD
d:\ghost\ghost.exe
```

单击 OK 按钮，如果与服务器端连接成功，显示单机克隆时那样的 Ghost 界面。此时
multicasting 的选项变亮。选择它后，弹出一个窗口，显示当前机的 IP 地址。并要求输入服
务器名字。输入服务器 IP 后就可以直接读到服务器的 ghost 文件。

所有的客户端都接入成功并进入接收状态后，如果服务端那里设了自动开始模式条件，
条件符合后就自动发送了，如果没有设置自动开始条件，就到服务器端单击"发送"按钮，
就开始网络克隆了。

附录　常用英文索引

A

ACP, Association Control Protocol, 联系控制协议

ACSE, Affiliation Control Service Element, 联系控制元素

AH, Authentication Head, IP 认证报头

API, Application Programming Interface, 应用程序端口

ARP, Address Resolution Protocol, 地址解析协议

ARPANET, Advanced Research Projects Agency, 高级研究项目机构网络

ASN.1, Abstract Syntax Notation One, 抽象语言符号1, 一个来自于 ISO 的用于提供将人
类可读信息编码为压缩二进制格式的机制

ATM, Asynchronous Transfer Mode, 异步传输模式

B

BGP, Border Gateway Protocol, 边界网关协议

B-ISDN, Broadband ISDN, 宽带综合业务数字网

BER, Basic Encoding Rules, 基本编码规则

BPDU, Bridge PDU, 网桥协议数据单元

C

CHAP, Challenge Hand Authorized Protocol, 竞争握手验证协议

CIDF, Common Intrusion Detection Framework, 公共入侵检测框架

CIM, Common Informaiton Model, 公共信息模型

CMOL, CMIP over LLC, IEEE 定义的局域网的管理标准, 即 IEEE 802.1b LAN/MAN

CMOT, Common Management Over TCP/IP 用于管理物理层和数据链路层的 OSI 设备

CMIP, Common Management Information Protocol, 公共管理信息协议

CMIS, Common Management Information Service, 公共管理信息服务

CMISE, Common Management Information Service Element, 公共管理信息服务元素

CORBA, 分布式面向对象技术

CVSM, Cisco Visual Switch Manager, Cisco 虚拟交换机管理系统

D

DCE, Data Communications Equipment, 数据通信设备

DCN, Data Communication Network, 数据通信网

DDoS, Distributed Denial of Service Attacks, 分布式拒绝服务

DHCP, Dynamic Host Configuration Protocol, 动态主机配置协议

DMI，Definition of Management Information，管理信息定义

DMI，Desktop Management Interface，Windows 桌面管理端口

DN，Distinguished Name，名录号

DNA，Digital Network Architecture，DEC 的数字网络体系结构

DNS，Domain Name Server，域名服务器

DoD，Department of Defense，国防部

DTE，Data Terminal Equipment，数据终端设备

E

EAP，Extensible Authorized Protocol，可扩展验证协议

EIA，Electronic Industries Alliance，美国电子工业联合会

EIGRP，Enhanced Interior Gateway Routing Protocol，增强内部网关路由协议

ERD，Emergency Repair Disk，紧急状态修理磁盘

ESP，Security Package，负载安全封装

F

FCS，Frame Check Sequence，帧校验序列

FDDI，Fiber Distributed Data Interface，光纤分布式数据端口

FEC /GEC，Fast/Gigabit Ether Channel，快速/千兆以太网通道技术

FTP，File Transfer Protocol，文件传输协议

G

GDMO，MGuide of Definition Managed Obeject，被管对象定义指南

GMI，General Management Information，一般管理信息

GPL，General Public License，共用许可证

GUI，Graphics User Interface，图形用户界面

H

HDLC，High-level Data Link Control，高层链路控制

HSRP，Hot Serve Route Protocol，热备份路由器协议

HTTP，HyperText Transter Protocol，文本传输协议

I

IAB，Internet Architectrue Board，Internet 架构委员会

IANA，Internet Assigned Numbers Authority，Internet 编号分配机构

ICMP，Internet Control Messages Protocol，网间控制报文协议

ID，Iddentitication，标识

IDS，Intrusion Detection System，入侵检测系统

IEC，International Electronics Committee，国际电工委员会

IEEE, Institute of Electrical and Electronics Engineers, 电气和电子工程师协会

IETF, Internet Engineering Task Force, Internet 工程任务组

IIS, Internet Information Server, Internet 信息服务器

IKE, Internet Key Exchange, Internet 密钥交换

INMS, Integrated Netwok Mamagement System, 综合网络管理系统

IOS, Internetwork Operating System, Internet 网络操作系统

IPX/SPX, Internetwork/Sequenced Packet Exchange, 网间/顺序包交换

ISDN, Integrated Services Digital Network, 综合业务数字网

ISL Trunking, Inter Switch Link Trunking, 交换机间链路中继, 标记帧的一种 Cisco 技术

ISO, International Organization for Standardization, 国际标准化组织

ISOC, Internet asSOCiation, Internet 协会

ISP, Internet Service Provider, Internet 服务供应商

ITU, International Telecommunications Union, 国际电信联盟

ITU-T, ITU 负责制定无线电通信国际标准的部分叫做国际电信联盟电信标准化局

L

L2F, Layer 2 Forwarding, 第 2 层转发

L2TP, Layer Two unneling Protocol, 第 2 层隧道协议

LAN/MAN, Local Area Network/Metropolitan, 局域网/城域网

LCP, Linked Control Protocol, 链路控制协议

LDAP, Lightweight directory Access Protocol, 轻量级目录访问协议

LLC, Logical Link Control layer, 逻辑链路控制层

M

MAC, Media Access Address, 介质访问控制

MADCAP, Multicast Address Dynamic Client Allocation Protocol, 多播地址动态客户端分
　　　配协议

MIB, Management Information Base, 管理信息数据库

MII, Media Independent Interface, 介质独立端口

MIM, Management Information Model, 管理信息模型

MPPE, Microsoft Point to Point Encryption, Microsoft 的点到点加密

MTF, Microsoft Tape Format, Microsoft 磁带格式化

N

NE, Network Equipment, 网络设备

NAS, Network Access Server, 网络访问服务器

NDIS, Network Driver Interface Specification, 网络驱动程序端口规范

NMS, Network Management System, 网络管理系统

NNI, Network to Network Interface, 网间端口

NNTP，Network News Transfer Protocol，网络新闻传输协议（USE-NET）

NNX，Name of eXchange，局码

NOS，Net Operating System，网络操作系统

NPA，Network Plan Area，网络规划区域

NTP，Network Time Protocol，网络时间协议

O

OID，Object IDentification，数字标识，即对象标识符

OSI/RM，Open Systems Interconnection/Reference Model，开放系统互连参考模型

OSPF，Open Shortest Path First，开放的最短路径优先

OTC，On-Tape Catalog，磁带分类

OTDR，Optical Time Division Reflectometer，光纤测试器

P

PAP，Password Authorized Protocol，密码验证协议

PDA，Personal Digital Assistant，个人数字助理，一种便携式个人计算机，主要用于个人
信息管理的通信设备

PDU，Protocol Datagram Unit，协议数据单元

PGP，Pretty Good Privacy，函件加密系统

PPP，Point to Point Protocol，点对点协议

PPTP，Point-to-Point Tunneling Protocol，点到点隧道协议

PSTN，Public Switched Telephone Network，公共电话交换网

PVC，Permanent Virtual Circuit，永入虚电路

Q

QoS，Quality of Service，服务质量

R

RAID，Redundant Array of Inexpensive Disk，硬盘冗余

RARP，Reverse Address Resolution Protocol，反向地址解析协议

RIP，Routing Information Protocol，路由信息协议

RMON，Remote network MONitoring，远程网络监控

RFC，Request for Comments，请求注释，是描述 IETF 开发的 Internet 标准、协议和技术
的文档

ROP，Remote Operation Protocol，远程操作协议

ROSE，Remote Operating Service Element，远程操作服务元素

RPC，Remote Procedure Call，远程程序调用

S

SDLC，Synchronous Data Link Control，同步数据连接控制，IBM 于 19 世纪 70 年代为它

的系统网络体系（SNA）网络环境开发的数据链路层协议

SID，Security ID，安全标识

SGMP，Simple Gateway Monitoring Protocol，简单网关监控协议

SMAE，System Management Application Entity，系统管理应用实体

SMI，Structure of Managemental Information，管理信息结构

SMTP，Simple Mail Transfer Protocol，简单电子邮件传输

SNMP，Simple Network Management Protocol，简单网络管理协议

SNA，System Network Architecture，IBM 的系统网络结构体系

SMP，Symmetric Multi Process，对称多处理

SOA，Service-Oriented Architecture，面向服务架构

SRV，Service Resource，服务资源纪录

SSH，SecureShell，安全通信协议

STA，Spanning Tree Algorithm，生成树算法，同生成树协议 STP

STP，Spanning Tree Protocol，生成树协议

STP，Shielded Twisted-pair，屏蔽双绞线

SVC，Switched Virtual Circuit，临时（交换）虚电路

T

TAPI，Telephony Application Programming Interface，电话服务应用程序编程端口

TIA，Telecommunications Industry Association，美国电信工业协会

TMN，Telecommunications Management Network，电信网络管理标准

TLS，Transmission Level Security，传输级安全

U

UDP，User Datagram Protocal，用户数据报协议

UNI，User to Network Interface，用户网络端口

UPS，Uninterrupted Power System，不间断电源

UTP，Unshielded Twisted-Pair，非屏蔽双绞线

V

VLAN，Virtual LAN，虚拟局域网

VMPS，VLAN Member Policy Server，VLAN 成员资格策略服务器

VPN，Virtual Private Network，虚拟专用网络

VP/VC，Virtual Path/Virtual Channel，虚通路/虚通道

VTP，VLAN Trunking Protocol，虚拟局域网中继协议

W

WEBM，Web-Based Enterprise Management，基于 Web 的企业管理标准

WINS，Windows Internet Named Service，Windows Internet 命名服务

WMI，Windows Management Instrumentation，Windows 管理规范

参 考 文 献

［1］Fred Halsall. Data Communications, Computer networks and Open System（4th Edition）. New York：Addison-Wesley, 1995.

［2］Christian Huitema. Routing in the Internet. New York：O'reilly, 1995.

［3］Mitch Tulloch, Ingrid Tulloch. Microsoft Encyclopedia of Networking（2th edition）. New York：Microsoft Press, 2002.

［4］（美）Tamara Dean. 陶华敏等译. 计算机网络实用教程. 北京：希望电子出版社, 2002.

［5］王达. 深入理解计算机网络. 北京：机械工业出版社, 2013.

［6］（美）Mani Subramanian. 网络管理. 王松等译. 北京：清华大学出版社, 2003.

［7］水清华. 我是网管：网络管理员经验日志. 北京：中国铁道出版社, 2014.

［8］黄志晖. 计算机网络管理与维护全攻略. 西安：西安电子科技大学出版社, 2004.

［9］刘晓辉, 等. 网络管理工具完全技术宝典. 3版. 北京：中国铁道出版社, 2013.

［10］（美）Merike Kaeo 等. 网络安全设计. 3版. 吴中福等译. 北京：人民邮电出版社, 2005.

［11］（美）杜里格瑞斯（Dooligeris, C.）等. 网络安全：现状与展望. 范九伦等译. 北京：科学出版社, 2010.

［12］（美）胡普斯（Hoopers, J.）等. 虚拟安全：沙盒、灾备、高可用性、取证分析和蜜罐. 杨谦等译. 北京：科学出版社, 2010.

［13］陈驰, 等. 云计算安全体系. 北京：科学出版社, 2014.

［14］（澳）布亚（Buyya, R.）. 云计算：原理与范式（Cloud Computing：Principles and Paradigms）. 李红军等译. 北京：机械工业出版社, 2013.

［15］（美）索辛斯基（Sosinsky, B.）. 云计算宝典（Cloud Computing Bible）. 陈健译. 北京：电子工业出版社, 2013.

［16］（美）施玛（Shema, M.）等. 反黑客工具包. 2版. 赵军锁等译. 北京：电子工业出版社, 2005.

［17］《黑客防线》编辑部. 黑客防线：2012合订本. 北京：电子工业出版社, 2013.

［18］（美）麦克克鲁尔（McClure, S.），（美）斯坎布雷（Scambray, J.），（美）克茨（Kurtz, G.）. 黑客大曝光：网络安全机密与解决方案. 7版. 赵军等译. 北京：清华大学出版社, 2013.

参考文献

[1] Fred Halsall. Data Communications, Computer networks and Open System (4th Edition). New York: Addison-Wesley, 1995.

[2] Christian Huitema. Routing in the Internet. New York: O'reilly, 1995.

[3] Mitch Tulloch, Ingrid Tulloch. Microsoft Encyclopedia of Networking (2th edition). New York: Microsoft Press, 2002.

[4] (美) Tanenbaum. 计算机网络. 北京: 清华大学出版社, 2002.

[5] 王达. 深入理解计算机网络. 北京: 机械工业出版社, 2013.

[6] (美) Mani Subramanian. 网络管理. 王 . 北京: 清华大学出版社, 2002.

[7] 朱海波. 网络管理与维护. 北京: 中国铁道出版社, 2014.

[8] 雷震甲. 计算机网络管理. 西安: 西安电子科技大学出版社, 2004.

[9] 刘远生. 等. 网络管理工 . 北京: 中国 出版社, 2017.

[10] (美) Meeike Kuo 著. 阿尔巴克全 . 3版. 北京: 人民邮电出版社, 2005.

[11] (美) 杜里格曼原著 (Duolipma, G.) 等. 网络安全. 姚 . 北京: 清华出版社, 2010.

[12] (美) 胡普杰 (Hooper, J.) 著. 虚拟安全. . 北京: 科学出版社, 2010.

[13] 段海新. 等. 云计算安全体系. 北京: 科学出版社, 2014.

[14] (美) 布亚 (Buyya, R.). 云计算. 原理与范式 (Cloud Computing, Principles and Paradigms). 李文军等译. 北京: 机械工业出版社, 2013.

[15] (美) 索 斯基 (Sosinsky, B.). 云计算宝典 (Cloud Computing Bible). 希 . 北京: 电子工业出版社, 2013.

[16] (美) 施奈尔 (Shema, M.). 黑客攻防工具包. 2版. 姚军等译. 北京: 电子工业出版社, 2005.

[17] 《网络安全技术》编辑部. 信息安全. 2012 合订本. 北京: 电子工业出版社, 2013.

[18] (美) 麦克卢尔 (McClure, S.). (美) 斯坎布雷 (Scambray, J.). (美) 克茨 (Kurtz, G.). 黑客大曝光. 网络安全机密与解决方案. 7版. 钟向群等译. 北京: 清华大学出版社, 2013.